理工系新課程
微分積分演習
解法のポイントと例題解説

山口 睦・吉冨 賢太郎
共著

培風館

本書の無断複写は，著作権法上での例外を除き，禁じられています。
本書を複写される場合は，その都度当社の許諾を得てください。

はじめに

　本書は，微分積分学の重要な事項とつまづきやすい点に焦点をしぼり，問題を解くためのポイントと例題の解法の解説に重点をおいてまとめた演習書で，以下の 15 のテーマからなります．

微分積分学で用いられる記号	級　　数
数列の極限・実数の連続性・級数の和	積分の応用
関　　数	多変数関数の極限
関数の極限と連続性	偏微分と全微分
微分の定義と導関数の計算	偏微分の応用
微分の応用	重積分の性質と計算法
積分の性質と計算法	広義重積分と重積分の応用
広義積分の計算と収束判定	

内容は姉妹書の「理工系新課程 微分積分」(改訂版) にほぼそっていますが，各テーマの冒頭に微分積分学の基本的な概念の定義や定理などをまとめ，授業で用いられている教科書が上記の姉妹書と異なる場合でも，本書を演習書として単独で利用できるよう配慮しました．

　各テーマは，問題の種類によって分けられたトピックを含み，各トピックごとに問題の解法の手順を解説した後，例題とその解答を，答案に書く際の手本となるように記しています．読者の方々が例題の解法を参考にして，各トピックの最後にある演習問題の解答をきちんと書くことにより，微分積分学の理解を深めてもらうことをめざしています．

　また，本書のサポートサイトを

　　　　　http://www.las.osakafu-u.ac.jp/mathbook/clex/

に用意しました．訂正や補足・追加の問題の情報を記載していますのでご利用下さい．本書が微分積分学を学ぶうえで読者の方々のお役に立てば幸いです．

　なお，本書を著すにあたり，原稿を読んで大変貴重なご意見を下さった大阪府立大学の數見哲也氏，川添 充氏，田中 潮氏，田村隆志氏には心から感謝致します．

　　2016 年 9 月

　　　　　　　　　　　　　　　　　　　　　　　　　著者ら記す

目　次

微分積分学で用いられる記号　　2
1. 記号に慣れる　3

数列の極限・実数の連続性・級数の和　　4
2. 数列の極限を求める　6
3. 漸化式で定まる数列の極限を求める　8
4. 簡単な級数の和を求める　9
5. 数列の極限の定義を理解する　10

関　数　　12
6. 全射，単射を理解する　14
7. 逆三角関数・双曲線関数の定義を理解する　15
8. 逆三角関数に関する等式を示す　16
9. 逆三角関数の値の和を求める　17

関数の極限と連続性　　18
10. 基本的な関数の極限を用いて極限を求める　20
11. 無限小・無限大を比べる　21
12. 無限小・無限大の位数を求める　22
13. ε-δ 論法に慣れる　23

微分の定義と導関数の計算　　24
14. 微分の定義を理解する　26
15. 基本的な導関数を計算する　27
16. 対数微分法を使う　28
17. 高階導関数を求める　29
18. 漸化式を利用して高階微分係数を求める　31

微分の応用　　32
19. マクローリンの定理を適用する　34
20. マクローリンの定理を用いて近似値を求める　35
21. マクローリンの定理とランダウの記号を使う　36
22. マクローリンの定理を用いて無限小・無限大の位数を求める　37
23. ロピタルの定理を用いて極限を求める　38
24. ランダウの記号を用いて極限を求める　39

25. 対数をとって極限を求める　　40
　26. 関数のマクローリン展開を求める　　41

積分の性質と計算法　　42
　27. 置換積分法，部分積分法の使い方に慣れる　　46
　28. 数列の極限を積分を用いて表すことによって求める　　47
　29. 部分積分法を用いて積分の漸化式を導く　　48
　30. 部分分数分解を用いて有理関数の積分を求める　　49
　31. 三角関数の有理式の積分を求める　　50
　32. 三角関数の定積分を求める　　51
　33. 無理関数を含む関数の積分を求める　　52

広義積分の計算と収束判定　　54
　34. 広義積分の値を求める　　56
　35. 広義積分の収束・発散を判定する　　57

級　　数　　58
　36. 正項級数の収束・発散を判定する　　60
　37. 交代級数の収束・発散を判定する　　61
　38. 一般の級数の収束・発散を判定する　　62
　39. 整級数の収束半径を求める　　63

積分の応用　　64
　40. 面積を求める　　66
　41. 曲線の長さを求める　　68
　42. 微分方程式を解く　　69

多変数関数の極限　　70
　43. 2変数関数の極限を調べる　　72
　44. 2変数関数の連続性を調べる　　73

偏微分と全微分　　74
　45. 偏導関数を計算する　　76
　46. 全微分可能性を判定する　　77
　47. 高階偏導関数を計算する　　78
　48. ヤコビアンを計算する　　79
　49. 合成関数の導関数を求める　　80

偏微分の応用　　82
　50. 関数を近似する多項式を求める　　84
　51. 2変数関数の極値を求める　　85
　52. 陰関数の導関数・偏導関数を求める　　86
　53. 陰関数の極値を求める　　88
　54. 2変数関数の条件付最大値・最小値を求める　　89

重積分の性質と計算法　　90

55. 長方形や直方体上の関数の重積分を求める　94
56. 縦線集合上の関数の重積分を求める　95
57. 積分の順序を変更する　96
58. 変数変換によって重積分を計算する　97
59. 3重積分の計算　98

広義重積分と重積分の応用　　100

60. 広義重積分の計算　102
61. 平面の領域の面積を求める　104
62. 体積を求める　105
63. 回転体の体積を求める　106
64. 曲面の面積を求める　107

問題解答　　109

索引　　135

本書の使い方

　本書は，テーマごとに基本事項が 1〜4 ページにまとめられています．教科書で学んだことの整理や演習でわからなくなったときに見返すのに利用して下さい．各テーマにはいくつかのトピックが含まれており，それぞれに例題とその解法および演習問題が与えられています．

$\cdots \overset{\text{定義}}{\Longleftrightarrow} \cdots$	左側の用語などを右側で定義する，という意味です．
⚠	傍注などで特に注意を要する点はこの記号を付けています．
例題...	実際に例題を用いて解法を解説しています．
ポイント	例題を解くときのポイントがまとめられています．
解	あくまで解答例ですが，学生の皆さんが答案を書くときの手本となるように記述しました．
別解	別解がある場合はこの記号の後に記載しています．
問題...	例題と 解 を参考に，演習問題にチャレンジしてみましょう．解答ができたら，巻末の解答で確認してみましょう．
補足	例題や例題の解答例に関連した補足事項です．

微分積分学で用いられる記号

*例: $\{x \mid x$ は正の偶数$\} = \{2, 4, 6, 8, \ldots\}$

集合の表し方　集合の表記方法としては主に以下の 2 通りがある.
$\{a, b, c, \ldots\}$: $a, b, c, \ldots$ からなる集合.
$\{x \mid P(x)\}$: x に関する条件 $P(x)$ をみたす x 全体からなる集合.

*$\subset$ と $\in$ の記号はよく間違えるので注意しよう.

集合に関連した記号・用語　A, B を集合とする.
$x \in A$: x は A の要素　　　（否定: $x \notin A$）.
$A \subset B$: A は B の部分集合　　（否定: $A \not\subset B$）.
$A \cup B$: A と B の合併 (または和集合) $\{x \mid x \in A$ または $x \in B\}$
$A \cap B$: A と B の共通部分 (または積集合) $\{x \mid x \in A$ かつ $x \in B\}$
$A - B$ (または $A \backslash B$) : A と B の差集合 $\{x \mid x \in A$ かつ $x \notin B\}$
$\emptyset$: 空集合 (要素をもたない集合)

*集合の記法を用いれば, $\boldsymbol{Z} = \{x \mid x$ は整数$\}$.

数の集合
$\boldsymbol{N}$: 自然数全体の集合　　$\boldsymbol{Z}$: 整数全体の集合　　$\boldsymbol{Q}$: 有理数全体の集合
$\boldsymbol{R}$: 実数全体の集合　　$\boldsymbol{C}$: 複素数全体の集合
$\boldsymbol{N} \subset \boldsymbol{Z} \subset \boldsymbol{Q} \subset \boldsymbol{R} \subset \boldsymbol{C}$ である.

絶対値と三角不等式　$x \in \boldsymbol{R}$ とする.
$|x| = \begin{cases} x & (x \geqq 0 \text{ のとき}) \\ -x & (x < 0 \text{ のとき}) \end{cases}$ を x の絶対値という.

任意の $x, y \in \boldsymbol{R}$ に対して三角不等式 $|x + y| \leqq |x| + |y|$ が成り立つ.

最大値・最小値　$A \subset \boldsymbol{R}$ とする.
$\max A = (A$ に属する実数で最大のもの$.)$
$\min A = (A$ に属する実数で最小のもの$.)$
とくに, $\max\{x, y\} = \begin{cases} x & (x \geqq y \text{ のとき}) \\ y & (x \leqq y \text{ のとき}) \end{cases}$, $\min\{x, y\} = \begin{cases} y & (x \geqq y \text{ のとき}) \\ x & (x \leqq y \text{ のとき}) \end{cases}$.

ガウス記号　$x \in \boldsymbol{R}$ とする.
$[x] = (x$ を越えない最大の整数$) = (n \leqq x < n+1$ となる $n \in \boldsymbol{Z})$

*$0! = 0!! = (-1)!! = 1$ と定める.

階乗 $n!$ と二重階乗 $n!!$　$n \in \boldsymbol{N}$ とする.
$n! = 1 \cdot 2 \cdot 3 \cdots n$
$\begin{cases} (2n)!! = 2 \cdot 4 \cdot 6 \cdots (2n) \\ (2n-1)!! = 1 \cdot 3 \cdot 5 \cdots (2n-1) \end{cases}$

*一般二項係数は後述の「基本的な関数のマクローリンの定理」(p.32)で登場する.

二項係数・一般二項係数　$\alpha \in \boldsymbol{R}$, $n, k \in \boldsymbol{Z}$, $n, k \geqq 0$ とする.
${}_n\mathrm{C}_k = \dfrac{n(n-1)\cdots(n-(k-1))}{k!} = \dfrac{n!}{k!(n-k)!}$
$\binom{\alpha}{k} = \dfrac{\alpha(\alpha-1)(\alpha-2)\cdots(\alpha-(k-1))}{k!}$, $\binom{n}{k} = {}_n\mathrm{C}_k$

1. 記号に慣れる

例題 1 次の値を求めよ．ただし，(8)〜(10) は一般二項係数である．

(1) $[2.5]$ (2) $[-1.5]$ (3) $[-\pi]$

(4) $6!!$ (5) $7!!$ (6) $\dfrac{10!!}{5!2^5}$ (7) $\dfrac{7!}{(7!!)(6!!)}$

(8) $\begin{pmatrix}\alpha\\1\end{pmatrix}$ $(\alpha \in \boldsymbol{R})$ (9) $\begin{pmatrix}-1\\5\end{pmatrix}$ (10) $\begin{pmatrix}-\frac{1}{2}\\4\end{pmatrix}$

解 (1) 2 (2) -2 (3) -4

(4) $6!! = 2 \cdot 4 \cdot 6 = 48$

(5) $7!! = 1 \cdot 3 \cdot 5 \cdot 7 = 105$

(6) $\dfrac{10!!}{5!2^5} = \dfrac{2 \cdot 4 \cdot 6 \cdot 8 \cdot 10}{1 \cdot 2 \cdot 3 \cdot 4 \cdot 5 \cdot 2^5} = 1$

(7) $\dfrac{7!}{(7!!)(6!!)} = \dfrac{1 \cdot 2 \cdot 3 \cdot 4 \cdot 5 \cdot 6 \cdot 7}{1 \cdot 3 \cdot 5 \cdot 7 \cdot 2 \cdot 4 \cdot 6} = 1$

(8) $\begin{pmatrix}\alpha\\1\end{pmatrix} = \dfrac{\alpha}{1} = \alpha$

(9) $\begin{pmatrix}-1\\5\end{pmatrix} = \dfrac{(-1)(-2)(-3)(-4)(-5)}{1 \cdot 2 \cdot 3 \cdot 4 \cdot 5} = (-1)^5 = -1$

(10) $\begin{pmatrix}-\frac{1}{2}\\4\end{pmatrix} = \dfrac{(-\frac{1}{2})(-\frac{3}{2})(-\frac{5}{2})(-\frac{7}{2})}{1 \cdot 2 \cdot 3 \cdot 4} = (-1)^4 \dfrac{35}{2^7} = \dfrac{35}{128}$ ∥

♦ **問題 1.1** 次の値を求めよ．

(1) $[-10.5]$ (2) $[-5\pi]$ (3) $8!!$

(4) $\dfrac{11!!}{10!!}$ (5) $\begin{pmatrix}-\frac{3}{2}\\3\end{pmatrix}$ (6) $\begin{pmatrix}-2\\5\end{pmatrix}$

♦ **問題 1.2** 次の等式を示せ．ただし，$n \in \boldsymbol{N}, \alpha \in \boldsymbol{R}$ とする．

(1) $(2n)!! = 2^n n!$, $(2n+1)!! = \dfrac{(2n+1)!}{(2n)!!}$

(2) $n\begin{pmatrix}\alpha\\n\end{pmatrix} = \alpha\begin{pmatrix}\alpha-1\\n-1\end{pmatrix}$, $\begin{pmatrix}\alpha+1\\n\end{pmatrix} = \begin{pmatrix}\alpha\\n-1\end{pmatrix} + \begin{pmatrix}\alpha\\n\end{pmatrix}$

♦ **問題 1.3** 次の等式が成り立つことを示せ．

(1) $|x| = \max\{x, -x\}$

(2) $\min\{a_1, a_2, \ldots, a_n\} = -\max\{-a_1, -a_2, \ldots, -a_n\}$

♦ **問題 1.4** k が整数で，x が実数ならば $[x+k] = [x] + k$ を示せ．

数列の極限・実数の連続性・級数の和

数列の記号

*単に $\{a_n\}$ とも記す．本書では以後この記法を用いる．$\{a_n\}_{n=m}^{\infty}$ は $\{a_n\}_{n \geq m}$ とも記す．

$\{a_n\}_{n=1}^{\infty}$：数列 $a_1, a_2, a_3, \ldots, a_n, \ldots$ を表す．

$\{a_n\}_{n=0}^{\infty}$：a_0 から始まる数列

$\{a_n\}_{n=m}^{\infty}$：a_m から始まる数列

数列の極限

*数列の極限の厳密な定義は後で与える．

*α を $\{a_n\}$ の極限値という．

- $\{a_n\}$：α に収束する．$\overset{\text{定義}}{\iff}$ a_n が限りなく α に近づいていく．
  $\lim_{n \to \infty} a_n = \alpha$ または $a_n \to \alpha \, (n \to \infty)$ で表す．

- $\{a_n\}$：正の無限大に発散する．$\overset{\text{定義}}{\iff}$ a_n が限りなく大きくなっていく．
  $\lim_{n \to \infty} a_n = \infty$ または $a_n \to \infty \, (n \to \infty)$ で表す．

- $\{a_n\}$ は負の無限大に発散する．$\overset{\text{定義}}{\iff}$ $-a_n$ が限りなく大きくなっていく．
  $\lim_{n \to \infty} a_n = -\infty$ または $a_n \to -\infty \, (n \to \infty)$ で表す．

- $\{a_n\}$ は発散する．$\overset{\text{定義}}{\iff}$ 収束しない．

- $\{a_n\}$ は振動する．$\overset{\text{定義}}{\iff}$ 発散するが，正負どちらの無限大にも発散しない．

数列の極限の性質　　$\lim_{n \to \infty} a_n = \alpha, \lim_{n \to \infty} b_n = \beta$ のとき以下が成り立つ．

- $\lim_{n \to \infty} (a_n + b_n) = \alpha + \beta$
- $\lim_{n \to \infty} c a_n = c \alpha$ 　(c は定数)
- $\lim_{n \to \infty} a_n b_n = \alpha \beta$
- $\lim_{n \to \infty} \dfrac{a_n}{b_n} = \dfrac{\alpha}{\beta}$ 　($b_n \neq 0, \beta \neq 0$)
- $\lim_{n \to \infty} |a_n| = |\alpha|$
- ある N に対して，$a_n \leqq b_n \, (n > N)$ ならば $\alpha \leqq \beta$．

はさみうちの原理

ある番号 N があって，すべての $n > N$ に対し

$a_n \leqq c_n \leqq b_n$ かつ $\lim_{n \to \infty} a_n = \lim_{n \to \infty} b_n = \alpha$ ならば $\lim_{n \to \infty} c_n = \alpha$．

基本的な数列の極限　　$k \in \boldsymbol{N}$ のとき，

- $\lim_{n \to \infty} n^k r^n = \begin{cases} 0 & (|r| < 1), \\ \infty & (r \geqq 1), \\ 振動 & (r \leqq -1). \end{cases}$

- $\lim_{n \to \infty} a_n = \infty \Rightarrow \lim_{n \to \infty} \sqrt[k]{a_n} = \lim_{n \to \infty} a_n^k = \infty$

- $\lim_{n \to \infty} \sqrt[n]{a} = 1 \, (a > 0)$,　　$\lim_{n \to \infty} \sqrt[n]{n} = 1$

- $\lim_{n \to \infty} a_n = \lim_{n \to \infty} b_n = \infty$ かつ $\lim_{n \to \infty} \dfrac{a_n}{b_n} = 0$ であることを $a_n \ll b_n$ と表すとき，$1 < a < b, 1 < k < l$ に対して

$$\log n \ll \sqrt[l]{n} \ll \sqrt[k]{n} \ll n^k \ll n^l \ll a^n \ll b^n \ll n! \ll n^n.$$

単調数列

- $\{a_n\}$ は単調増加 $\overset{定義}{\iff}$ すべての自然数 n に対して $a_n \leqq a_{n+1}$.
- $\{a_n\}$ は単調減少 $\overset{定義}{\iff}$ すべての自然数 n に対して $a_n \geqq a_{n+1}$.

有界数列

- $\{a_n\}$ が上に有界 $\overset{定義}{\iff}$ 「すべての n に対して $a_n \leqq M$」をみたす M が存在.
- $\{a_n\}$ が下に有界 $\overset{定義}{\iff}$ 「すべての n に対して $a_n \geqq L$」をみたす L が存在.
- $\{a_n\}$ が有界 $\overset{定義}{\iff}$ 上に有界 かつ 下に有界.

連続性の公理

$\{a_n\}$ が上に有界かつ単調増加 $\Rightarrow$ $\{a_n\}$ は収束.

* 連続性の公理 $\Leftrightarrow$ 「$\{a_n\}$ が下に有界かつ単調減少 $\Rightarrow$ $\{a_n\}$ は収束」.

自然対数の底   次の極限値 e を自然対数の底という.

- $\lim_{n \to \infty} \left(1 + \frac{1}{n}\right)^n = 2.718281828459\ldots = e$
- すべての自然数 n に対して $\left(1 + \frac{1}{n}\right)^n < e$.
- $\lim_{n \to \infty} |a_n| = \infty$ ならば $\lim_{n \to \infty} \left(1 + \frac{1}{a_n}\right)^{a_n} = e$.

* 数列 $\left\{\left(1 + \frac{1}{n}\right)^n\right\}$ は単調増加かつ上に有界だから，連続性の公理より収束する.
e は無理数である.

級数

$\sum_{n=1}^{\infty} a_n = a_1 + a_2 + \cdots + a_n + \cdots$:   数列 $\{a_n\}$ の級数

級数 $\sum_{n=1}^{\infty} a_n$ が S に収束する. $\overset{定義}{\iff}$ 数列 $S_n = \sum_{k=1}^{n} a_k$ が S に収束する.

* S を級数 $\sum_{n=1}^{\infty} a_n$ の和という.

級数の性質

- $\sum_{n=1}^{\infty} a_n$ が収束する. $\Rightarrow \lim_{n \to \infty} a_n = 0$
- $\sum_{n=1}^{\infty} a_n, \sum_{n=1}^{\infty} b_n$ が収束し，α, β が n に無関係な定数のとき，
$$\sum_{n=1}^{\infty} (\alpha a_n + \beta b_n) = \alpha \sum_{n=1}^{\infty} a_n + \beta \sum_{n=1}^{\infty} b_n.$$

⚠ 逆は成り立たない.
例：$\sum_{n=1}^{\infty} \frac{1}{n} = \infty$

数列の極限の厳密な定義

- $\lim_{n \to \infty} a_n = \alpha \overset{定義}{\iff}$ 任意の $\varepsilon > 0$ に対し，条件「$n \geqq N$ ならば $|a_n - \alpha| < \varepsilon$」をみたす自然数 N が存在する.
- $\lim_{n \to \infty} a_n = \infty \overset{定義}{\iff}$ 任意の $M > 0$ に対し，条件「$n \geqq N$ ならば $a_n > M$」をみたす自然数 N が存在する.

* 左のような定義を「**ε-N 論法**」という.

* $\lim_{n \to \infty} a_n = -\infty$ の定義は，「$a_n > M$」の部分を「$a_n < -M$」に置き換えればよい.

2. 数列の極限を求める

例題 2.1 次の極限を求めよ．

(1) $\lim_{n\to\infty} \sqrt[n]{3n^2}$ (2) $\lim_{n\to\infty} \dfrac{n^{1000}}{1.001^n}$ (3) $\lim_{n\to\infty}(3n)^{100}0.999^n$

(4) $\lim_{n\to\infty} \dfrac{10^{3n}}{n!}$ (5) $\lim_{n\to\infty} \dfrac{3^n}{\sqrt{n!}}$

$\boxed{\text{ポイント}}$ 「基本的な数列の極限」(p.4) を組み合わせて考えよう．
順序関係 $\ll$ について「どれが一番"大きい"か」を考察するのがポイント．

*記号 $\ll$ は「基本的な数列の極限」(p.4)を参照．

解 (1) $\lim_{n\to\infty} \sqrt[n]{a} = \lim_{n\to\infty} \sqrt[n]{n} = 1$ より $\lim_{n\to\infty} \sqrt[n]{3n^2} = \lim_{n\to\infty} \sqrt[n]{3} \lim_{n\to\infty} \left(\sqrt[n]{n}\right)^2 = 1$.

(2) $\dfrac{1}{1.001} < 1$ だから $\lim_{n\to\infty} \dfrac{n^{1000}}{1.001^n} = 0$.

(3) $\lim_{n\to\infty}(3n)^{100}0.999^n = 3^{100}\lim_{n\to\infty} n^{100}0.999^n = 3^{100}\cdot 0 = 0$

(4) $\lim_{n\to\infty} \dfrac{10^{3n}}{n!} = \lim_{n\to\infty} \dfrac{1000^n}{n!} = 0$

(5) $\lim_{n\to\infty} \dfrac{3^n}{\sqrt{n!}} = \lim_{n\to\infty} \sqrt{\dfrac{9^n}{n!}} = \sqrt{\lim_{n\to\infty} \dfrac{9^n}{n!}} = \sqrt{0} = 0$ //

♦ **問題 2.1** 次の極限を求めよ．

*一般に $a^{n^2} = (a^n)^n$ は $(a^n)^2 = a^{2n}$ とは異なることに注意しよう．

(1) $\lim_{n\to\infty} \sqrt[3n]{5n^2}$ (2) $\lim_{n\to\infty} \dfrac{2^n}{n!}$ (3) $\lim_{n\to\infty} \dfrac{n^n}{(n+1)!}$ (4) $\lim_{n\to\infty} \dfrac{1.1^{n^2}}{n!}$

例題 2.2 次の極限を求めよ．

(1) $\lim_{n\to\infty} \dfrac{2^{2n+1}+3^n+n^3}{3^n+4^n+n^4}$ (2) $\lim_{n\to\infty} \dfrac{5^n+n!+n^4}{(n+1)!+3^n+n^7}$

$\boxed{\text{ポイント}}$ $a_n, b_n \to \infty \, (n\to\infty)$ のときの $\lim_{n\to\infty} \dfrac{a_n}{b_n}$ の求め方：
a_n, b_n の項の中で $\ll$ についてもっとも"大きい"項をくくり出す．

* $n^4 \ll 3^n \ll 4^n$ および $n^3 \ll 3^n \ll 2^{2n} = 4^n$ であることに着目する．

解 (1) $\lim_{n\to\infty} \dfrac{2^{2n+1}+3^n+n^3}{3^n+4^n+n^4} = \lim_{n\to\infty} \dfrac{4^n\left(2+\left(\frac{3}{4}\right)^n+\frac{n^3}{4^n}\right)}{4^n\left(\left(\frac{3}{4}\right)^n+1+\frac{n^4}{4^n}\right)} = \lim_{n\to\infty} \dfrac{2+\left(\frac{3}{4}\right)^n+\frac{n^3}{4^n}}{\left(\frac{3}{4}\right)^n+1+\frac{n^4}{4^n}}$

$= \dfrac{2+0+0}{0+1+0} = 2$

* $n^7 \ll 3^n \ll (n+1)!$, $n^4 \ll 5^n \ll n!$ であることに着目する．

(2) $\lim_{n\to\infty} \dfrac{5^n+n!+n^4}{(n+1)!+3^n+n^7} = \lim_{n\to\infty} \dfrac{n!\left(\frac{5^n}{n!}+1+\frac{n^4}{n!}\right)}{(n+1)!\left(1+\frac{3^n}{(n+1)!}+\frac{n^7}{(n+1)!}\right)}$

$= \lim_{n\to\infty} \dfrac{1}{n+1} \lim_{n\to\infty} \dfrac{\frac{5^n}{n!}+1+\frac{n^4}{n!}}{1+\frac{3^n}{(n+1)!}+\frac{n^7}{(n+1)!}} = 0 \cdot 1 = 0$ //

♦ **問題 2.2** 次の極限を求めよ．

(1) $\lim_{n\to\infty} \dfrac{3n^2+2\sqrt[3]{n^7}+7\sqrt[4]{n^9}}{3\sqrt[3]{n^7}+4\sqrt[4]{n^9}+9n}$ (2) $\lim_{n\to\infty} \dfrac{n^3+3^n+5^n}{2n^2+5^{n+1}+2^{2n}}$

(3) $\lim_{n\to\infty} \dfrac{3^{8n}+7^{n+1}+2n^n}{3^{8n}+(n+1)^7+3(n!)}$ (4) $\lim_{n\to\infty} \dfrac{2^n n!+n^{3n}+9^n}{3^{n^2+1}+2(n!)}$

数列の極限・実数の連続性・級数の和

例題 2.3 次の極限を求めよ.
(1) $\lim_{n\to\infty} \sqrt[n]{n^2+n+1}$ (2) $\lim_{n\to\infty} \sqrt[n]{5^n+3^n}$ (3) $\lim_{n\to\infty} \left(\frac{n+1}{2n+3}\right)^n$

ポイント
- $\boxed{\infty^0}$ 型の極限の求め方：
  - 「数列の極限の性質」(p.4) および「はさみうちの原理」(p.4) を用いる.
  - $\lim_{n\to\infty} a^{\frac{1}{n}} = \lim_{n\to\infty} \sqrt[n]{n} = 1$ を用いる.
- $\boxed{a^\infty}$ 型 $(0 < a \ne 1)$ の極限：$a < 1$ ならば 0, $a > 1$ ならば ∞ である.

解 (1) $\left(\sqrt[n]{n}\right)^2 \leqq \sqrt[n]{n^2+n+1} \leqq \sqrt[n]{3n^2} = 3^{\frac{1}{n}}\left(\sqrt[n]{n}\right)^2$ だから，はさみうちの原理より，$\lim_{n\to\infty} \sqrt[n]{n^2+n+1} = 1$.

(2) $5^n \leqq 5^n + 3^n \leqq 2 \cdot 5^n$ より $5 \leqq (5^n+3^n)^{\frac{1}{n}} \leqq 2^{\frac{1}{n}} \cdot 5$ である. $\lim_{n\to\infty} 2^{\frac{1}{n}} = 1$ より，はさみうちの原理から $\lim_{n\to\infty} (5^n+3^n)^{\frac{1}{n}} = 5$.

(3) $\frac{n+1}{2n+3} < \frac{1}{2}$ だから，$0 < \left(\frac{n+1}{2n+3}\right)^n < \left(\frac{1}{2}\right)^n$ である．ゆえに，はさみうちの原理から $\lim_{n\to\infty} \left(\frac{n+1}{2n+3}\right)^n = 0$. //

◆ **問題 2.3** 次の一般項をもつ数列の $n\to\infty$ のときの極限を求めよ.
(1) $(4^n+9^n+25^n)^{\frac{1}{2n}}$ (2) $((-2)^n+3^n)^{\frac{1}{n}}$ (3) $\sqrt[n]{n^5+2^{n+10}+3^n}$
(4) $\sqrt[n]{n^3+1.01^n}$ (5) $\sqrt[n]{(n+1)^n-2^n}$ (6) $\sqrt[n^2]{n^3+2^{n^2}+10^n}$

◆ **問題 2.4** はさみうちの原理を用いて極限 $\lim_{n\to\infty} \frac{(2n+1)!!}{(n!)^2}$ 求めよ.

例題 2.4 次の極限を求めよ.
(1) $\lim_{n\to\infty} \left(1+\frac{2}{n}\right)^n$ (2) $\lim_{n\to\infty} \left(1+\frac{1}{n^2}\right)^n$ (3) $\lim_{n\to\infty} \left(\frac{3n+1}{3n+2}\right)^n$

ポイント
- $\boxed{1^\infty}$ 型の極限の求め方：$\lim_{n\to\infty} |a_n| = \infty$ のとき $\lim_{n\to\infty} \left(1+\frac{1}{a_n}\right)^{a_n} = e$ を用いる.

解 (1) $\lim_{n\to\infty} \left(1+\frac{2}{n}\right)^n = \lim_{n\to\infty} \left(\left(1+\frac{1}{\frac{n}{2}}\right)^{\frac{n}{2}}\right)^2 = e^2$

(2) $1 \leqq \left(1+\frac{1}{n^2}\right)^n = \left(\left(1+\frac{1}{n^2}\right)^{n^2}\right)^{\frac{1}{n}} < e^{\frac{1}{n}}$ であり，$\lim_{n\to\infty} e^{\frac{1}{n}} = 1$ だから，はさみうちの原理によって $\lim_{n\to\infty} \left(1+\frac{1}{n^2}\right)^n = 1$.

(3) $\lim_{n\to\infty} \left(\frac{3n+1}{3n+2}\right)^n = \lim_{n\to\infty} \left(\left(1+\frac{1}{3n+1}\right)^{3n+1} \left(1+\frac{1}{3n+1}\right)^{-1}\right)^{-\frac{1}{3}}$
$= (e \cdot 1)^{-\frac{1}{3}} = \frac{1}{\sqrt[3]{e}}$ //

◆ **問題 2.5** 次の極限を求めよ.
(1) $\lim_{n\to\infty} \frac{(2n+1)^n}{(2n)^n}$ (2) $\lim_{n\to\infty} \frac{(n-1)^n}{n^n}$ (3) $\lim_{n\to\infty} \frac{(2n+1)^n}{(n+1)^n}$
(4) $\lim_{n\to\infty} \left(\frac{n^5+1}{n^5}\right)^{n^3}$ (5) $\lim_{n\to\infty} \left(\frac{n^2+n+3}{n^2+n+1}\right)^n$

3. 漸化式で定まる数列の極限を求める

例題 3 数列 $\{a_n\}_{n=1}^{\infty}$ を次のように定める.
$$a_1 = 1, \quad a_{n+1} = \frac{a_n}{2} + \frac{1}{u_n}$$
(1) $n \geqq 2$ ならば $a_n > \sqrt{2}$ であることを n による数学的帰納法で示せ.
(2) $n \geqq 2$ ならば $a_n > a_{n+1}$ であることを示せ.
(3) 数列 $\{a_n\}_{n=1}^{\infty}$ は収束することを示し,極限値を求めよ.

ポイント
・連続性の公理
　$\Leftrightarrow$ 「上に有界な単調増加数列は,ある実数に収束する.」
　$\Leftrightarrow$ 「下に有界な単調減少数列は,ある実数に収束する.」
・f を連続関数 (☞「連続関数」(p.19)) とするとき,$a_{n+1} = f(a_n)$ の形の漸化式で定義される数列の極限を求めるには次の ①,② の手順に従うか,③ の方法を試みる.
　① 連続性の公理を用いて極限値 (α とする) の存在を示す.
　② α は $\alpha = f(\alpha)$ をみたすので,これを α に関する方程式とみなして解を求める.
　③ $\alpha = f(\alpha)$ をみたす適切な α と $0 < r < 1$ で,十分大きな自然数 n に対して次の不等式をみたすものをみつける:$|a_{n+1} - \alpha| = |f(a_n) - \alpha| \leqq r|a_n - \alpha|$.

解 (1) $a_2 = \frac{3}{2} = 1.5 > \sqrt{2}$ だから,$n = 2$ のときは主張が成り立つ. $a_n > \sqrt{2}$ と仮定する.
$$a_{n+1} - \sqrt{2} = \frac{a_n}{2} + \frac{1}{a_n} - \sqrt{2} = \frac{a_n^2 - 2\sqrt{2}a_n + 2}{2a_n} = \frac{(a_n - \sqrt{2})^2}{2a_n} > 0$$
だから $a_{n+1} > \sqrt{2}$ が成り立つ.すなわち $n+1$ のときも主張が成り立つ.

(2) 上の結果から $n \geqq 2$ ならば $a_n^2 > 2$ だから
$$a_{n+1} - a_n = -\frac{a_n}{2} + \frac{1}{a_n} = \frac{2 - a_n^2}{2a_n} < 0$$
となり,$a_n > a_{n+1}$ が成り立つ.

(3) (1) の結果から $\{a_n\}_{n=1}^{\infty}$ は下に有界で,(2) の結果から $\{a_n\}_{n=1}^{\infty}$ は単調減少数列である.ゆえに連続性の公理によって $\{a_n\}_{n=1}^{\infty}$ は収束する.$\lim_{n \to \infty} a_n = \alpha$ とおいて,$a_{n+1} = \frac{a_n}{2} + \frac{1}{a_n}$ の両辺の極限を考えると $\alpha = \frac{\alpha}{2} + \frac{1}{\alpha}$ が成り立つ.したがって $\alpha^2 = 2$ だから $\alpha = \pm\sqrt{2}$ であるが,すべての n に対して $a_n \geqq 0$ だから $\alpha \geqq 0$ である.以上から数列 a_n は $\alpha = \sqrt{2}$ に収束する.

(3) の 別解 $n \geqq 2$ ならば (2) より $a_n < a_{n-1} < \cdots < a_2$ だから,$a_n - \sqrt{2} < a_2 - \sqrt{2} < 1$ である.よって (1) の等式と結果から $0 < a_{n+1} - \sqrt{2} = \frac{(a_n - \sqrt{2})^2}{2a_n} \leqq \frac{a_n - \sqrt{2}}{2\sqrt{2}}$ が得られるので,$r = \frac{1}{2\sqrt{2}}$ とおけば $0 < a_n - \sqrt{2} \leqq r(a_{n-1} - \sqrt{2}) \leqq \cdots \leqq r^{n-2}(a_2 - \sqrt{2}) < r^{n-2}$ である.$0 < r < 1$ より $\lim_{n \to \infty} r^{n-2} = 0$ だから,はさみうちの原理から $\lim_{n \to \infty} a_n = \sqrt{2}$. //

♦ **問題 3.1** 以下で定義される数列 $\{a_n\}_{n=1}^{\infty}$ の極限値を求めよ.
(1) $a_1 = 6,\ a_{n+1} = 4\sqrt{a_n - 3}$ 　　(2) $a_1 = 3,\ a_{n+1} = \frac{a_n + 8}{a_n + 3}$

♦ **問題 3.2** $a_1 = \frac{1}{2}$ であり,以下の漸化式で定まる数列 $\{a_n\}_{n=1}^{\infty}$ が収束するか調べよ.
(1) $a_{n+1} = a_n^2 + 1$ 　　　　　　　　(2) $a_{n+1} = \sin(a_n \pi)$
(3) $a_{n+1} = \frac{3}{a_n}$ 　　　　　　　　　(4) $a_{n+1} = \sqrt{a_n + 1}$

4. 簡単な級数の和を求める

例題 4 次の級数の和を求めよ.

(1) $\sum_{n=1}^{\infty} \dfrac{n}{3^n}$ (2) $\sum_{n=2}^{\infty} \dfrac{1}{n^2-1}$ (3) $\sum_{n=1}^{\infty} \dfrac{1}{\sqrt{n(n+1)}\,(\sqrt{n+1}+\sqrt{n})}$

ポイント 以下の場合には,級数 $S = \sum_{n=1}^{\infty} a_n$ の部分和 $S_m = \sum_{n=1}^{m} a_n$ を求めることができる.

- 等比級数型 $a_n = n^k r^n \Rightarrow S_m - rS_m$ を計算して $a_n = n^{k-1} r^n$ の場合に帰着させる.
- 階差数列型 $a_n = b_{n+1} - b_n$ をみたす数列 $\{b_n\}$ がみつかったとき
  $\Rightarrow S_m = b_{m+1} - b_1$

解 (1) 第 m 項までの部分和を $S_m = \sum_{n=1}^{m} \dfrac{n}{3^n}$ とおくと,等比級数の和の公式から

$$S_m - \frac{1}{3}S_m = \sum_{n=1}^{m} \frac{n}{3^n} - \sum_{n=1}^{m} \frac{n}{3^{n+1}} = \sum_{n=1}^{m} \frac{n}{3^n} - \sum_{n=2}^{m+1} \frac{n-1}{3^n}$$

$$= \frac{1}{3} + \sum_{n=2}^{m} \frac{1}{3^n} - \frac{m}{3^{m+1}} = \frac{1}{3} + \frac{1}{6}\left(1 - \frac{1}{3^{m-1}}\right) - \frac{m}{3^{m+1}}$$

$$= \frac{1}{2} - \frac{1}{6\cdot 3^{m-1}} - \frac{m}{3^{m+1}}$$

である.$S_m - \dfrac{1}{3}S_m = \dfrac{2}{3}S_m$ だから,上式より $S_m = \dfrac{3}{4} - \dfrac{1}{4\cdot 3^{m-1}} - \dfrac{m}{2\cdot 3^m}$.
ゆえに,$\sum_{n=1}^{\infty} \dfrac{n}{3^n} = \lim_{m\to\infty} S_m = \lim_{m\to\infty}\left(\dfrac{3}{4} - \dfrac{1}{4\cdot 3^{m-1}} - \dfrac{m}{2\cdot 3^m}\right) = \dfrac{3}{4}$.

(2) $m \geqq 2$ ならば

$$\sum_{n=2}^{m} \frac{1}{n^2-1} = \sum_{n=2}^{m} \frac{1}{2}\left(\frac{1}{n-1} - \frac{1}{n+1}\right) = \frac{1}{2}\left(\sum_{n=2}^{m} \frac{1}{n-1} - \sum_{n=2}^{m} \frac{1}{n+1}\right)$$

$$= \frac{1}{2}\left(\sum_{n=1}^{m-1} \frac{1}{n} - \sum_{n=3}^{m+1} \frac{1}{n}\right) = \frac{1}{2}\left(\sum_{n=1}^{2} \frac{1}{n} - \sum_{n=m}^{m+1} \frac{1}{n}\right)$$

$$= \frac{3}{4} - \frac{1}{2m} - \frac{1}{2(m+1)}$$

である.ゆえに,$\sum_{n=2}^{\infty} \dfrac{1}{n^2-1} = \lim_{m\to\infty}\left(\dfrac{3}{4} - \dfrac{1}{2m} - \dfrac{1}{2(m+1)}\right) = \dfrac{3}{4}$.

(3) 与えられた級数の一般項の分母と分子に $\sqrt{n+1} - \sqrt{n}$ をかけると

$$\frac{1}{\sqrt{n(n+1)}\,(\sqrt{n+1}+\sqrt{n})} = \frac{\sqrt{n+1}-\sqrt{n}}{\sqrt{n(n+1)}} = \frac{1}{\sqrt{n}} - \frac{1}{\sqrt{n+1}}$$

だから,$m \geqq 1$ ならば

$$\sum_{n=1}^{m} \frac{1}{\sqrt{n(n+1)}\,(\sqrt{n+1}+\sqrt{n})} = \sum_{n=1}^{m} \frac{1}{\sqrt{n}} - \sum_{n=2}^{m+1} \frac{1}{\sqrt{n}} = 1 - \frac{1}{\sqrt{m+1}}$$

である.したがって

$$\sum_{n=1}^{\infty} \frac{1}{\sqrt{n(n+1)}\,(\sqrt{n}+\sqrt{n+1})} = \lim_{m\to\infty}\left(1 - \frac{1}{\sqrt{m+1}}\right) = 1. \qquad /\!/$$

◆ **問題 4** 次の級数の和を求めよ.ただし,$|r| < 1$ とする.

(1) $\sum_{n=1}^{\infty} nr^n$ (2) $\sum_{n=1}^{\infty} n(n-1)r^n$

(3) $\sum_{n=0}^{\infty} r^n \cos nx$ (4) $\sum_{n=1}^{\infty} \dfrac{1}{2^n} \tan \dfrac{x}{2^n}$ ($0 < |x| < \pi$)

*(3) $\sum_{n=0}^{\infty} r^n \sin nx$ も一緒に求める.(4) 倍角公式を用い,まず
$\dfrac{\tan\theta}{2} = \dfrac{1}{2\tan\theta} - \dfrac{1}{\tan 2\theta}$
を示す.

5. 数列の極限の定義を理解する

例題 5 以下を ε-N 論法で示せ．
(1) $\displaystyle\lim_{n\to\infty}\frac{1}{\sqrt{n}}=0$ (2) $\displaystyle\lim_{n\to\infty}(3-n^2)=-\infty$

ポイント $\varepsilon>0$ に対して，条件「$n\geqq N$ ならば $|a_n-\alpha|<\varepsilon$」をみたす N を，ε を用いて表す．
⚠ 不等式 $|a_n-\alpha|<\varepsilon$ をみたす n に関する必要十分条件を求める必要はない．

* $[x]$ はガウス記号
☞「ガウス記号」(p.2)

解 (1) $a_n=\dfrac{1}{\sqrt{n}}$ とする．任意の $\varepsilon>0$ に対し，$N=\left[\dfrac{1}{\varepsilon^2}\right]+1$ とする．このとき，$n\geqq N$ ならば $n>\dfrac{1}{\varepsilon^2}$ であり，$\dfrac{1}{\sqrt{n}}<\varepsilon$ となる．すなわち，

$\varepsilon>0$ に対して，$N=\left[\dfrac{1}{\varepsilon^2}\right]+1$ とすると，$n\geqq N$ のとき，$|a_n-0|=\dfrac{1}{\sqrt{n}}<\varepsilon$

となるから，$\displaystyle\lim_{n\to\infty}a_n=0$ が示された．

(2) $a_n=3-n^2$ とする．任意の $M>0$ に対し，$N=\left[\sqrt{M+3}\right]+1$ とする．このとき，$n\geqq N$ ならば $n>\sqrt{M+3}$ であり，$n^2>M+3$ となるから $3-n^2<-M$ となる．すなわち，

任意の $M>0$ に対して $N=\left[\sqrt{M+3}\right]+1$ とすれば，$n>N$ のとき $a_n<-M$

となるから，$\displaystyle\lim_{n\to\infty}a_n=-\infty$ が示された． ∥

♦ **問題 5** 以下の主張を ε-N 論法で示せ．
(1) $a_n=\dfrac{n}{n+1}$ のとき，$\displaystyle\lim_{n\to\infty}a_n=1$.
(2) $a_n=1.1^n$ のとき，$\displaystyle\lim_{n\to\infty}a_n=\infty$.

❖❖❖❖❖❖❖❖❖❖❖ コラム「基本的な極限の性質の証明」❖❖❖❖❖❖❖❖❖❖❖

ε-N 論法を用いると基本的な極限の性質が証明できます．
$\lim_{n\to\infty} a_n = \alpha$, $\lim_{n\to\infty} b_n = \beta$ とする．

(1) $\lim_{n\to\infty}(a_n + b_n) = \alpha + \beta$　　　　(2) $\lim_{n\to\infty} c a_n = c\alpha$

(3) $\lim_{n\to\infty} a_n b_n = \alpha\beta$　　　　(4) $\lim_{n\to\infty} \dfrac{a_n}{b_n} = \dfrac{\alpha}{\beta}$ $(\beta \neq 0)$

証明 (1) 任意の $\varepsilon > 0$ に対し，自然数 N_1, N_2 で，それぞれ

"$n \geqq N_1$ ならば $|a_n - \alpha| < \dfrac{\varepsilon}{2}$"，　"$n \geqq N_2$ ならば $|b_n - \beta| < \dfrac{\varepsilon}{2}$"

をみたすものがある．したがって，$N = \max\{N_1, N_2\}$ とおけば，$n \geqq N$ のとき
$$|(a_n + b_n) - (\alpha + \beta)| \leqq |a_n - \alpha| + |b_n - \beta| < \varepsilon$$
となるので，$\lim_{n\to\infty}(a_n + b_n) = \alpha + \beta$ が成り立つ．

(2) 任意の $\varepsilon > 0$ に対し，自然数 N で，"$n \geqq N$ ならば $|a_n - \alpha| < \dfrac{\varepsilon}{1 + |c|}$" をみたすものがある．したがって，$n \geqq N$ のとき
$$|c a_n - c\alpha| = |c||a_n - \alpha| \leqq \dfrac{\varepsilon|c|}{1 + |c|} < \varepsilon$$
となるので，$\lim_{n\to\infty} c a_n = c\alpha$ が成り立つ．

(3) 任意の $\varepsilon > 0$ に対し，自然数 N_1, N_2 で，それぞれ

"$n \geqq N_1$ ならば $|a_n - \alpha| < \dfrac{\varepsilon}{2(1+|\beta|)}$"，　"$n \geqq N_2$ ならば $|b_n - \beta| < \dfrac{\varepsilon}{2(1+|\alpha|)}$"

をみたすものがある．さらに自然数 N_3 で，

"$n \geqq N_3$ ならば $|a_n - \alpha| < 1$"

をみたすものがある．ここで $n \geqq N_3$ ならば
$$|a_n| = |a_n - \alpha + \alpha| \leqq |a_n - \alpha| + |\alpha| \leqq 1 + |\alpha|$$
が成り立つ．そこで $N = \max\{N_1, N_2, N_3\}$ とおけば，$n \geqq N$ のとき
$$|a_n b_n - \alpha\beta| = |a_n(b_n - \beta) + (a_n - \alpha)\beta| \leqq |a_n||b_n - \beta| + |a_n - \alpha||\beta|$$
$$\leqq (1+|\alpha|)\dfrac{\varepsilon}{2(1+|\alpha|)} + \dfrac{\varepsilon}{2(1+|\beta|)}|\beta| < \dfrac{\varepsilon}{2} + \dfrac{\varepsilon}{2} = \varepsilon$$
となるので，$\lim_{n\to\infty} a_n b_n = \alpha\beta$ が成り立つ．

(4) 任意の $\varepsilon > 0$ に対し，自然数 N_1, N_2 で，

"$n \geqq N_1$ ならば $|b_n - \beta| < \dfrac{\varepsilon|\beta|^2}{2}$"，　"$n \geqq N_2$ ならば $|b_n - \beta| < \dfrac{|\beta|}{2}$"

をみたすものがある．ここで $n \geqq N_2$ ならば
$$|\beta| = |\beta - b_n + b_n| \leqq |\beta - b_n| + |b_n| < \dfrac{|\beta|}{2} + |b_n|$$
だから $|b_n| > \dfrac{|\beta|}{2}$ となるので $\dfrac{1}{|b_n|} < \dfrac{2}{|\beta|}$ である．したがって，$N = \max\{N_1, N_2\}$ とおけば，$n \geqq N$ のとき
$$\left|\dfrac{1}{b_n} - \dfrac{1}{\beta}\right| = \dfrac{1}{|b_n|} \cdot \dfrac{|b_n - \beta|}{|\beta|} \leqq \dfrac{2|b_n - \beta|}{|\beta|^2} < \varepsilon$$
が成り立つ．ゆえに $\lim_{n\to\infty} \dfrac{1}{b_n} = \dfrac{1}{\beta}$ が成り立つので (3) の結果から
$$\lim_{n\to\infty} \dfrac{a_n}{b_n} = \lim_{n\to\infty} a_n \dfrac{1}{b_n} = \alpha \dfrac{1}{\beta} = \dfrac{\alpha}{\beta}.$$

❖❖

関 数

写像と関数 X と Y を空でない集合とする.

- X の各要素に Y の要素を1つ対応させる規則を X から Y への**写像**という.
- f が X から Y への写像であることを, $f: X \to Y$ または $X \xrightarrow{f} Y$ で表す.
- $f: a \mapsto b$ または $b = f(a)$ で, $a \in X$ が f で $b \in Y$ に対応することを表す.
- X を f の**定義域**, $\{f(x) \mid x \in X\}$ を f の**値域**(または**像**)といい, $f(X)$ で表す.
- $Y = \mathbf{R}$ のとき, f を X 上の**実数値関数**または単に(X 上の)**関数**という.

* $y = f(x)$ のとき, x を独立変数, y を従属変数ということがある.

単射と全射・逆写像 X, Y を集合, $f: X \to Y$ を写像とする.

- f が**単射** $\stackrel{\text{定義}}{\Longleftrightarrow} x \neq x'$ $(x, x' \in X)$ ならば $f(x) \neq f(x')$
  $\Longleftrightarrow f(x) = f(x')$ ならば $x = x'$
- f が**全射** $\stackrel{\text{定義}}{\Longleftrightarrow} Y = f(X)$
  $\Longleftrightarrow$ 各 $y \in Y$ に対し, $y = f(x)$ となる $x \in X$ が存在.
- f が**全単射** $\stackrel{\text{定義}}{\Longleftrightarrow} f$ が全射かつ単射
  $\Longleftrightarrow$ 各 $y \in Y$ に対し, $y = f(x)$ となる $x \in X$ がただ一つ存在.
- f が単射のとき, $f(x) \mapsto x$ により定まる写像 $f^{-1}: f(X) \to X$ を f の**逆写像**という. とくに f が関数のときは f^{-1} を**逆関数**という.

* 単射を一対一写像ともいう.

* 全射を上への写像ともいう. $f: X \to f(X)$ はつねに全射である.

* f が単射ならば $f: X \to f(X)$ は全単射である. f^{-1} は "f インバース" と読む.

合成写像 $f: X \to Y, g: Z \to W$ を写像とし, $Y \subset Z$ とする.

- $(g \circ f)(x) = g(f(x))$ で定まる写像 $g \circ f: X \to W$ を g と f の**合成写像**という.
- f が全単射ならば, $(f^{-1} \circ f)(x) = x$ $(x \in X)$, $(f \circ f^{-1})(y) = y$ $(y \in Y)$.
- f と g が全単射ならば, $(g \circ f)^{-1} = f^{-1} \circ g^{-1}$.

⚠ 順序に注意.

区 間 $a, b \in \mathbf{R}, a < b$ とする.

	有限区間	無限区間
閉区間	$[a, b] = \{x \mid a \leq x \leq b\}$	$[a, \infty) = \{x \mid a \leq x\}, (-\infty, b] = \{x \mid x \leq b\}$
開区間	$(a, b) = \{x \mid a < x < b\}$	$(a, \infty) = \{x \mid a < x\}, (-\infty, b) = \{x \mid x < b\}$
半開区間	$[a, b) = \{x \mid a \leq x < b\}$ $(a, b] = \{x \mid a < x \leq b\}$	—

* a, b は区間の端点とよばれる.

関数のグラフ $X \subset \mathbf{R}$, f を X 上の関数とする.

- $x, y \in \mathbf{R}$ の組 (x, y) 全体の集合 $\{(x, y) \mid x, y \in \mathbf{R}\}$ を $\mathbf{R}^2$ で表す.
- $\mathbf{R}^2$ の部分集合 $\{(x, y) \mid x \in X, y = f(x)\}$ を f の**グラフ**という.
- f : **偶関数** $\stackrel{\text{定義}}{\Longleftrightarrow} f(-x) = f(x)$ 偶関数のグラフは y 軸について対称.
- f : **奇関数** $\stackrel{\text{定義}}{\Longleftrightarrow} f(-x) = -f(x)$ 奇関数のグラフは原点について対称.
- f^{-1} が存在するとき, f^{-1} のグラフと f のグラフは直線 $y = x$ について対称.

関　数

単調関数
- f：単調増加 $\overset{\text{定義}}{\Longleftrightarrow} x < y$ ならば $f(x) \leqq f(y)$.
- f：単調減少 $\overset{\text{定義}}{\Longleftrightarrow} x < y$ ならば $f(x) \geqq f(y)$.
- f：狭義単調増加 $\overset{\text{定義}}{\Longleftrightarrow} x < y$ ならば $f(x) < f(y)$.
- f：狭義単調減少 $\overset{\text{定義}}{\Longleftrightarrow} x < y$ ならば $f(x) > f(y)$.

＊狭義単調関数は単射である．

関数の有界性　f を I 上の関数とする．
- $f: I$ 上で上に有界 $\overset{\text{定義}}{\Longleftrightarrow}$ 「$x \in I \Rightarrow f(x) \leqq M$」となる M が存在．
- $f: I$ 上で下に有界 $\overset{\text{定義}}{\Longleftrightarrow}$ 「$x \in I \Rightarrow f(x) \geqq M$」となる M が存在．
- $f: I$ 上で有界 $\overset{\text{定義}}{\Longleftrightarrow} f: I$ 上で上にも下にも有界．

有理関数・無理関数
- f：多項式関数 (n 次関数) $\overset{\text{定義}}{\Longleftrightarrow} f(x) = a_n x^n + \cdots + a_1 x + a_0 \ (a_n \neq 0)$
- f：有理関数 $\overset{\text{定義}}{\Longleftrightarrow} f(x) = \dfrac{Q(x)}{P(x)} \ \ (P(x), Q(x)$：多項式関数)
- f：無理関数 $\overset{\text{定義}}{\Longleftrightarrow} n$ 乗根と四則演算によって得られる関数

＊例：$\sqrt{\dfrac{x+1}{x-1}}, \dfrac{\sqrt[3]{x^3+x}}{\sqrt{x^3+1}}$

指数関数・対数関数　$a > 0$ かつ $a \neq 1$ とする．
- $f: a$ を底とする指数関数 $\overset{\text{定義}}{\Longleftrightarrow} f: \mathbf{R} \to (0, \infty), f(x) = a^x$
  $a > 1$ のとき狭義単調増加，$0 < a < 1$ のとき狭義単調減少．
- a を底とする指数関数 $f: x \mapsto a^x$ の逆関数 f^{-1} を a を底とする対数関数といい，$f^{-1}(x)$ を $\log_a x$ で表す．$\log_e$ を自然対数という．

＊e を底とする指数関数 e^x は $\exp x$ とも書く．

＊以後本書では，$\log_e x$ を $\log x$ と書く．$\log_e x$ は $\ln x$ とも表される．

逆三角関数　三角関数の定義域を制限して得られる全単射の逆関数．
- $\sin: \left[-\dfrac{\pi}{2}, \dfrac{\pi}{2}\right] \to [-1, 1]$ の逆関数を $\sin^{-1}$ と表す．
- $\cos: [0, \pi] \to [-1, 1]$ の逆関数を $\cos^{-1}$ と表す．
- $\tan: \left(-\dfrac{\pi}{2}, \dfrac{\pi}{2}\right) \to \mathbf{R}$ の逆関数を $\tan^{-1}$ と表す．
- $\cos^{-1} x + \sin^{-1} x = \dfrac{\pi}{2} \ (-1 \leqq x \leqq 1)$

＊次の記法もある．
$\sin^{-1}$：$\arcsin, \mathrm{Sin}^{-1}$
$\cos^{-1}$：$\arccos, \mathrm{Cos}^{-1}$
$\tan^{-1}$：$\arctan, \mathrm{Tan}^{-1}$

⚠ $\sin^{-1} x$ と $\dfrac{1}{\sin x}$ は異なる関数である．

指数法則・対数法則・加法定理　$a > 0, a \neq 1, x, y \in \mathbf{R}$ とする．
- $a^{x+y} = a^x a^y, \quad (a^x)^y = a^{xy}, \quad$ とくに $(a^x)^x = a^{x^2}$.
- $\log_a(xy) = \log_a x + \log_a y \ (x, y > 0), \quad \log_a(x^y) = y \log_a x \ (x > 0)$
- $\sin(x \pm y) = \sin x \cos y \pm \cos x \sin y, \quad \sin 2x = 2 \sin x \cos x,$
  $\cos(x \pm y) = \cos x \cos y \mp \sin x \sin y, \quad \cos 2x = 2\cos^2 x - 1,$
  $\tan(x \pm y) = \dfrac{\tan x \pm \tan y}{1 \mp \tan x \tan y}, \quad \tan 2x = \dfrac{2 \tan x}{1 - \tan^2 x}.$

⚠ $(a^x)^x$ と a^{2x} は異なる関数である．

＊左記の等式はすべて複号同順である．

＊$\tan(x\ \ x) = 0$ に注意すると符号のミスが防げる．

双曲線関数と逆双曲線関数　$x \in \mathbf{R}$ とする．
- $\sinh x = \dfrac{e^x - e^{-x}}{2}, \quad \cosh x = \dfrac{e^x + e^{-x}}{2}, \quad \tanh x = \dfrac{\sinh x}{\cosh x} = \dfrac{e^x - e^{-x}}{e^x + e^{-x}}.$
- $\sinh(x \pm y) = \sinh x \cosh y \pm \cosh x \sinh y,$
  $\cosh(x \pm y) = \cosh x \cosh y \pm \sinh x \sinh y,$
  $\tanh(x \pm y) = \dfrac{\tanh x \pm \tanh y}{1 \pm \tanh x \tanh y}.$
- $\sinh^{-1} x = \log(x + \sqrt{x^2 + 1}) \ (x \in \mathbf{R}), \quad \cosh^{-1} x = \log(x + \sqrt{x^2 - 1}) \ (x \geqq 1),$
  $\tanh^{-1} x = \dfrac{1}{2} \log\left(\dfrac{1+x}{1-x}\right) \ (-1 < x < 1).$

＊左記の等式はすべて複号同順である．

＊$\sinh^{-1}, \cosh^{-1}, \tanh^{-1}$ は各々 $\sinh: \mathbf{R} \to \mathbf{R}$, $\cosh: [0, \infty) \to [1, \infty)$, $\tanh: \mathbf{R} \to (-1, 1)$ の逆関数．

6. 全射，単射を理解する

> **例題 6** 以下で与えられる関数が，全射，単射，全単射であるかどうか，理由とともに答えよ．
> (1) $f_1 : \boldsymbol{R} \to \boldsymbol{R}$, $\quad f_1(x) = \sin x$
> (2) $f_2 : \left[-\frac{\pi}{2}, \frac{\pi}{2}\right] \to \boldsymbol{R}$, $\quad f_2(x) = \sin x$
> (3) $f_3 : \boldsymbol{R} \to [-1, 1]$, $\quad f_3(x) = \sin x$
> (4) $f_4 : \left[-\frac{\pi}{2}, \frac{\pi}{2}\right] \to [-1, 1]$, $\quad f_4(x) = \sin x$

ポイント 全射，単射，全単射の定義に忠実に従って考える．

解 (1) $f_1(x) = \sin x = 2$ となる実数 x は存在しないので，f_1 は全射ではない．$f_1(0) = f_1(\pi) = 0$ だから f_1 は単射でもない．

(2) $f_2(x) = \sin x = 2$ となる実数 x は存在しないので，f_2 は全射ではない．$\sin$ は区間 $\left[-\frac{\pi}{2}, \frac{\pi}{2}\right]$ で狭義単調増加関数だから，f_2 は単射である．

(3) $\sin$ は -1 から 1 の間のすべての値をとるので，f_3 は全射である．$f_3(0) = f_3(\pi) = 0$ だから f_3 は単射ではない．

(4) $\sin x$ は区間 $\left[-\frac{\pi}{2}, \frac{\pi}{2}\right]$ で単調に増加して -1 から 1 の間のすべての値をとるので，f_4 は全単射である． //

♦ **問題 6.1** 以下で与えられる関数が，全射，単射，全単射であるかどうか，理由とともに答えよ．

(1) $g_1 : \boldsymbol{R} \to \boldsymbol{R}$, $\quad g_1(x) = x^2$ 　　(2) $g_2 : [0, \infty) \to \boldsymbol{R}$, $\quad g_2(x) = x^2$
(3) $g_3 : \boldsymbol{R} \to [0, \infty)$, $\quad g_3(x) = x^2$ 　　(4) $g_4 : [0, \infty) \to [0, \infty)$, $\quad g_4(x) = x^2$

♦ **問題 6.2** 以下の関数 f と値域 Y に対して，$f : X \to Y$ が全単射となるような X の例を答えよ．

(1) $f : x \mapsto x^2, Y = [1, 2]$ 　　(2) $f : x \mapsto x^3, Y = [-8, 27]$
(3) $f : x \mapsto \tan x, Y = [-1, 1]$ 　　(4) $f : x \mapsto \sin x, Y = [-1, 1]$
(5) $f : x \mapsto \cos x, Y = [-1, 1]$

♦ **問題 6.3** 以下の関数 f と定義域 X に対して，$f : X \to Y$ が全射となるような Y を答えよ．

(1) $f : x \mapsto x^2, X = [-1, 3]$ 　　(2) $f : x \mapsto x^3, X = [-3, 3]$
(3) $f : x \mapsto \tan x, X = \left[0, \frac{\pi}{4}\right]$ 　　(4) $f : x \mapsto \sin x, X = \left[-\frac{3\pi}{4}, \frac{\pi}{6}\right]$
(5) $f : x \mapsto \cos x, X = \left[-\frac{\pi}{2}, \frac{\pi}{3}\right]$

7. 逆三角関数・双曲線関数の定義を理解する

例題 7.1 次の値を答えよ．
(1) $\cos^{-1}\dfrac{1}{2}$ (2) $\sin^{-1}\dfrac{\sqrt{3}}{2}$ (3) $\cosh^{-1}\dfrac{5}{4}$

ポイント
- $\alpha = \sin^{-1}\beta \iff \beta = \sin\alpha$ かつ $-\dfrac{\pi}{2} \leqq \alpha \leqq \dfrac{\pi}{2}$
- $\alpha = \cos^{-1}\beta \iff \beta = \cos\alpha$ かつ $0 \leqq \alpha \leqq \pi$
- $\alpha = \tan^{-1}\beta \iff \beta = \tan\alpha$ かつ $-\dfrac{\pi}{2} < \alpha < \dfrac{\pi}{2}$

*単位円を使って考えよう．

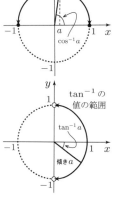

解 (1) $\alpha = \cos^{-1}\dfrac{1}{2}$ とおけば $\cos\alpha = \dfrac{1}{2}$ かつ $0 \leqq \alpha \leqq \pi$ だから，$\alpha = \dfrac{\pi}{3}$．

(2) $\alpha = \sin^{-1}\dfrac{\sqrt{3}}{2}$ とおけば $\sin\alpha = \dfrac{\sqrt{3}}{2}$ かつ $-\dfrac{\pi}{2} \leqq \alpha \leqq \dfrac{\pi}{2}$ だから，$\alpha = \dfrac{\pi}{3}$．

(3) $\alpha = \cosh^{-1}\dfrac{5}{4}$ とおけば $\cosh\alpha = \dfrac{5}{4}$ かつ $\alpha \geqq 0$ である．ここで，$e^\alpha = t$ とおくと，$t \geqq 1$ で $\dfrac{1}{2}\left(t + \dfrac{1}{t}\right) = \cosh\alpha = \dfrac{5}{4}$ である．したがって $2t^2 - 5t + 2 = 0$ であり，$t \geqq 1$ だから $t = 2$ を得る．ゆえに $\alpha = \log t = \log 2$． //

♦ **問題 7.1** 次の値を答えよ．
(1) $\tan^{-1}(-1)$ (2) $\sin^{-1}(-1)$ (3) $\cos^{-1}\left(-\dfrac{1}{\sqrt{2}}\right)$
(4) $\tan^{-1}\dfrac{1}{\sqrt{3}}$ (5) $\sinh^{-1}\dfrac{3}{4}$ (6) $\tanh^{-1}\dfrac{1}{3}$

例題 7.2 次の値を求めよ．
(1) $\sin^{-1}\left(\sin\dfrac{7\pi}{6}\right)$ (2) $\sin^{-1}\left(\cos\dfrac{16\pi}{5}\right)$

ポイント
- $\alpha = \sin^{-1}(\sin x)$ とおけば，α は $\sin\alpha = \sin x$ をみたす $\left[-\dfrac{\pi}{2}, \dfrac{\pi}{2}\right]$ に属する実数．
- $\beta = \cos^{-1}(\cos x)$ とおけば，β は $\cos\beta = \cos x$ をみたす $[0, \pi]$ に属する実数．
- $\gamma = \tan^{-1}(\tan x)$ とおけば，γ は $\tan\gamma = \tan x$ をみたす $\left(-\dfrac{\pi}{2}, \dfrac{\pi}{2}\right)$ に属する実数．
- 基本的な関係式：$\sin(\pi - x) = \sin x, \cos(\pi - x) = -\cos x, \cos\left(\dfrac{\pi}{2} - x\right) = \sin x$, $\cot\left(\dfrac{\pi}{2} - x\right) = \tan x$ や加法定理などを用いる．

*一般に
$\sin^{-1}(\sin x) \neq x$,
$\cos^{-1}(\cos x) \neq x$,
$\tan^{-1}(\tan x) \neq x$
である．

解 (1) $\alpha = \sin^{-1}\left(\sin\dfrac{7\pi}{6}\right)$ とおけば $\sin\alpha = \sin\dfrac{7\pi}{6}$ かつ $-\dfrac{\pi}{2} \leqq \alpha \leqq \dfrac{\pi}{2}$ である．ここで，$\sin\dfrac{7\pi}{6} = \sin\left(\pi - \left(-\dfrac{\pi}{6}\right)\right) = \sin\left(-\dfrac{\pi}{6}\right)$ であり，$-\dfrac{\pi}{2} \leqq -\dfrac{\pi}{6} \leqq \dfrac{\pi}{2}$ だから，$\alpha = -\dfrac{\pi}{6}$．

(2) $\alpha = \sin^{-1}\left(\cos\dfrac{16\pi}{5}\right)$ とおけば $\sin\alpha = \cos\dfrac{16\pi}{5} = \sin\left(-\dfrac{27\pi}{10}\right)$ かつ $-\dfrac{\pi}{2} \leqq \alpha \leqq \dfrac{\pi}{2}$．$\sin\left(-\dfrac{27\pi}{10}\right) = \sin\left(\dfrac{3\pi}{10} - 3\pi\right) = -\sin\left(\dfrac{3\pi}{10}\right) = \sin\left(-\dfrac{3\pi}{10}\right)$ であり，$-\dfrac{\pi}{2} \leqq -\dfrac{3\pi}{10} \leqq \dfrac{\pi}{2}$ より $\alpha = -\dfrac{3\pi}{10}$． //

*$\cos x = \sin\left(\dfrac{\pi}{2} - x\right)$ を用いた．

♦ **問題 7.2** 次の値を求めよ．
(1) $\cos^{-1}\left(\cos\left(-\dfrac{9\pi}{7}\right)\right)$ (2) $\sin^{-1}\left(\sin\dfrac{15\pi}{8}\right)$ (3) $\sin^{-1}\left(\cos\dfrac{5\pi}{11}\right)$
(4) $\cos^{-1}\left(\sin\left(-\dfrac{4\pi}{9}\right)\right)$ (5) $\tan^{-1}\left(\tan\left(-\dfrac{32\pi}{7}\right)\right)$ (6) $\tan^{-1}\left(\cot\dfrac{11\pi}{7}\right)$

8. 逆三角関数に関する等式を示す

*参考:

$\alpha = \sin^{-1} x$
$\beta = \cos^{-1} x$

例題 8 次の等式を示せ.

(1) $\sin^{-1}(\sin x) = \pi - x \quad (\frac{\pi}{2} \leqq x \leqq \frac{3\pi}{2})$

(2) $\sin(\cos^{-1} x) = \sqrt{1-x^2} \quad (-1 \leqq x \leqq 1)$

(3) $\tan^{-1}(-x) = -\tan^{-1} x \quad (x \in \boldsymbol{R})$

(4) $\tan^{-1} x + \tan^{-1} \frac{1}{x} = \begin{cases} \frac{\pi}{2} & (x > 0) \\ -\frac{\pi}{2} & (x < 0) \end{cases}$

ポイント
- $\sin\theta = \alpha$ かつ $-\frac{\pi}{2} \leqq \theta \leqq \frac{\pi}{2}$ ならば $\theta = \sin^{-1}\alpha$ である.
- $\alpha = \cos^{-1} x, \beta = \sin^{-1} x, \gamma = \tan^{-1} x$ のとき, $\sin\alpha \geqq 0, \cos\beta \geqq 0, \cos\gamma > 0$ に注意.
- $-1 \leqq x \leqq 1$ ならば $\sin(\sin^{-1} x) = x, \cos(\cos^{-1} x) = x$ であり, $x \in \boldsymbol{R}$ ならば $\tan(\tan^{-1} x) = x$ である.

解 (1) $\sin(\pi - x) = \sin x$ であり, $\frac{\pi}{2} \leqq x \leqq \frac{3\pi}{2}$ より $-\frac{\pi}{2} \leqq \pi - x \leqq \frac{\pi}{2}$ である. したがって, $\sin^{-1}$ の定義から $\pi - x = \sin^{-1}(\sin x)$ である.

(2) $\alpha = \cos^{-1} x$ とおけば, $\cos\alpha = x$ であり, $0 \leqq \alpha \leqq \pi$ だから $\sin\alpha \geqq 0$ である. したがって $\sin\alpha = \sqrt{1 - \cos^2\alpha}$ となるので,
$$\sin(\cos^{-1} x) = \sin\alpha = \sqrt{1 - \cos^2\alpha} = \sqrt{1-x^2}.$$

(3) $\alpha = \tan^{-1}(-x)$ とおけば $\tan\alpha = -x$ だから $x = -\tan\alpha = \tan(-\alpha)$ である. 一方, $\alpha = \tan^{-1}(-x)$ より $-\frac{\pi}{2} < -\alpha < \frac{\pi}{2}$ だから $\tan^{-1} x = -\alpha = -\tan^{-1}(-x)$ が成り立つ. ゆえに $-\tan^{-1} x = \tan^{-1}(-x)$ である.

(4) $\alpha = \tan^{-1} x, \beta = \tan^{-1} \frac{1}{x}$ とおけば $x = \tan\alpha, \frac{1}{x} = \tan\beta$ であり,
$$\tan\left(\frac{\pi}{2} - \alpha\right) = \frac{1}{\tan\alpha} = \frac{1}{x} = \tan\beta \cdots (*)$$
が成り立つ.

$x > 0$ の場合, $0 < \alpha, \beta < \frac{\pi}{2}$ だから $0 < \frac{\pi}{2} - \alpha < \frac{\pi}{2}$ であることに注意すれば $(*)$ より $\frac{\pi}{2} - \alpha = \beta$ が得られる. したがって $\tan^{-1} x + \tan^{-1} \frac{1}{x} = \alpha + \beta = \frac{\pi}{2}$.

$x < 0$ の場合, $-x > 0$ だから, 上で示した結果から次が成り立つ.
$$\tan^{-1}(-x) + \tan^{-1}\left(-\frac{1}{x}\right) = \frac{\pi}{2}$$

ここで, (3) より $\tan^{-1}(-x) = -\tan^{-1} x, \tan^{-1}\left(-\frac{1}{x}\right) = -\tan^{-1}\left(\frac{1}{x}\right)$ だから, 上式の両辺に -1 をかければ $\tan^{-1} x + \tan^{-1} \frac{1}{x} = -\frac{\pi}{2}$ が得られる. ∥

♦ **問題 8** 次の等式を示せ.

(1) $\cos(\sin^{-1} x) = \sqrt{1-x^2}$

(2) $\cos(\tan^{-1} x) = \frac{1}{\sqrt{1+x^2}} \quad (x \in \boldsymbol{R})$

(3) $2\tan^{-1} x - \tan^{-1} \frac{x^2-1}{2x} = \frac{\pi}{2} \quad (x > 0)$

(4) $\sin^{-1} \frac{2x}{1+x^2} = \tan^{-1} \frac{2x}{1-x^2} \quad (-1 < x < 1)$

9. 逆三角関数の値の和を求める

例題 9 次の値を，逆三角関数を用いずに表せ．
(1) $\cos^{-1}\dfrac{1}{\sqrt{5}} - \cos^{-1}\dfrac{3}{\sqrt{10}}$ (2) $\tan^{-1}\dfrac{1}{2} + \tan^{-1}\dfrac{1}{3}$
(3) $3\tan^{-1}\dfrac{1}{4} + \tan^{-1}\dfrac{5}{99}$

ポイント
・$\cos\theta = \alpha$ かつ $0 \leqq \theta \leqq \pi$ ならば $\theta = \cos^{-1}\alpha$.
・$\tan\theta = \alpha$ かつ $-\dfrac{\pi}{2} < \theta < \dfrac{\pi}{2}$ ならば $\theta = \tan^{-1}\alpha$.
・$\tan\theta = \alpha$ かつ整数 n に対して $\pi n - \dfrac{\pi}{2} < \theta < \pi n + \dfrac{\pi}{2}$ ならば $\theta = \tan^{-1}\alpha + \pi n$.

解 (1) $\alpha = \cos^{-1}\dfrac{1}{\sqrt{5}}, \beta = \cos^{-1}\dfrac{3}{\sqrt{10}}$ とおくと $\cos\alpha = \dfrac{1}{\sqrt{5}}, \cos\beta = \dfrac{3}{\sqrt{10}}$ であり，$0 \leqq \alpha, \beta \leqq \pi$ より $\sin\alpha, \sin\beta \geqq 0$ である．したがって
$$\sin\alpha = \sqrt{1-\cos^2\alpha} = \dfrac{2}{\sqrt{5}}, \quad \sin\beta = \sqrt{1-\cos^2\beta} = \dfrac{1}{\sqrt{10}}$$
だから，$\cos$ の加法定理によって次が得られる．
$$\cos(\alpha - \beta) = \cos\alpha\cos\beta + \sin\alpha\sin\beta = \dfrac{1}{\sqrt{2}}$$

一方，$0 < \dfrac{1}{\sqrt{5}} < \dfrac{1}{2}, \dfrac{\sqrt{3}}{2} < \dfrac{3}{\sqrt{10}} < 1$ より $\dfrac{\pi}{3} < \alpha < \dfrac{\pi}{2}, 0 < \beta < \dfrac{\pi}{6}$ である．よって $\dfrac{\pi}{6} < \alpha - \beta < \dfrac{\pi}{2}$ だから，$\cos^{-1}\dfrac{1}{\sqrt{5}} - \cos^{-1}\dfrac{3}{\sqrt{10}} = \alpha - \beta = \dfrac{\pi}{4}$.

(2) $\alpha = \tan^{-1}\dfrac{1}{2}, \beta = \tan^{-1}\dfrac{1}{3}$ とおくと $\tan\alpha = \dfrac{1}{2}, \tan\beta = \dfrac{1}{3}$ より $\tan$ の加法定理から $\tan(\alpha+\beta) = \dfrac{\tan\alpha + \tan\beta}{1 - \tan\alpha\tan\beta} = 1$ を得る．

一方，$0 < \dfrac{1}{2}, \dfrac{1}{3} < \dfrac{1}{\sqrt{3}}$ より $0 < \alpha, \beta < \tan^{-1}\dfrac{1}{\sqrt{3}} = \dfrac{\pi}{6}$ だから $0 < \alpha + \beta < \dfrac{\pi}{3}$ である．ゆえに，$\tan^{-1}\dfrac{1}{2} + \tan^{-1}\dfrac{1}{3} = \alpha + \beta = \dfrac{\pi}{4}$.

*この等式はオイラーの公式とよばれるもののひとつである．

(3) $\alpha = \tan^{-1}\dfrac{1}{4}, \beta = \tan^{-1}\dfrac{5}{99}$ とおくと $\tan\alpha = \dfrac{1}{4}, \tan\beta = \dfrac{5}{99}$ より $\tan$ の加法定理から $\tan 2\alpha = \dfrac{2\tan\alpha}{1-\tan^2\alpha} = \dfrac{8}{15}, \tan 3\alpha = \dfrac{\tan 2\alpha + \tan\alpha}{1-\tan 2\alpha\tan\alpha} = \dfrac{47}{52}$，および $\tan(3\alpha+\beta) = \dfrac{\tan 3\alpha + \tan\beta}{1 - \tan 3\alpha\tan\beta} = 1$ を得る．

また，$0 < \dfrac{1}{4}, \dfrac{5}{99} < \dfrac{1}{\sqrt{3}}$ より $0 < \alpha, \beta < \tan^{-1}\dfrac{1}{\sqrt{3}} = \dfrac{\pi}{6}$ だから，$0 < 3\alpha + \beta < \dfrac{2\pi}{3}$ である．一方，$0 < \theta < \dfrac{2\pi}{3}$ の範囲で $\tan\theta = 1$ をみたすものは $\theta = \dfrac{\pi}{4}$ に限るので，$3\tan^{-1}\dfrac{1}{4} + \tan^{-1}\dfrac{5}{99} = 3\alpha + \beta = \dfrac{\pi}{4}$. //

*この等式はハットンの公式とよばれるもののひとつである．

♦ **問題 9** 次の値を，逆三角関数を用いずに表せ．
(1) $\sin^{-1}\dfrac{1}{\sqrt{5}} - \sin^{-1}\dfrac{3}{\sqrt{10}}$ (2) $2\tan^{-1}\dfrac{1}{3} + \tan^{-1}\dfrac{1}{7}$

*(2) の解の等式もハットンの公式とよばれるもののひとつである．

関数の極限と連続性

*極限の厳密な定義は後述.

① $\lim_{x \to c} f(x) = p$ と $f(c) = p$ は意味が異なることに注意する.
☞「連続関数」(p.19)

* $\lim_{x \to c+0} f(x)$ を右極限, $\lim_{x \to c-0} f(x)$ を左極限という.

関数の極限・右極限・左極限 f を関数とする.

$x \to c$ のときの $f(x)$ の極限 $\lim_{x \to c} f(x)$ を次のように定める.

- $\lim_{x \to c} f(x) = p \overset{定義}{\iff} x$ が c に近づけば, $f(x)$ は p に近づく.
- $\lim_{x \to c+0} f(x) = p \overset{定義}{\iff} x$ が $x > c$ をみたしながら c に近づけば, $f(x)$ は p に近づく.
- $\lim_{x \to c-0} f(x) = p \overset{定義}{\iff} x$ が $x < c$ をみたしながら c に近づけば, $f(x)$ は p に近づく.
- $\lim_{x \to \infty} f(x) = p \overset{定義}{\iff} x$ が大きくなれば, $f(x)$ は p に近づく.
- $\lim_{x \to -\infty} f(x) = p \overset{定義}{\iff} -x$ が大きくなれば, $f(x)$ は p に近づく.
- $\lim_{x \to c} f(x) = \infty \overset{定義}{\iff} x$ が c に近づくとき, $f(x)$ はいくらでも大きくなる.
- $\lim_{x \to c} f(x) = -\infty \overset{定義}{\iff} \lim_{x \to c} (-f(x)) = \infty$
- $\lim_{x \to c} f(x) = p \iff \lim_{x \to c+0} f(x) = \lim_{x \to c-0} f(x) = p$

関数の極限の基本性質 f, g を関数とする.

✽ $\lim_{x \to c} f(x) = p$, $\lim_{x \to c} g(x) = q$ が存在するとき:

- $\lim_{x \to c} (\alpha f(x) + \beta g(x)) = \alpha p + \beta q$ (α, β 定数),
- $\lim_{x \to c} f(x)g(x) = pq$, $\lim_{x \to c} \dfrac{f(x)}{g(x)} = \dfrac{p}{q}$ ($q \neq 0$),
- c を含むある開区間上で $f(x) \leqq g(x)$ ならば $p \leqq q$.

✽ $\lim_{x \to c} f(x) = p$, $\lim_{y \to p} g(y) = g(p)$ ならば $\lim_{x \to c} g(f(x)) = g(p)$.

* c が I の端点でないとき, 実数 a, b で $c \in (a,b) \subset I$ と条件「$x \in (a,b)$ ならば $f(x) \leqq h(x) \leqq g(x)$」をみたすものが存在すればよい.

はさみうちの原理 f, g, h を区間 I 上の関数, $c \in I$ とする.
$f(x) \leqq h(x) \leqq g(x)$ ($x \in I$) かつ $\lim_{x \to c} f(x) = \lim_{x \to c} g(x) = p$ ならば $\lim_{x \to c} h(x) = p$.

基本的な関数の極限 $\alpha \in \mathbf{R}, \beta > 0$ とする.

- $\lim_{x \to \infty} x^\alpha e^{-\beta x} = 0$, $\lim_{x \to \infty} \dfrac{(\log x)^\alpha}{x^\beta} = 0$, $\lim_{x \to +0} x^\beta |\log x|^\alpha = 0$
- $\lim_{x \to \pm\infty} \left(1 + \dfrac{\alpha}{x}\right)^x = e^\alpha$, $\lim_{x \to 0} \dfrac{e^x - 1}{x} = 1$, $\lim_{x \to 0} \dfrac{\log(1+x)}{x} = 1$, $\lim_{x \to 0} \dfrac{\sin x}{x} = 1$

ランダウの記号 $c \in \mathbf{R}$ または $c = \pm\infty$ とし, 関数 f, g は $\lim_{x \to c} f(x) = \lim_{x \to c} g(x) = 0$ をみたすとする.

* $x \to c \pm 0, x \to \pm\infty$ の場合の定義も $x \to c$ の場合と同様.

- $f(x) = o(g(x))$ ($x \to c$) $\overset{定義}{\iff} \lim_{x \to c} \dfrac{f(x)}{g(x)} = 0$
- $f(x) \simeq g(x)$ ($x \to c$) $\overset{定義}{\iff} \lim_{x \to c} \dfrac{f(x)}{g(x)} \neq 0$
- $f(x) = O(g(x))$ ($x \to c$)
  $\overset{定義}{\iff} \delta > 0, M > 0$ が存在して $|x - c| < \delta$ ならば $|f(x)| \leqq M|g(x)|$ となる.
- $f(x) = O(g(x))$ ($x \to \infty$)
  $\overset{定義}{\iff} K > 0, M > 0$ が存在して $x > K$ ならば $|f(x)| \leqq M|g(x)|$ となる.

関数の極限と連続性

無限小・無限大の比較　$c \in \mathbf{R}$ または $c = \pm\infty$ とする.

✽ $\lim_{x \to c} f(x) = \lim_{x \to c} g(x) = 0$ のとき：

・$f(x)$ は $g(x)$ より高位の無限小 $\stackrel{定義}{\iff} \lim_{x \to c} \dfrac{f(x)}{g(x)} = 0$
$\iff f(x) = o(g(x)) \quad (x \to c)$

・$f(x)$ は $g(x)$ と同位の無限小 $\stackrel{定義}{\iff} \lim_{x \to c} \dfrac{f(x)}{g(x)} \neq 0$
$\iff f(x) \simeq g(x) \quad (x \to c)$

✽ $\lim_{x \to c} f(x) = \lim_{x \to c} g(x) = \infty$ のとき：

・$f(x)$ は $g(x)$ より高位の無限大 $\stackrel{定義}{\iff} \lim_{x \to c} \dfrac{f(x)}{g(x)} = 0$

・$f(x)$ は $g(x)$ と同位の無限大 $\stackrel{定義}{\iff} \lim_{x \to c} \dfrac{f(x)}{g(x)} \neq 0$
$\iff f(x) \simeq g(x) \quad (x \to c)$

✽ $\lim_{x \to c} \dfrac{f(x)}{g(x)} = 0$ を $f(x) \ll g(x)\,(x \to c)$ と書くことにすると,

・$x \to +0$ のとき：$\quad e^{-\frac{1}{x}} \ll x^k \ll x \ll \sqrt[k]{x} \ll \dfrac{1}{|\log x|} \quad (k > 1)$
高位の無限小 ← → 低位の無限小

・$x \to \infty$ のとき：$\quad \log x \ll \sqrt[k]{x} \ll x \ll x^k \ll e^x \quad (k > 1)$
低位の無限大 ← → 高位の無限大

無限大・無限小の位数　$n \in \mathbf{N}, \alpha > 0$ とする.

・$f(x)$ は n 位の無限小 $(x \to c) \stackrel{定義}{\iff} f(x) \simeq (x - c)^n \quad (x \to c)$

・$f(x)$ は α 位の無限小 $(x \to c \pm 0) \stackrel{定義}{\iff} f(x) \simeq |x - c|^\alpha \quad (x \to c \pm 0)$

・$f(x)$ は α 位の無限小 $(x \to \pm\infty) \stackrel{定義}{\iff} f(x) \simeq \dfrac{1}{|x|^\alpha} \quad (x \to \pm\infty)$

・$f(x)$ は α 位の無限大 $\stackrel{定義}{\iff} \dfrac{1}{f(x)}$ は α 位の無限小

連続関数　$f : I \to \mathbf{R}, c \in I$ とする.

・f は c で連続 $\stackrel{定義}{\iff} \lim_{x \to c} f(x) = f(c)$

・f は c で右連続（左連続）$\stackrel{定義}{\iff} \lim_{x \to c+0} f(x) = f(c) \; \bigl(\lim_{x \to c-0} f(x) = f(c) \bigr)$

・f は I で連続 $\stackrel{定義}{\iff} f$ はすべての $x \in I$ で連続.

・f, g が c で連続ならば, $\alpha f + \beta g\,(\alpha, \beta$ は定数$)$ と fg も c で連続.
さらに, すべての $x \in I$ で $g(x) \neq 0$ ならば $\dfrac{f}{g}$ も c で連続.

関数の極限の厳密な定義

・$\lim_{x \to c} f(x) = p \stackrel{定義}{\iff}$ 任意の $\varepsilon > 0$ に対し, ある $\delta > 0$ が存在して, $0 < |x - c| < \delta$ をみたすすべての x に対して, $|f(x) - p| < \varepsilon$ が成り立つ.

・$\lim_{x \to c} f(x) = \infty \stackrel{定義}{\iff}$ 任意の $M > 0$ に対し, ある $\delta > 0$ が存在して, $0 < |x - c| < \delta$ をみたすすべての x に対して, $f(x) > M$ が成り立つ.

・$\lim_{x \to \infty} f(x) = p \stackrel{定義}{\iff}$ 任意の $\varepsilon > 0$ に対し, ある $L > 0$ が存在して, $x > L$ をみたすすべての x に対して, $|f(x) - p| < \varepsilon$ が成り立つ.

・$\lim_{x \to \infty} f(x) = \infty \stackrel{定義}{\iff}$ 任意の $M > 0$ に対し, ある $L > 0$ が存在して, $x > L$ をみたすすべての x に対して, $f(x) > M$ が成り立つ.

✽ $x \to 0$ のとき：
$\sin x = x + o(x)$,
$\cos x = 1 - \frac{1}{2}x^2 + o(x^3)$,
$e^x = 1 + x + o(x)$,
$\log(1 + x) = x + o(x)$
はよく用いられる.

✽ $\sin x \simeq x\,(x \to 0)$,
$1 - \cos x \simeq x^2\,(x \to 0)$,
$e^x - 1 \simeq x\,(x \to 0)$,
$\log(1 + x) \simeq x\,(x \to 0)$
はよく用いられる.

◇位数は正の数である. 2 位の無限大を -2 位の無限小とはいわない.

✽ 左のような定義のやり方を「ε-δ 論法」という.

✽ 右極限または左極限の場合,「$0 < |x - c| < \delta$」を「$0 < x - c < \delta$」または「$0 < c - x < \delta$」とする.

✽ $x \to -\infty$ の場合は「$x > L$」を「$x < -L$」とする.

10. 基本的な関数の極限を用いて極限を求める

例題 10 次の極限値を求めよ.

(1) $\displaystyle\lim_{x\to 0}\frac{e^{2x}+e^{3x}-2}{x}$ (2) $\displaystyle\lim_{x\to 0}\frac{1-\cos x}{x^2}$ (3) $\displaystyle\lim_{x\to 0}\frac{\log(\cos x)}{x^2}$

(4) $\displaystyle\lim_{x\to\infty}\left(1+\frac{2}{x+1}\right)^x$ (5) $\displaystyle\lim_{x\to 0}\frac{\sin^{-1}x}{x}$ (6) $\displaystyle\lim_{x\to 0}\frac{\sin^{-1}(\sin^{-1}x)}{x}$

ポイント
・「基本的な関数の極限」(p.18) を用いることができるように変形する.
・逆三角関数を含む極限は $y=\sin^{-1}x$ などとおいて y に関する極限に帰着させる.

解 (1) $\displaystyle\lim_{x\to 0}\frac{e^{2x}+e^{3x}-2}{x}=\lim_{x\to 0}\left(\frac{e^{2x}-1}{x}+\frac{e^{3x}-1}{x}\right)$
$=2\displaystyle\lim_{x\to 0}\frac{e^{2x}-1}{2x}+3\lim_{x\to 0}\frac{e^{3x}-1}{3x}=2+3=5$

(2) $\displaystyle\lim_{x\to 0}\frac{1-\cos x}{x^2}=\lim_{x\to 0}\frac{2\sin^2\frac{x}{2}}{x^2}=\lim_{x\to 0}\frac{1}{2}\left(\frac{\sin\frac{x}{2}}{\frac{x}{2}}\right)^2=\frac{1}{2}\cdot 1^2=\frac{1}{2}$

(3) $\displaystyle\lim_{x\to 0}\frac{\log(\cos x)}{x^2}=\lim_{x\to 0}\frac{\log\left(1-2\sin^2\frac{x}{2}\right)}{-2\sin^2\frac{x}{2}}\cdot\frac{-2\sin^2\frac{x}{2}}{4\left(\frac{x}{2}\right)^2}$
$=-\dfrac{1}{2}\displaystyle\lim_{x\to 0}\frac{\log\left(1-2\sin^2\frac{x}{2}\right)}{-2\sin^2\frac{x}{2}}\lim_{x\to 0}\left(\frac{\sin\frac{x}{2}}{\frac{x}{2}}\right)^2=-\frac{1}{2}\cdot 1^2=-\frac{1}{2}$

(4) $\displaystyle\lim_{x\to\infty}\left(1+\frac{2}{x+1}\right)^x=\lim_{x\to\infty}\left(\left(1+\frac{1}{\frac{x+1}{2}}\right)^{\frac{x+1}{2}-\frac{1}{2}}\right)^2=e^2$

(5) $\sin^{-1}x=t$ とおくと $x=\sin t$ であり, $x\to 0$ のとき $t\to 0$ である. したがって, $\displaystyle\lim_{x\to 0}\frac{\sin^{-1}x}{x}=\lim_{t\to 0}\frac{t}{\sin t}=1$.

(6) $\sin^{-1}x=t$ とおくと $x=\sin t$ であり, $x\to 0$ のとき $t\to 0$ である. そこで (5) の結果を用いれば,

$\displaystyle\lim_{x\to 0}\frac{\sin^{-1}(\sin^{-1}x)}{x}=\lim_{x\to 0}\frac{\sin^{-1}(\sin^{-1}x)}{\sin^{-1}x}\cdot\frac{\sin^{-1}x}{x}$
$=\displaystyle\lim_{x\to 0}\frac{\sin^{-1}(\sin^{-1}x)}{\sin^{-1}x}\cdot\lim_{x\to 0}\frac{\sin^{-1}x}{x}=\lim_{t\to 0}\frac{\sin^{-1}t}{t}\cdot\lim_{x\to 0}\frac{\sin^{-1}x}{x}=1\cdot 1=1$

が得られる. //

♦ **問題 10** 次の極限値を求めよ.

(1) $\displaystyle\lim_{x\to 0}\frac{\sin^{-1}3x}{\sin^{-1}5x}$ (2) $\displaystyle\lim_{x\to 0}\frac{\log((1+x)(1+x^2))}{x}$

(3) $\displaystyle\lim_{x\to 0}\frac{e^{3x}-e^{-2x}}{x}$ (4) $\displaystyle\lim_{x\to\infty}\left(1-\frac{2}{x}\right)^{2x+1}$

(5) $\displaystyle\lim_{x\to 0}\frac{\tan^{-1}x}{x}$ (6) $\displaystyle\lim_{x\to 0}\frac{\tan x-\sin x}{x^3}$

(7) $\displaystyle\lim_{x\to +0}\frac{\cos^{-1}(1-x^2)}{x}$ (8) $\displaystyle\lim_{x\to\infty}x\left(\tan^{-1}x-\frac{\pi}{2}\right)$

11. 無限小・無限大を比べる

例題 11 次の 2 つの関数 $f(x), g(x)$ について，$x \to +0$ と $x \to \infty$ のそれぞれの場合にどちらが高位の無限小または無限大になるか答えよ．
(1) $f(x) = x^2$ と $g(x) = x^4$
(2) $f(x) = \dfrac{1}{x^3 + x^5}$ と $g(x) = \dfrac{1}{x^2 + x^5}$
(3) $f(x) = \sqrt{x^3 + x^5}$ と $g(x) = \sqrt[3]{x^4 + x^7}$

ポイント $x \to +0$ や $x \to \infty$ のときの $f(x), g(x)$ の無限小・無限大の比較．
・無限小のとき，$\dfrac{f(x)}{g(x)} \to 0$ または $\dfrac{|g(x)|}{|f(x)|} \to \infty$ ならば $f(x)$ が高位．
・無限大のとき，$\dfrac{f(x)}{g(x)} \to 0$ または $\dfrac{|g(x)|}{|f(x)|} \to \infty$ ならば $g(x)$ が高位．

解 (1) $\lim\limits_{x \to +0} f(x) = \lim\limits_{x \to +0} g(x) = 0$ より，$x \to +0$ のとき $f(x), g(x)$ は無限小である．
$\lim\limits_{x \to +0} \dfrac{g(x)}{f(x)} = \lim\limits_{x \to +0} x^2 = 0$ であるから，$g(x)$ は $f(x)$ より高位の無限小である．
$\lim\limits_{x \to \infty} f(x) = \lim\limits_{x \to \infty} g(x) = \infty$ より，$x \to \infty$ のとき $f(x), g(x)$ は無限大である．
$\lim\limits_{x \to \infty} \dfrac{f(x)}{g(x)} = \lim\limits_{x \to \infty} \dfrac{1}{x^2} = 0$ であるから，$g(x)$ は $f(x)$ より高位の無限大である．

(2) $\lim\limits_{x \to +0} f(x) = \lim\limits_{x \to +0} g(x) = \infty$ より，$x \to +0$ のとき $f(x), g(x)$ は無限大である．
$\lim\limits_{x \to +0} \dfrac{g(x)}{f(x)} = \lim\limits_{x \to +0} \dfrac{x(1 + x^2)}{1 + x^3} = 0$ より，$f(x)$ は $g(x)$ より高位の無限大である．
$\lim\limits_{x \to \infty} f(x) = \lim\limits_{x \to \infty} g(x) = 0$ より，$x \to \infty$ のとき $f(x), g(x)$ は無限小である．
$\lim\limits_{x \to \infty} \dfrac{f(x)}{g(x)} = \lim\limits_{x \to \infty} \dfrac{\frac{1}{x^3} + 1}{\frac{1}{x^2} + 1} = 1$ であるから，$f(x)$ と $g(x)$ は同位の無限小である．

(3) $\lim\limits_{x \to +0} f(x) = \lim\limits_{x \to +0} g(x) = 0$ より，$x \to +0$ のとき $f(x), g(x)$ は無限小である．
$\lim\limits_{x \to +0} \dfrac{f(x)}{g(x)} = \lim\limits_{x \to +0} \dfrac{x^{\frac{3}{2}}\sqrt{1+x^2}}{x^{\frac{4}{3}}\sqrt[3]{1+x^3}} = 0$ であり，$f(x)$ は $g(x)$ より高位の無限小である．
$\lim\limits_{x \to \infty} f(x) = \lim\limits_{x \to \infty} g(x) = \infty$ より，$x \to \infty$ のとき $f(x), g(x)$ は無限大である．
$\lim\limits_{x \to \infty} \dfrac{g(x)}{f(x)} = \lim\limits_{x \to \infty} \dfrac{x^{\frac{7}{3}}\sqrt{\frac{1}{x^3}+1}}{x^{\frac{5}{2}}\sqrt{\frac{1}{x^2}+1}} = 0$ であるから，$f(x)$ は $g(x)$ より高位の無限大である． //

♦ **問題 11** 次の 2 つの関数について，$x \to +0$ と $x \to \infty$ の各場合にどちらが高位の無限小または無限大になるか答えよ．
(1) $x^3 + x^4$ と $x^2 + x^5$
(2) $\sqrt{x^5 + x^7}$ と x^3
(3) $\dfrac{x + x^3}{\sqrt{x}}$ と $\dfrac{x^2 + x^5}{\sqrt{x^2 + x^3}}$
(4) $\dfrac{x^3}{\sqrt{x^3 + x^4}}$ と $\dfrac{x^2 + x^3}{\sqrt[3]{x^4 + x^7}}$

12. 無限小・無限大の位数を求める

例題 12 次の各関数は与えられた条件のとき，何位の無限小または無限大となるか．

(1) $x \to \infty$ のときの $\sqrt{x^2 + x^3}$

(2) $x \to +0$ のときの $\dfrac{3\sqrt{x} + x^2}{\sqrt{x^2 + 2x^3}}$

(3) $x \to \infty$ のときの $\dfrac{x^2 + 3x}{\sqrt{2x^5 + x^2}}$

(4) $x \to 0$ のときの $\sin^2(x^3)$

ポイント
① 与えられた関数の極限が 0 か無限大かを判定する．
② 与えられた関数が多項式 $f(x)$ (またはその α 乗の形) のとき：
　$f(x)$ の極限が 0 ならば，$f(x)$ に含まれる最も低位の無限小の項をくくり出す．
　$f(x)$ の極限が無限大ならば，$f(x)$ に含まれる最も高位の無限大の項をくくり出す．
③ $\sin x \simeq x \,(x \to 0)$ などを活用する．
④ 与えられた関数が $\dfrac{f(x)}{g(x)}$ の形のときは，②，③ で $f(x), g(x)$ の位数を求める．
　例：$f(x)$ が 2 位の無限小，$g(x)$ が 1 位の無限小 $\Rightarrow 1$ 位の無限小．
　例：$f(x)$ が 3 位の無限大，$g(x)$ が 5 位の無限大 $\Rightarrow 2$ 位の無限小，... など．

*②において，$f(x)$ が α 位の無限小 (無限大) ならば $f(x)^\beta$ $(\beta > 0)$ は $\alpha\beta$ 位の無限小 (無限大) である．

解 (1) $x \to \infty$ のとき，$x^2 + x^3$ は 3 位の無限大であるから，$\sqrt{x^2 + x^3} = (x^2 + x^3)^{\frac{1}{2}}$ は $\dfrac{3}{2}$ 位の無限大である．実際，$\displaystyle\lim_{x \to \infty} \dfrac{\sqrt{x^2 + x^3}}{\sqrt{x^3}} = 1 \neq 0$ となる．

答 $\dfrac{3}{2}$ 位の無限大．

(2) $x \to +0$ のとき，分子は $\dfrac{1}{2}$ 位の無限小，分母は $\dfrac{2}{2} = 1$ 位の無限小だから，$\dfrac{1}{2}$ 位の無限大となると考えられる．実際，$\displaystyle\lim_{x \to +0} \dfrac{x^{\frac{1}{2}}(3\sqrt{x} + x^2)}{\sqrt{x^2 + 2x^3}} = \lim_{x \to +0} \dfrac{3x + x^{\frac{5}{2}}}{x\sqrt{1 + 2x}} = \lim_{x \to +0} \dfrac{3 + x^{\frac{3}{2}}}{\sqrt{1 + 2x}} = 3 \neq 0$ となる．

答 $\dfrac{1}{2}$ 位の無限大．

(3) $x \to \infty$ のとき，分子は 2 位の無限大，分母は $\dfrac{5}{2}$ 位の無限大で，よって，$\dfrac{1}{2}$ 位の無限小と考えられる．実際，$\displaystyle\lim_{x \to \infty} \dfrac{\sqrt{x}(x^2 + 3x)}{\sqrt{2x^5 + x^2}} = \lim_{x \to \infty} \dfrac{1 + \frac{3}{x}}{\sqrt{2 + \frac{1}{x^3}}} = \dfrac{1}{\sqrt{2}} \neq 0$ となる．

答 $\dfrac{1}{2}$ 位の無限小．

(4) $y = x^3$ とおけば，$y \to 0$ のとき $\sin y \simeq y$，すなわち $\sin(x^3) \simeq x^3$ である．よって，$x \to 0$ のとき，$\sin^2(x^3) = (\sin(x^3))^2 \simeq (x^3)^2 = x^6$ となる． **答** 6 位の無限小．

◆ **問題 12.1** 次の各関数は $x \to 0$ のとき，何位の無限小または無限大となるか．

(1) $\dfrac{x^5 + x^2}{x^2 + 3x}$

(2) $\dfrac{x^2 + \sqrt{x^4 + x^7}}{x^4 + x^3}$

(3) $\dfrac{1 - \cos x^2}{\log(1 + x^3)}$

◆ **問題 12.2** 次の各関数は $x \to \infty$ のとき，何位の無限小または無限大となるか．

(1) $\dfrac{x^5 + x^2}{x^2 + 3x}$

(2) $\dfrac{\sqrt{x^2 + x^3}}{\sqrt[3]{x^4 + x^5}}$

(3) $\dfrac{\sqrt{x^5 + x^2}}{x^4 + \sqrt[3]{x^8 + x^{10}}}$

13. ε-δ 論法に慣れる

例題 13.1 ε-δ 論法で次の極限を説明せよ.
(1) $\lim_{x \to 1} x^2 = 1$ (2) $\lim_{x \to \infty} \dfrac{1}{\sqrt{x}} = 0$

＊ここでは，感覚をつかむために簡単な関数を例題としてあげた.

ポイント
- (1) の場合：任意の $\varepsilon > 0$ に対し，「$0 < |x-1| < \delta$ ならば $-\varepsilon < x^2 - 1 < \varepsilon$」をみたす δ を，ε を用いて表すことができればよい.
- (2) の場合：任意の $\varepsilon > 0$ に対し，「$x > M (> 0)$ ならば $\dfrac{1}{\sqrt{x}} < \varepsilon$」をみたす M を，ε を用いて表すことができればよい.
- いずれも必要十分条件を求める (不等式を完全に解くなど) 必要はない.

解 (1) $\delta > 0$ に対し $0 < |x-1| < \delta$ とする. このとき $1 - \delta < x < 1 + \delta$ であり，$\delta \leqq 1$ としておけば，$1 - \delta \geqq 0$ であるから $(1-\delta)^2 < x^2 < (1+\delta)^2$ である. ゆえに $-2\delta + \delta^2 < x^2 - 1 < 2\delta + \delta^2$ だから，任意に与えられた $\varepsilon > 0$ に対して
$$-\varepsilon \leqq -2\delta + \delta^2 \cdots \text{(i)} \quad \text{かつ} \quad 2\delta + \delta^2 \leqq \varepsilon \cdots \text{(ii)}$$
をみたす $0 < \delta \leqq 1$ があることを示せば，上の不等式から $|x^2 - 1| < \varepsilon$ が得られる. (i) の不等式は $2\delta - \delta^2 \leqq \varepsilon$ と同値で，この左辺は (ii) の左辺より小さいので，(ii) をみたす $0 < \delta \leqq 1$ の存在を示せばよい.

$0 < \delta \leqq 1$ ならば $\delta^2 \leqq \delta$ であることに注意すれば $2\delta + \delta^2 \leqq 3\delta$ だから，$3\delta \leqq \varepsilon$ すなわち $\delta \leqq \dfrac{\varepsilon}{3}$ ならば δ は (ii) の不等式をみたす. したがって，δ を $\delta = \min\left\{1, \dfrac{\varepsilon}{3}\right\}$ と定めればよい.

(2) $x > M > 0$ ならば $\sqrt{x} > \sqrt{M}$ だから，逆数をとれば $0 < \dfrac{1}{\sqrt{x}} < \dfrac{1}{\sqrt{M}}$ が成り立つ. ゆえに，任意に与えられた $\varepsilon > 0$ に対し，M を $\varepsilon = \dfrac{1}{\sqrt{M}}$ すなわち $M = \dfrac{1}{\varepsilon^2}$ ととれば「$x > M$ ならば $\dfrac{1}{\sqrt{x}} < \varepsilon$」が成り立つので $\lim_{x \to \infty} \dfrac{1}{\sqrt{x}} = 0$ である. ∥

例題 13.2 $\lim_{x \to c} f(x) = p$, $\lim_{x \to c} g(x) = q$ のとき，ε-δ 論法を用いることによって $\lim_{x \to c}(f(x) + g(x)) = p + q$ であることを証明せよ.

ポイント $|A| < \alpha$ かつ $|B| < \beta$ が成り立つときに $|A + B| < \alpha + \beta$ を導くには，三角不等式 $|A + B| \leqq |A| + |B|$ を用いる.

解 任意の $\varepsilon > 0$ に対し，仮定から $\delta_1 > 0$ で条件
$$\text{「}0 < |x - c| < \delta_1 \text{ ならば } |f(x) - p| < \dfrac{\varepsilon}{2}\text{」}$$
をみたすものと，$\delta_2 > 0$ で条件
$$\text{「}0 < |x - c| < \delta_2 \text{ ならば } |g(x) - q| < \dfrac{\varepsilon}{2}\text{」}$$
をみたすものがある. いま，$\delta = \min\{\delta_1, \delta_2\}$ とすると，$0 < |x - c| < \delta$ ならば，$|f(x) - p| < \dfrac{\varepsilon}{2}$ かつ $|g(x) - p| < \dfrac{\varepsilon}{2}$ が成り立つので，三角不等式より，
$$|f(x) + g(x) - (p+q)| = |(f(x) - p) + (g(x) - q)| \leqq |f(x) - p| + |g(x) - q| < \varepsilon$$
となり，$\lim_{x \to c}(f(x) + g(x)) = p + q$ がわかる. ∥

♦ **問題 13** $\lim_{x \to c} f(x) = p$, $\lim_{x \to c} g(x) = q$ のとき，次を ε-δ 論法で証明せよ.
(1) $\lim_{x \to c} f(x)g(x) = pq$ (2) $\lim_{x \to c} \dfrac{1}{f(x)} = \dfrac{1}{p}$ （ただし $p \neq 0$）

微分の定義と導関数の計算

微分係数 I を開区間, $f: I \to \mathbf{R}$, $c \in I$ とする.

✽ f が c で微分可能
$\overset{定義}{\iff} f'(c) = \lim_{x \to c} \dfrac{f(x) - f(c)}{x - c}$ が存在する.
$\iff f(x) = f(c) + f'(c)(x - c) + o(x - c) \quad (x \to c)$

・$f'(c)$ を c における f の**微分係数**という.

・f が c で微分可能ならば f は c で連続.

✽ f が c で右微分可能 $\overset{定義}{\iff} f'_+(c) = \lim_{x \to c+0} \dfrac{f(x) - f(c)}{x - c}$ が存在する.

✽ f が c で左微分可能 $\overset{定義}{\iff} f'_-(c) = \lim_{x \to c-0} \dfrac{f(x) - f(c)}{x - c}$ が存在する.

・$f'_+(c)$ を**右微分係数**, $f'_-(c)$ を**左微分係数**という.

・f が c で微分可能 $\iff f'_+(c), f'_-(c)$ が存在して等しい.

✽ f が I で微分可能 $\overset{定義}{\iff} f$ は各 $x \in I$ で微分可能

・f が I で微分可能なとき, $f': I \to \mathbf{R}$ で I の各点 c に $f'(c)$ を対応させる関数を表し, これを f の**導関数**という.

✽ $y = f(x)$ のとき, $f'(x)$ を $\dfrac{dy}{dx}$ または $\dfrac{df}{dx}$ とも書く.

微分の基本性質 I を開区間, f, g を I 上の微分可能な関数とする.

・$(af(x) + bg(x))' = af'(x) + bg'(x) \quad (a, b \text{ 定数})$

・$(f(x)g(x))' = f'(x)g(x) + f(x)g'(x)$

・$f(x) \neq 0$ のとき, $\left(\dfrac{g(x)}{f(x)}\right)' = \dfrac{f(x)g'(x) - f'(x)g(x)}{f(x)^2}$.
とくに $\left(\dfrac{1}{f(x)}\right)' = -\dfrac{f'(x)}{f(x)^2}$.

合成関数の微分 f は c で微分可能, g は $f(c)$ で微分可能とする.
このとき, 合成関数 $g \circ f$ は c で微分可能で $(g \circ f)'(c) = g'(f(c))f'(c)$.

・$(f(ax + b))' = af'(ax + b)$

・$f(x) \neq 0$, f が微分可能 $\Rightarrow (\log|f(x)|)' = \dfrac{f'(x)}{f(x)}$

基本的な関数の導関数 $n \in \mathbf{N}$, $\alpha \in \mathbf{R}$, $a > 0$ とする.

・$(\alpha)' = 0, \qquad (x^n)' = nx^{n-1}, \qquad (x^\alpha)' = \alpha x^{\alpha-1} \quad (x > 0)$.

・$(e^x)' = e^x, \qquad (a^x)' = (\log a)a^x, \qquad (\log|x|)' = \dfrac{1}{x} \quad (x \neq 0)$.

・$(\sin x)' = \cos x, \qquad (\cos x)' = -\sin x, \qquad (\tan x)' = \dfrac{1}{\cos^2 x}$.

・$(\sinh x)' = \cosh x, \qquad (\cosh x)' = \sinh x, \qquad (\tanh x)' = \dfrac{1}{\cosh^2 x}$.

微分の定義と導関数の計算

逆関数の微分法　$x = f(y)$：狭義単調関数かつ微分可能，$f'(y) \neq 0$ とする．
このとき，f の逆関数 $y = f^{-1}(x)$ は x で微分可能であり，次が成り立つ．
$$(f^{-1})'(x) = \frac{1}{f'(y)} = \frac{1}{f'(f^{-1}(x))}$$

*狭義単調増加関数と狭義単調減少関数をまとめて**狭義単調関数**という．

*$\frac{dy}{dx} = \frac{1}{\frac{dx}{dy}}$ と書ける．

逆三角関数の導関数

$(\sin^{-1} x)' = \dfrac{1}{\sqrt{1-x^2}}$ 　$(-1 < x < 1)$,

$(\cos^{-1} x)' = -\dfrac{1}{\sqrt{1-x^2}}$ 　$(-1 < x < 1)$,

$(\tan^{-1} x)' = \dfrac{1}{1+x^2}$ 　$(x \in \boldsymbol{R})$.

パラメータ表示された関数の微分
$x = g(t), y = f(t)$ は微分可能で，g の逆関数が存在し，$g'(t) \neq 0$ とする．
このとき，$\dfrac{dy}{dx} = \dfrac{f'(t)}{g'(t)} = \dfrac{\frac{dy}{dt}}{\frac{dx}{dt}}$ が成り立つ．

高階導関数の定義

・f' が存在して微分可能なとき，$f''(x) = (f'(x))'$ を f の **2 階 (2 次) 導関数**といい，以下のように表す．
$$y'', \quad f'', \quad \frac{d^2 y}{dx^2}, \quad \frac{d^2 f}{dx^2}, \quad D^2 f$$

・同様にして，$n \geq 3$ の場合も **n 階 (n 次) 導関数**が定義され，以下のように表す．
$$y^{(n)}, \quad f^{(n)}, \quad \frac{d^n y}{dx^n}, \quad \frac{d^n f}{dx^n}, \quad D^n f$$

C^n 級関数　$n = 0, 1, 2, \ldots$，I を開区間，$f : I \to \boldsymbol{R}$ とする．
・f は C^n 級 $\overset{\text{定義}}{\iff}$ f は n 回微分可能 かつ $f^{(n)}$ は連続
・f は C^∞ 級 $\overset{\text{定義}}{\iff}$ f は任意の自然数 n に対して C^n 級

*C^0 級関数 = 連続関数

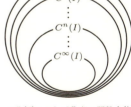

$C^n(I)$：I 上 C^n 級の関数全体

高階導関数の基本性質　関数 f, g は n 回微分可能，a, b を定数とする．

・$(af(x) + bg(x))^{(n)} = af^{(n)}(x) + bg^{(n)}(x)$

・$(f(ax+b))^{(n)} = a^n f^{(n)}(ax+b)$

・$(f(x)g(x))^{(n)} = \displaystyle\sum_{k=0}^{n} {}_n\mathrm{C}_k f^{(k)}(x) g^{(n-k)}(x)$ 　（**ライプニッツの公式**）

基本的な関数の高階導関数　$n \in \boldsymbol{N}$ とする．

・$(x^\alpha)^{(n)} = \alpha(\alpha-1) \cdots (\alpha-(n-1)) x^{\alpha-n}$

・$(e^x)^{(n)} = e^x$, 　$(\log |x|)^{(n)} = \dfrac{(-1)^{n-1}(n-1)!}{x^n}$.

・$(\sin x)^{(n)} = \sin\left(x + \dfrac{\pi n}{2}\right)$, 　$(\cos x)^{(n)} = \cos\left(x + \dfrac{\pi n}{2}\right)$.

*$(\log |x|)^{(n)}$ の公式以外は $n = 0$ の場合も成り立つ．

14. 微分の定義を理解する

例題 14 $f: \mathbf{R} \to \mathbf{R}$ を $f(x) = \begin{cases} x^2 \log|x| & (x \neq 0) \\ 0 & (x = 0) \end{cases}$ で定めるとき，以下の問いに答えよ．

(1) f は 0 で微分可能か．微分可能ならば $f'(0)$ を求めよ．
(2) f' は 0 で連続か．理由を付けて答えよ．
(3) f' は 0 で微分可能か．理由を付けて答えよ．

ポイント
- 微分係数の定義に基づいて，与えられた関数の微分可能性を判定する．
- $\lim_{x \to 0} f'(x)$ は f の 0 以外の点 x における微分係数 $f'(x)$ を考えて，x を 0 に近づけたときの極限だから，$f'(0)$ とは異なる可能性がある．

解 (1) $f'(0) = \lim_{x \to 0} \dfrac{f(x) - f(0)}{x - 0} = \lim_{x \to 0} x \log|x| = 0$

(2) $x \neq 0$ ならば $f(x) = x^2 \log|x|$ だから，このとき $f'(x) = 2x \log|x| + x$ である．したがって，$\lim_{x \to 0} f'(x) = \lim_{x \to 0}(2x \log|x| + x) = 0$．よって，(1) より $\lim_{x \to 0} f'(x) = f'(0)$ だから f' は 0 で連続である．

*f は C^1 級関数ということとである．

(3) $\lim_{x \to 0} \dfrac{f'(x) - f'(0)}{x - 0} = \lim_{x \to 0}(2 \log|x| + 1) = -\infty$ だから，f' は 0 で微分不可能である． ∥

*f は 2 回微分可能ではないということである．

♦**問題 14.1** 関数 $f: (-\sqrt{2}, \sqrt{2}) \to \mathbf{R}$ を $f(x) = x \cos^{-1}(1 - x^2)$ によって定めるとき，以下の問いに答えよ．

(1) f は 0 で微分可能か．微分可能ならば $f'(0)$ を求めよ．
(2) f' は 0 で連続か．理由を付けて答えよ．
(3) f' は 0 で微分可能か．理由を付けて答えよ．

♦**問題 14.2** f が開区間 I 上の微分可能な関数で単調増加関数ならば，すべての $p \in I$ に対して $f'(p) \geqq 0$ であることを示せ．

♦**問題 14.3** 整数でない正の定数 α に対して，関数 f を $f(x) = |x|^\alpha$ で定める．
(1) $[\alpha] = 0$ のとき，f の 0 における連続性と微分可能性を答えよ．
(2) $[\alpha] = 1$ のとき，f は C^1 級関数であるかどうか答えよ．
(3) 一般に，f が C^n 級関数であるような最大の整数 n を答えよ．

*$[\alpha]$ は α の「ガウス記号」(p.2) である．

15. 基本的な導関数を計算する

例題 15.1 次の関数の導関数を求めよ．
(1) $(x^2+3)^{42}$ (2) 3^{2x+1} (3) $\tan(x^2)$
(4) $\log\dfrac{x+1}{x-1}$ (5) $\cos\sqrt{x^2+1}$ (6) $\log(\log(\log x))$

ポイント
・合成関数の微分法を用いる．
・3つの関数の合成関数の微分は，
$$f(g(h(x)))' = f'(g(h(x)))(g(h(x)))' = f'(g(h(x)))g'(h(x))h'(x).$$

解 (1) $((x^2+3)^{42})' = 42(x^2+3)^{42-1}(x^2+3)' = 84x(x^2+3)^{41}$

(2) $(3^{2x+1})' = \log 3 (3^{2x+1})(2x+1)' = 2(\log 3)3^{2x+1}$

(3) $(\tan(x^2))' = \dfrac{1}{\cos^2(x^2)}(x^2)' = \dfrac{2x}{\cos^2(x^2)}$

(4) $\left(\log\dfrac{x+1}{x-1}\right)' = (\log|x+1| - \log|x-1|)' = \dfrac{1}{x+1} - \dfrac{1}{x-1} = \dfrac{-2}{x^2-1}$

(5) $(\cos\sqrt{x^2+1})' = -\sin\sqrt{x^2+1} \cdot (\sqrt{x^2+1})' = -\dfrac{(x^2+1)'}{2\sqrt{x^2+1}}\sin\sqrt{x^2+1}$
$= -\dfrac{x\sin\sqrt{x^2+1}}{\sqrt{x^2+1}}$

(6) $(\log(\log(\log x)))' = \dfrac{1}{\log(\log x)} \times (\log(\log x))' = \dfrac{1}{\log(\log x)}\dfrac{(\log x)'}{\log x}$
$= \dfrac{1}{x\log x \log(\log x)}$ //

♦**問題 15.1** 次の関数の導関数を求めよ．
(1) $e^{\sin x}$ (2) $\sin\log x$ (3) $\cos\tan x$
(4) $\sin^7 x$ (5) $\tan\sqrt{\log(x^2+1)}$

例題 15.2 次の関数の導関数を求めよ．
(1) $\sin^{-1}(2x)$ (2) $\cos^{-1}(x^2-1)$ (3) $\tan^{-1}\sqrt{x}$

ポイント
・逆三角関数の微分は逆関数の微分法を用いて自分で導出できるようにしておくこと．
・以下が成り立つ．
$$\left(\sin^{-1}f(x)\right)' = \dfrac{f'(x)}{\sqrt{1-f(x)^2}}, \quad \left(\cos^{-1}f(x)\right)' = -\dfrac{f'(x)}{\sqrt{1-f(x)^2}},$$
$$\left(\tan^{-1}f(x)\right)' = \dfrac{f'(x)}{1+f(x)^2}.$$

* $\cos^{-1}x + \sin^{-1}x = \dfrac{\pi}{2}$ を用いれば，$(\sin^{-1}x)' + (\cos^{-1}x)' = 0$．

解 (1) $(\sin^{-1}(2x))' = \dfrac{(2x)'}{\sqrt{1-(2x)^2}} = \dfrac{2}{\sqrt{1-4x^2}}$

(2) $(\cos^{-1}(x^2-1))' = -\dfrac{(x^2-1)'}{\sqrt{1-(x^2-1)^2}} = -\dfrac{2x}{\sqrt{2x^2-x^4}}$

(3) $\left(\tan^{-1}\sqrt{x}\right)' = \dfrac{(\sqrt{x})'}{1+(\sqrt{x})^2} = \dfrac{1}{2\sqrt{x}(1+x)}$ //

♦**問題 15.2** 次の関数の導関数を求めよ．
(1) $\tan^{-1}\left(2\tan\dfrac{x}{2}\right)$ (2) $\tan^{-1}\dfrac{2}{\sqrt{3}}\left(x+\dfrac{1}{2}\right)$ (3) $\sin^{-1}\dfrac{x}{\sqrt{x^2+1}}$

16. 対数微分法を使う

例題 16 関数 y が次の各場合に導関数 y' を求めよ.
(1) $x^{\sin x}$ (2) $(\log x)^{\frac{1}{x}}$ (3) $(\tan^{-1} x)^{\log x}$ (4) $\dfrac{(x+1)(x^2+1)}{(x+2)(x^2+3)}$

ポイント
・関数 $y = f(x)^{g(x)}$ の導関数 y' は以下のいずれかの方法で求められる.
① $(\log |y|)' = \dfrac{y'}{y}$ であることを用いる (対数微分法).
② $y = e^{g(x) \log f(x)}$ と式変形して合成関数の微分法を用いる.
・$y = \dfrac{f(x)}{g(x)}$ ($f(x), g(x)$ は (多項式)$^\alpha$ の積) の形のとき, 対数微分法が効果的である.

解 (1) $y = x^{\sin x} = e^{\sin x \log x}$ だから,
$$y' = e^{\sin x \log x}(\sin x \log x)' = x^{\sin x}\left(\cos x \log x + \frac{\sin x}{x}\right).$$

別解 $y = x^{\sin x}$ の両辺の対数をとれば, $\log y = \sin x \log x$ である. この両辺を x で微分すると, 左辺は $\dfrac{y'}{y}$ であり, 右辺は $(\sin x \log x)' = \cos x \log x + \dfrac{\sin x}{x}$ だから,
$$y' = y\left(\cos x \log x + \frac{\sin x}{x}\right) = x^{\sin x}\left(\cos x \log x + \frac{\sin x}{x}\right).$$

(2) $y = (\log x)^{\frac{1}{x}}$ の両辺の対数をとれば, $\log y = \dfrac{\log(\log x)}{x}$. この両辺を x で微分すると, $\dfrac{y'}{y} = \dfrac{(\log(\log x))'}{x} + \log(\log x)\left(\dfrac{1}{x}\right)' = \dfrac{1}{x^2 \log x} - \dfrac{\log(\log x)}{x^2}$ である. したがって,
$$y' = y\left(\frac{1}{x^2 \log x} - \frac{\log(\log x)}{x^2}\right) = \frac{(\log x)^{\frac{1}{x}}}{x^2}\left(\frac{1}{\log x} - \log(\log x)\right).$$

(3) $y = (\tan^{-1} x)^{\log x} = e^{\log x \log(\tan^{-1} x)}$ だから
$$\begin{aligned}
y' &= e^{\log x \log(\tan^{-1} x)}(\log x \log(\tan^{-1} x))' \\
&= (\tan^{-1} x)^{\log x}\left((\log x)' \log(\tan^{-1} x) + \log x (\log(\tan^{-1} x))'\right) \\
&= (\tan^{-1} x)^{\log x}\left(\frac{\log(\tan^{-1} x)}{x} + \frac{\log x}{\tan^{-1} x (1+x^2)}\right).
\end{aligned}$$

(4) $y = \dfrac{(x+1)(x^2+1)}{(x+2)(x^2+3)}$ の両辺の絶対値をとった後, 両辺の対数をとれば,
$$\log |y| = \log |x+1| + \log(x^2+1) - \log |x+2| - \log(x^2+3)$$
である. この両辺を x で微分すると,
$$\frac{y'}{y} = \frac{1}{x+1} + \frac{2x}{x^2+1} - \frac{1}{x+2} - \frac{2x}{x^2+3}.$$
よって, $y' = \dfrac{(x+1)(x^2+1)}{(x+2)(x^2+3)}\left(\dfrac{1}{x+1} + \dfrac{2x}{x^2+1} - \dfrac{1}{x+2} - \dfrac{2x}{x^2+3}\right).$ //

◆**問題 16.1** 関数 y が次の各場合に導関数 y' を求めよ.
(1) $(\tan x)^x$ (2) $(\sin x)^{2^x}$ (3) $\left(1 + \dfrac{1}{x}\right)^x$

◆**問題 16.2** 関数 y が次の各場合に導関数 y' を求めよ. 答えには y を用いてよい.
(1) $\dfrac{(x+1)(x+2)(x+3)}{(x-1)(x-2)(x-3)}$ (2) $\dfrac{\sqrt{2x+1}(x^2+3)}{\sqrt{x^2+1}(x+2)}$

17. 高階導関数を求める

例題 17.1 次の関数の n 階導関数を求めよ．
(1) $\dfrac{2x^2}{1-x^2}$ (2) $\log(x^2-1)$ (3) $\cosh x$ (4) $\sinh x$

ポイント
・「高階導関数の基本性質」(p.25) を用いて計算する．
・「基本的な関数の高階導関数」(p.25) の基本公式を使える関数の和の形に分解する．

解 (1) $\dfrac{2x^2}{1-x^2} = -2 + \dfrac{2}{1-x^2} = -2 + \dfrac{1}{x+1} - \dfrac{1}{x-1}$ だから，$n \geqq 1$ ならば，

$$\left(\dfrac{2x^2}{1-x^2}\right)^{(n)} = \left(-2 + \dfrac{1}{x+1} - \dfrac{1}{x-1}\right)^{(n)}$$
$$= \left((x+1)^{-1}\right)^{(n)} - \left((x-1)^{-1}\right)^{(n)}$$
$$= (-1)(-2)\cdots(-n)(x+1)^{-1-n} - (-1)(-2)\cdots(-n)(x-1)^{-1-n}$$
$$= \dfrac{(-1)^n n!}{(x+1)^{n+1}} - \dfrac{(-1)^n n!}{(x-1)^{n+1}}.$$

(2) $\log(x^2-1) = \log|x-1| + \log|x+1|$ だから，$n \geqq 1$ ならば，

$$(\log(x^2-1))^{(n)} = (\log|x-1|)^{(n)} + (\log|x+1|)^{(n)}$$
$$= \dfrac{(-1)^{n-1}(n-1)!}{(x-1)^n} + \dfrac{(-1)^{n-1}(n-1)!}{(x+1)^n}.$$

(3) $\cosh x = \dfrac{e^x + e^{-x}}{2}$ だから，

$$(\cosh x)^{(n)} = \left(\dfrac{e^x + e^{-x}}{2}\right)^{(n)} = \dfrac{(e^x)^{(n)} + (e^{-x})^{(n)}}{2} = \dfrac{e^x + (-1)^n e^{-x}}{2}$$
$$= \begin{cases} \cosh x & (n \text{ は偶数}) \\ \sinh x & (n \text{ は奇数}). \end{cases}$$

(4) $\sinh x = \dfrac{e^x - e^{-x}}{2}$ だから，

$$(\sinh x)^{(n)} = \left(\dfrac{e^x - e^{-x}}{2}\right)^{(n)} = \dfrac{(e^x)^{(n)} - (e^{-x})^{(n)}}{2} = \dfrac{e^x - (-1)^n e^{-x}}{2}$$
$$= \begin{cases} \sinh x & (n \text{ は偶数}) \\ \cosh x & (n \text{ は奇数}). \end{cases}$$

$/\!/$

♦ **問題 17.1** 次の関数の n 階導関数を求めよ．
(1) $(e^{2x} + e^{-3x})^2$ (2) $x\log(1-x^2)$ (3) $\dfrac{2x^3}{1-x^2}$ (4) $x^2 \log x$

例題 17.2 次の関数の n 階導関数を求めよ．
(1) $\cos^2 x \sin 3x$ (2) $x^2 e^{2x}$ (3) $\cos^3 x$ (4) $e^{\sqrt{3}x} \cos x$

> **ポイント**
> - ライプニッツの公式は (多項式) $\times f(x)$ の形に有効である．
> - 三角関数を含む場合は，三角関数の積を和の形にする公式や倍角の公式を用いて
> $$(\sin x)^{(n)} = \sin\left(x + \frac{\pi n}{2}\right), \quad (\cos x)^{(n)} = \cos\left(x + \frac{\pi n}{2}\right)$$
> が使える形に変形する．
> - $1 \sim 3$ 階までの導関数を求めてから n 階導関数の形が予想できる場合は，その予想を数学的帰納法で証明する．

解 (1) $\cos^2 x \sin 3x = \dfrac{(1 + \cos 2x)\sin 3x}{2} = \dfrac{\sin 3x}{2} + \dfrac{\sin 5x}{4} + \dfrac{\sin x}{4}$ だから，

$$(\cos^2 x \sin 3x)^{(n)} = \frac{(\sin 3x)^{(n)}}{2} + \frac{(\sin 5x)^{(n)}}{4} + \frac{(\sin x)^{(n)}}{4}$$
$$= \frac{3^n}{2} \sin\left(3x + \frac{\pi n}{2}\right) + \frac{5^n}{4} \sin\left(5x + \frac{\pi n}{2}\right) + \frac{1}{4} \sin\left(x + \frac{\pi n}{2}\right).$$

(2) $k \geqq 3$ ならば $(x^2)^{(k)} = 0$ であることに注意してライプニッツの公式を用いると

$$(x^2 e^{2x})^{(n)} = \sum_{k=0}^{n} \binom{n}{k} (x^2)^{(k)} (e^{2x})^{(n-k)}$$
$$= x^2 (e^{2x})^{(n)} + 2nx(e^{2x})^{(n-1)} + n(n-1)(e^{2x})^{(n-2)}$$
$$= 2^n x^2 e^{2x} + 2n 2^{n-1} x e^{2x} + n(n-1) 2^{n-2} e^{2x}$$
$$= 2^{n-2} e^{2x} (4x^2 + 4nx + n(n-1)).$$

(3) $\cos^2 x = \dfrac{1 + \cos 2x}{2}$ より
$$\cos^3 x = \frac{\cos x + \cos x \cos 2x}{2} = \frac{\cos x}{2} + \frac{\cos 3x + \cos x}{4} = \frac{\cos 3x}{4} + \frac{3 \cos x}{4}$$
である．したがって，
$$(\cos^3 x)^{(n)} = \left(\frac{\cos 3x}{4} + \frac{3 \cos x}{4}\right)^{(n)} = \frac{3^n}{4} \cos\left(3x + \frac{\pi n}{2}\right) + \frac{3}{4} \cos\left(x + \frac{\pi n}{2}\right).$$

(4) $\left(e^{\sqrt{3}x} \cos x\right)' = \sqrt{3} e^{\sqrt{3}x} \cos x - e^{\sqrt{3}x} \sin x = 2 e^{\sqrt{3}x} \cos\left(x + \frac{\pi}{6}\right)$ だから，
$$\left(e^{\sqrt{3}x} \cos x\right)^{(n)} = 2^n e^{\sqrt{3}x} \cos\left(x + \frac{\pi n}{6}\right) \cdots (*)$$

が成り立つことを n による帰納法で示す．$n = 1$ の場合に $(*)$ が成り立つことはすでにみた．$(*)$ が成り立つと仮定して，両辺の導関数を考えると

$$\left(e^{\sqrt{3}x} \cos x\right)^{(n+1)} = \left(2^n e^{\sqrt{3}x} \cos\left(x + \frac{\pi n}{6}\right)\right)'$$
$$= 2^n \left(\sqrt{3} e^{\sqrt{3}x} \cos\left(x + \frac{\pi n}{6}\right) - e^{\sqrt{3}x} \sin\left(x + \frac{\pi n}{6}\right)\right)$$
$$= 2^{n+1} e^{\sqrt{3}x} \cos\left(x + \frac{\pi n}{6} + \frac{\pi}{6}\right)$$
$$= 2^{n+1} e^{\sqrt{3}x} \cos\left(x + \frac{\pi(n+1)}{6}\right)$$

が得られ，$(*)$ の n を $n+1$ で置き換えた式も成り立つ． ∥

♦ **問題 17.2** 次の関数の n 階導関数を求めよ．
(1) $x e^{3x}$ (2) $x^2 \sin^2 x$ (3) $x \sin^3 x$

♦ **問題 17.3** 関数 $e^x \sin x$ の n 階導関数を求めよ．

18. 漸化式を利用して高階微分係数を求める

例題 18 $f:(-1,1)\to \boldsymbol{R}$ を $f(x)=\sin^{-1}x$ で定める.
(1) $(1-x^2)f''(x)-xf'(x)=0$ を示せ.
(2) n を 2 以上の整数とするとき, (1) で得た等式の両辺を x で $(n-2)$ 回微分することによって次の等式を示せ.
$$(1-x^2)f^{(n)}(x)-(2n-3)xf^{(n-1)}(x)-(n-2)^2 f^{(n-2)}(x)=0$$
(3) $f^{(n)}(0)$ を求めよ. (n が偶数の場合と奇数の場合に分けよ.)

ポイント
- 高階導関数を具体的に求めることが困難な関数 f に対しては, $f(x), f'(x), f''(x)$ などの間の関係式を導いてから, その関係式の両辺を $(n-2)$ 回微分することによって $f^{(n)}(x), f^{(n-1)}(x), f^{(n-1)}(x)$ の関係式を導く.
- $f^{(n)}(x), f^{(n-1)}(x), f^{(n-1)}(x)$ の関係式が得られれば, x に具体的な値 c を代入することによって, $a_n = f^{(n)}(c)$ で定まる数列 $\{a_n\}$ の漸化式が得られる. この数列の一般項を求めることによって, f の c における n 階微分係数が求まる.

解 (1) $f'(x)=\dfrac{1}{\sqrt{1-x^2}}$ だから $\sqrt{1-x^2}f'(x)=1$ である. この左辺の微分は
$$\left(\sqrt{1-x^2}f'(x)\right)'=\sqrt{1-x^2}f''(x)-\dfrac{x}{\sqrt{1-x^2}}f'(x)=\dfrac{(1-x^2)f''(x)-xf'(x)}{\sqrt{1-x^2}}$$
であり, 右辺の微分は 0 だから $(1-x^2)f''(x)-xf'(x)=0$ が得られる.

(2) $k\geqq 3$ ならば $(1-x^2)^{(k)}=0$ であり, $k\geqq 2$ ならば $x^{(k)}=0$ であることに注意してライプニッツの公式を用いれば, 次の等式が得られる.
$$((1-x^2)f''(x))^{(n-2)}=\sum_{k=0}^{n-2}\binom{n-2}{k}(1-x^2)^{(k)}(f'')^{(n-2-k)}(x)$$
$$=(1-x^2)f^{(n)}(x)-2(n-2)xf^{(n-1)}(x)-(n-2)(n-3)f^{(n-2)}(x)$$
$$(xf'(x))^{(n-2)}=\sum_{k=0}^{n-2}\binom{n-2}{k}(x)^{(k)}(f')^{(n-2-k)}(x)=xf^{(n-1)}(x)+(n-2)f^{(n-2)}(x)$$
ゆえに, (1) で得た等式の両辺を x で $(n-2)$ 回微分すると, 左辺は
$$(1-x^2)f^{(n)}(x)-(2n-3)xf^{(n-1)}(x)-(n-2)^2 f^{(n-2)}(x)$$
となるから, 示すべき等式が得られる.

(3) (2) で示した式に $x=0$ を代入すれば $f^{(n)}(0)-(n-2)^2 f^{(n-2)}(0)=0$ を得る. $a_m=f^{(2m)}(0), b_m=f^{(2m+1)}(0)$ によって数列 $\{a_m\}_{m=0}^\infty, \{b_m\}_{m=0}^\infty$ を定めると, 上式より, $a_m=4(m-1)^2 a_{m-1}, b_m=(2m-1)^2 b_{m-1}$ が得られる.

$a_0=f(0)=0$ だから $a_m=4(m-1)^2 a_{m-1}$ より帰納的に任意の m に対して $a_m=0$ であることがわかる.

また, $b_0=f'(0)=1$ だから $b_m=(2m-1)^2 b_{m-1}$ より帰納的に $b_m=((2m-1)!!)^2$ であることがわかる.

以上から, $f^{(2m)}(0)=0, f^{(2m+1)}(0)=((2m-1)!!)^2$ である. ∥

♦ **問題 18** $f:(-1,1)\to \boldsymbol{R}$ を $f(x)=(\sin^{-1}x)^2$ で定める. 上の例題にならって $f^{(n)}(x)$ の漸化式を導き, $f^{(n)}(0)$ を求めよ.

微分の応用

中間値の定理
f が閉区間 $[a,b]$ 上の連続関数で，$f(a) \neq f(b)$ ならば，$f(a)$ と $f(b)$ の間の任意の実数 c に対し，$f(\xi) = c, a < \xi < b$ をみたす ξ が存在する．

最大値・最小値の定理
有限閉区間で定義された連続関数は最大値と最小値をとる．

ロルの定理
f を閉区間 $[a,b]$ で連続かつ開区間 (a,b) で微分可能な関数とする．
$f(a) = f(b)$ ならば $f'(\xi) = 0, a < \xi < b$ をみたす ξ が存在する．

ラグランジュの平均値の定理
f が閉区間 $[a,b]$ で連続かつ開区間 (a,b) で微分可能ならば，$\dfrac{f(b) - f(a)}{b-a} = f'(\xi)$，$a < \xi < b$ をみたす ξ が存在する．

*コーシーの平均値の定理において $g(x) = x$ とすれば，ラグランジュの平均値の定理が得られる．

コーシーの平均値の定理
f, g を閉区間 $[a,b]$ で連続かつ開区間 (a,b) で微分可能な関数とする．
$g(b) \neq g(a)$ であり，すべての $x \in (a,b)$ に対して $f'(x) \neq 0$ または $g'(x) \neq 0$ ならば，$\dfrac{f(b) - f(a)}{g(b) - g(a)} = \dfrac{f'(\xi)}{g'(\xi)}$，$a < \xi < b$ をみたす ξ が存在する．

テイラーの定理・マクローリンの定理　　$a < c < b, x \in [a,b]$ とする．
f が閉区間 $[a,b]$ 上の C^{n-1} 級関数であり，開区間 (a,b) の各点で n 回微分可能なとき：

* $R_n(x)$ はラグランジュ剰余項といわれる．

✿ $f(x) = \sum_{k=0}^{n-1} \dfrac{f^{(k)}(c)}{k!}(x-c)^k + R_n(x),\ R_n(x) = \dfrac{f^{(n)}(c + \theta(x-c))}{n!}(x-c)^n$
をみたす $0 < \theta < 1$ が存在する (テイラーの定理).

*マクローリンの定理はテイラーの定理において $c = 0$ とおいたものである．

✿ $f(x) = \sum_{k=0}^{n-1} \dfrac{f^{(k)}(0)}{k!}x^k + R_n(x),\ R_n(x) = \dfrac{f^{(n)}(\theta x)}{n!}x^n$
をみたす $0 < \theta < 1$ が存在する (マクローリンの定理).

* $\sum_{n=0}^{\infty} a_n(x-c)^n$ の形の級数を (c を中心とする)整級数という．

✿ f が C^∞ 級関数の場合，$\lim_{n \to \infty} R_n(x) = 0$ となる x の範囲において，
$f(x) = \sum_{n=0}^{\infty} \dfrac{f^{(n)}(c)}{n!}(x-c)^n$ を f の $x = c$ における**テイラー展開**，
$f(x) = \sum_{n=0}^{\infty} \dfrac{f^{(n)}(0)}{n!}x^n$ を f の**マクローリン展開**という．

*テイラー展開・マクローリン展開は関数を整級数の形に表したものである．

基本的な関数のマクローリンの定理　　以下の等式をみたす θ が存在する．

*$((1+x)^\alpha)^{(k)}$
$= k!\binom{\alpha}{k}(1+x)^{\alpha-k}$
に注意する．

✿ $(1+x)^\alpha = \sum_{k=0}^{n-1} \binom{\alpha}{k}x^k + \binom{\alpha}{n}(1+\theta x)^{\alpha-n}x^n \quad (0 < \theta < 1)$

✿ $e^x = \sum_{k=0}^{n-1} \dfrac{1}{k!}x^k + \dfrac{e^{\theta x}}{n!}x^n \quad (0 < \theta < 1)$

✿ $\log(1+x) = \sum_{k=1}^{n-1} \dfrac{(-1)^{k-1}}{k}x^k + \dfrac{(-1)^{n-1}}{n(1+\theta x)^n}x^n \quad (0 < \theta < 1)$

✿ $\sin x = \sum_{k=0}^{n-1} \dfrac{(-1)^k}{(2k+1)!}x^{2k+1} + \dfrac{(-1)^n \cos(\theta x)x^{2n+1}}{(2n+1)!} \quad (0 < \theta < 1)$

✿ $\cos x = \sum_{k=0}^{n-1} \dfrac{(-1)^k}{(2k)!}x^{2k} + \dfrac{(-1)^n \cos(\theta x)x^{2n}}{(2n)!} \quad (0 < \theta < 1)$

微分の応用

マクローリンの定理とランダウの記号

✱ f が C^{n+1} 級関数ならば $R_{n+1}(x) = o(x^n)\ (x \to 0)$ より，マクローリンの定理から

*記号 $o(\ )$ については ☞「ランダウの記号」(p.18)

$$f(x) = \sum_{k=0}^{n} \frac{f^{(k)}(0)}{k!} x^k + o(x^n) \qquad (x \to 0)$$

が成り立つ．したがって基本的な関数について，以下の等式が成り立つ．

・ $(1+x)^\alpha = 1 + \binom{\alpha}{1}x + \binom{\alpha}{2}x^2 + \cdots + \binom{\alpha}{n}x^n + o(x^n)$

・ $e^x = 1 + x + \dfrac{x^2}{2} + \cdots + \dfrac{x^n}{n!} + o(x^n)$

・ $\log(1+x) = x - \dfrac{x^2}{2} + \cdots + \dfrac{(-1)^{n-1}x^n}{n} + o(x^n)$

・ $\sin x = x - \dfrac{x^3}{3!} + \cdots + (-1)^{m-1}\dfrac{x^{2m-1}}{(2m-1)!} + o(x^{2m})$

・ $\cos x = 1 - \dfrac{x^2}{2!} + \cdots + (-1)^{m-1}\dfrac{x^{2m-2}}{(2m-2)!} + o(x^{2m-1})$

✱ $\displaystyle\lim_{x \to 0} \frac{f(x)}{x^n} = \alpha \neq 0$ ならば $f(x) = \alpha x^n + o(x^n)\ (x \to 0)$ である．

*n は $x \to 0$ のときの f の無限小の位数である．
☞「無限大・無限小の位数」(p.19)

・上のとき，αx^n を無限小 $f(x)\ (x \to 0)$ の**主要項**という．

✱ ランダウの記号について次の演算則が成り立つ．$x \to 0$ のとき，

・ $o(x^m)o(x^n) = x^m o(x^n) = o(x^{m+n}),\ o(x^m) + o(x^n) = o(x^m)$ （ただし $m \leqq n$）．

基本的な関数のマクローリン展開

✱ $(1+x)^\alpha = \displaystyle\sum_{n=0}^{\infty} \binom{\alpha}{n} x^n\ (-1 < x < 1)$ ✱ $e^x = \displaystyle\sum_{n=0}^{\infty} \frac{1}{n!} x^n\ (x \in \boldsymbol{R})$

✱ $\log(1+x) = \displaystyle\sum_{n=1}^{\infty} \frac{(-1)^{n-1}}{n} x^n\ (-1 < x \leqq 1)$

✱ $\sin x = \displaystyle\sum_{n=0}^{\infty} \frac{(-1)^n}{(2n+1)!} x^{2n+1}\ (x \in \boldsymbol{R})$ ✱ $\cos x = \displaystyle\sum_{n=0}^{\infty} \frac{(-1)^n}{(2n)!} x^{2n}\ (x \in \boldsymbol{R})$

ロピタルの定理

関数 f, g は c を含むある開区間の c 以外の各点で微分可能とする．$x \neq c$ に対して $g(x) \neq 0$ かつ $g'(x) \neq 0$ であり，$\displaystyle\lim_{x \to c} f(x) = \lim_{x \to c} g(x) = 0$ および $\displaystyle\lim_{x \to c} \frac{f'(x)}{g'(x)} = p$ が成り立つとき，$\displaystyle\lim_{x \to c} \frac{f(x)}{g(x)} = p$ である．

*ロピタルの定理は $\displaystyle\lim_{x \to c} |f(x)| = \lim_{x \to c} |g(x)| = \infty$ の場合や $x \to \pm\infty$ の場合も成り立つ．

関数の極値

✱ 関数 f が点 c で極大 $\overset{定義}{\iff}$ 点 c の近くで $x \neq c$ ならば $f(x) < f(c)$

・f が c で微分可能かつ c で極値をとるならば，$f'(c) = 0$．

・$f'(c) = 0$ で，f が 2 回微分可能なとき：

$f''(c) > 0$ ならば f は c で極小，$f''(c) < 0$ ならば f は c で極大．

*極小は $f(x) > f(c)$ のとき．
*「点 c の近くで…」は「点 c を含むある開区間が存在して…」という意味である．

*$f''(c) = 0$ のときは，より高次の微分係数を調べる必要がある．

凸関数

f を区間 I 上の関数とする．

✱ f は凸関数 $\overset{定義}{\iff}$ 任意の $x, y, z \in I,\ x < y < z$ に対し，

$$\frac{f(y) - f(x)}{y - x} \leqq \frac{f(z) - f(y)}{z - y}.$$

$\iff$ 任意の $x, y \in I,\ 0 < t < 1$ に対し，

$$f((1-t)x + ty) \leqq (1-t)f(x) + tf(y).$$

*不等号が "<" のときは「狭義凸」という．

・f が 2 回微分可能なとき，

$f''(x) \geqq 0$ ならば f は凸であり，$f''(x) > 0$ ならば f は狭義凸である．

19. マクローリンの定理を適用する

例題 19 マクローリンの定理における等式
$$f(x) = \sum_{k=0}^{n-1} \frac{f^{(k)}(0)}{k!} x^k + R_n(x), \quad R_n(x) = \frac{f^{(n)}(\theta x)}{n!} x^n$$
を,f および n が次の各場合に書き下せ.
(1) $\sin(2x)$ $(n=9)$ (2) $e^x \cos x$ $(n=3)$
(3) $\sqrt{1+x+x^2}$ $(n=2)$

ポイント
- 基本的な関数 e^x, $\log(1+x)$, $\sin x$, $\cos x$, $(1+x)^\alpha$ に対する $\sum_{k=0}^{n-1} \frac{f^{(k)}(0)}{k!} x^k$ と剰余項 $\frac{f^{(n)}(\theta x)}{n!} x^n$ は,正しく覚えて書けるようにしておく.
- 剰余項 $R_n(x)$ を求めるには n 階導関数 $f^{(n)}(x)$ をきちんと計算する必要がある.

解 (1) $f(x) = \sin(2x)$, $f^{(n)}(x) = 2^n \sin\left(2x + \frac{n\pi}{2}\right)$ だから,
$$f^{(2k)}(0) = 2^n \sin(\pi k) = 0$$
$$f^{(2k+1)}(x) = 2^{2k+1} \sin\left(2x + \frac{\pi}{2} + \pi k\right) = 2^{2k+1} \cos(2x + \pi k)$$
$$= (-1)^k 2^{2k+1} \cos(2x)$$
である.したがって $f^{(2k+1)}(0) = (-1)^k 2^{2k+1}$ だから,以下の結果が得られる.
$$\sin(2x) = 2x - \frac{2^3 x^3}{3!} + \frac{2^5 x^5}{5!} - \frac{2^7 x^7}{7!} + R_9(x) = 2x - \frac{4x^3}{3} + \frac{4x^5}{15} - \frac{8x^7}{315} + R_9(x)$$
$$R_9(x) = \frac{2^9 \cos(2\theta x)}{9!} x^9 = \frac{4\cos(2\theta x)}{2835} x^9$$

*☞ 例題 17.2 (4) の解答を参照.

(2) $f(x) = e^x \cos x$ とすると,$f'(x) = e^x \cos x - e^x \sin x = \sqrt{2} e^x \cos\left(x + \frac{\pi}{4}\right)$ となるので,数学的帰納法によって $f^{(k)}(x) = (\sqrt{2})^k e^x \cos\left(x + \frac{k\pi}{4}\right)$ が示される.
ゆえに,$f(0) = 1$, $f'(0) = 1$, $f''(0) = 0$, $f^{(3)}(\theta x) = 2\sqrt{2} e^{\theta x} \cos\left(\theta x + \frac{3\pi}{4}\right)$
だから $f(x) = 1 + x + R_3(x)$, $R_3(x) = \frac{\sqrt{2}}{3} e^{\theta x} \cos\left(\theta x + \frac{3\pi}{4}\right) x^3$ となる.

(3) $f(x) = \sqrt{1+x+x^2}$ とすると,$f'(x) = \frac{1+2x}{2\sqrt{1+x+x^2}}$,
$$f''(x) = \frac{4\sqrt{1+x+x^2} - (1+2x)^2 (1+x+x^2)^{-\frac{1}{2}}}{4(1+x+x^2)} = \frac{3}{4(1+x+x^2)^{\frac{3}{2}}}$$ だから,
$f(0) = 1$, $f'(0) = \frac{1}{2}$ である.ゆえに
$$f(x) = 1 + \frac{1}{2} x + R_2(x), \quad R_2(x) = \frac{3x^2}{8(1+\theta x + (\theta x)^2)^{\frac{3}{2}}}$$ となる. //

◆**問題 19** マクローリンの定理における等式
$$f(x) = \sum_{k=0}^{n-1} \frac{f^{(k)}(0)}{k!} x^k + R_n(x), \quad R_n(x) = \frac{f^{(n)}(\theta x)}{n!} x^n$$
を,f および n が次の各場合に書き下せ.
(1) $\cos(3x)$ $(n=10)$ (2) $e^{-x} \sin(2x)$ $(n=3)$ (3) $\frac{1}{1+x+x^2}$ $(n=3)$

20. マクローリンの定理を用いて近似値を求める

例題 20 次の値の近似値を小数第 4 位まで求めよ．
(1) e 　　　　　　　　(2) $\sqrt{3}$

ポイント 関数値の近似値をマクローリンの定理を用いて求めるには次の点に注意する．
・小数点以下 M 桁までの精度を得るには，$|R_n(x)| \leqq 10^{-M-1}$ となる n を求める．
・必要ならば $e < 3$, $|\cos\theta| \leqq 1$ を用いる．
・$p > 1$ の場合，$\sqrt{p}$ の近似値を求めるには $p < 2a^2$ をみたす正の実数 a を選び，$x = \dfrac{p - a^2}{a^2}$ とおけば $\sqrt{p} = a\sqrt{1+x}$ かつ $-1 < x < 1$ だから，$\sqrt{1+x}$ に対するマクローリンの定理が使える．この際，a^2 が p に近くなるように a を選べば後の計算が楽になる．

解 (1) マクローリンの定理より，$0 < \theta < 1$ が存在して，
$$e^1 = \sum_{k=0}^{n-1} \frac{1}{k!} + R_n(1), \quad R_n(1) = \frac{e^\theta}{n!}.$$
$e < 3$ かつ $\theta < 1$ より，$|R_n(1)| \leqq \dfrac{3}{n!}$ である．これが 10^{-5} 以下となるためには，$n = 9$ とすればよい．このとき e を
$$\sum_{k=0}^{8} \frac{1}{k!} = \frac{109601}{40320} = 2.718278\ldots$$
で近似した誤差は 10^{-5} 以下であるから，e は小数第 4 位まで 2.7182 で与えられる．

(2) $\sqrt{3} = a\sqrt{1+x}$ かつ $-1 < x < 1$ が成り立つように a, x を定める． ＊$1.73^2 < 3 < 1.74^2$ を用
$1.7^2 = 2.89 < 3 < 3.24 = 1.8^2$ より，$a = 1.7$ のとき，$x = \dfrac{3 - 1.7^2}{1.7^2} = \dfrac{11}{289}$ とな　いても計算できる．
る．マクローリンの定理より，$0 < \theta < 1$ が存在して，
$$1.7\sqrt{1+x} = \sum_{k=0}^{n-1} 1.7\binom{\frac{1}{2}}{k} x^k + R_n(x), \quad R_n(x) = 1.7\binom{\frac{1}{2}}{n}(1+\theta x)^{\frac{1}{2}-n} x^n$$
となり，$x = \dfrac{11}{289}$ のとき，$n \geqq 1$ ならば $(1+\theta x)^{\frac{1}{2}-n} < 1$ に注意すると，
$$|R_n(x)| < 1.7\left|\binom{\frac{1}{2}}{n}\right| x^n = 1.7\left|\binom{\frac{1}{2}}{n}\right|\left(\frac{11}{289}\right)^n$$
となる．これが 10^{-5} 以下となるためには，$n = 3$ とすればよい．このとき $\sqrt{3} = 1.7\sqrt{1 + \dfrac{11}{289}}$ を
$$1.7\left(1 + \binom{\frac{1}{2}}{1}\frac{11}{289} + \binom{\frac{1}{2}}{2}\left(\frac{11}{289}\right)^2\right) = \frac{680763}{393040} = 1.732045084\ldots$$
で近似した誤差は 10^{-5} 以下であるから，$\sqrt{3}$ は小数第 4 位まで 1.7320 となる． ∥

♦ **問題 20** 次の値の近似値を小数第 5 位まで求めよ．
(1) $\cos(0.1)$ 　　　　　(2) $\sqrt{4.2}$ 　　　　　(3) $\log(1.05)$

21. マクローリンの定理とランダウの記号を使う

例題 21 以下の関数 f に対し，$x \to 0$ のときの主要項を求めよ．
(1) $f(x) = \sin x - e^x - \cos x + 2$ (2) $f(x) = \dfrac{x}{\sqrt{1+x}} - \log(1+x)$
(3) $f(x) = \dfrac{\sin x^2 - x^2}{1 - \cos x}$

ポイント
- f の 0 における高階微分係数の計算が容易な場合は $f(0), f'(0), f''(0), \ldots$ を順に求め，$f^{(n)}(0) \neq 0$ となる最小の n をみつけたら $f(x) = \dfrac{f^{(n)}(0)}{n!} x^n + o(x^n)$ だから（☞「マクローリンの定理とランダウの記号」），$\dfrac{f^{(n)}(0)}{n!} x^n$ が f の主要項である．
- f が $x^n, (1+x)^\alpha, e^x, \log(1+x), \sin x, \cos x$ の積，和，実数倍および合成で表されている場合，「マクローリンの定理とランダウの記号」(p.33) の結果を用いて f の主要項を計算する．
- 関数 g, h の主要項がそれぞれ $\alpha x^l, \beta x^m$ $(l > m \geq 1)$ で，f が $f(x) = \dfrac{g(x)}{h(x)}$ で与えられているとき，
$$\lim_{x \to 0} \frac{f(x)}{x^{l-m}} = \lim_{x \to 0} \frac{\alpha x^l + o(x^l)}{x^{l-m}(\beta x^m + o(x^m))} = \frac{\lim_{x \to 0}\left(\alpha + \frac{o(x^l)}{x^l}\right)}{\lim_{x \to 0}\left(\beta + \frac{o(x^m)}{x^m}\right)} = \frac{\alpha}{\beta} \neq 0$$
となることから，f の主要項は $\dfrac{\alpha}{\beta} x^{l-m}$ である．

解 (1) $f(0) = 0$ であり，$f'(x) = \cos x - e^x + \sin x$ より $f'(0) = 0$ である．$f''(x) = -\sin x - e^x + \cos x$ より $f''(0) = 0$，さらに $f'''(x) = -\cos x - e^x - \sin x$ より $f'''(0) = -2 \neq 0$ である．したがってマクローリンの定理から
$$f(x) = \frac{f^{(3)}(0)}{3!} x^3 + o(x^3) = -\frac{x^3}{3} + o(x^3) \quad (x \to 0)$$
となるので，f の主要項は $-\dfrac{x^3}{3}$ である．

* $o(x^4) + o(x^3) = o(x^3)$ である．

別解 マクローリンの定理から $\sin x = x - \dfrac{x^3}{6} + o(x^4)$，$\cos x = 1 - \dfrac{x^2}{2} + o(x^3)$，$e^x = 1 + x + \dfrac{x^2}{2} + \dfrac{x^3}{6} + o(x^3)$ だから，$f(x) = -\dfrac{x^3}{3} + o(x^3)$．ゆえに，$f$ の主要項は $-\dfrac{x^3}{3}$．

* $x \to 0$ のとき，$\dfrac{x}{\sqrt{1+x}}$ と $\log(1+x)$ は 1 位の無限小 $\Rightarrow$ マクローリンの定理における x の 2 次以上の項まで計算が必要．
⚠ 実際には x の 3 次の項までの計算が必要だが，これは計算してみないとわからない．

(2) マクローリンの定理から
$$\frac{x}{\sqrt{1+x}} = x\left(1 + \binom{-\frac{1}{2}}{1} x + \binom{-\frac{1}{2}}{2} x^2 + o(x^2)\right) = x - \frac{x^2}{2} + \frac{3}{8} x^3 + o(x^3),$$
$$\log(1+x) = x - \frac{x^2}{2} + \frac{x^3}{3} + o(x^3)$$
だから，$f(x) = \dfrac{x}{\sqrt{1+x}} - \log(1+x) = \dfrac{x^3}{24} + o(x^3)$．ゆえに，$f$ の主要項は $\dfrac{x^3}{24}$．

(3) $\sin x = x - \dfrac{x^3}{6} + o(x^4)$ の x に x^2 を代入して両辺から x^2 をひけば，$\sin x^2 - x^2 = -\dfrac{x^6}{6} + o(x^8)$ が得られる．また，$\cos x = 1 - \dfrac{x^2}{2} + o(x^3)$ より $1 - \cos x = \dfrac{x^2}{2} + o(x^3)$
だから，$\displaystyle\lim_{x \to 0} \frac{f(x)}{x^4} = \lim_{x \to 0} \frac{-\frac{x^6}{6} + o(x^8)}{\frac{x^6}{2} + x^4 o(x^3)} = \frac{\lim_{x \to 0}\left(-\frac{1}{6} + x^2 \frac{o(x^8)}{x^8}\right)}{\lim_{x \to 0}\left(\frac{1}{2} + x \frac{o(x^3)}{x^3}\right)} = -\frac{1}{3} \neq 0$ が成り立つ．ゆえに f の主要項は $-\dfrac{x^4}{3}$ である． //

♦ **問題 21** 以下の関数 f に対し，$x \to 0$ のときの主要項を求めよ．
(1) $f(x) = x^2 - \sin^2 x$ (2) $f(x) = \dfrac{\log(1+x^2) - x^2}{\sin x^3}$
(3) $f(x) = 2\sin x - \cos x (x + \sin x)$

22. マクローリンの定理を用いて無限小・無限大の位数を求める

例題 22 以下の関数について，無限小または無限大の位数を求めよ．

(1) $\dfrac{x^2}{\log(1+x^2)+2\cos x-2}$ $(x\to 0)$

(2) $\dfrac{\log(1+x)-\log x}{\log(1+x^3)-3\log x}$ $(x\to\infty)$

ポイント
- $x\to c$ のとき関数 $f(x)$ が m 位の無限小，$g(x)$ が n 位の無限小であるとする．
  $m>n$ ならば関数 $\dfrac{f(x)}{g(x)}$ $(x\to c)$ は $m-n$ 位の無限小，
  $m<n$ ならば関数 $\dfrac{f(x)}{g(x)}$ $(x\to c)$ は $n-m$ 位の無限大．
- $x\to c$ のとき関数 $f(x)$ が m 位の無限大，$g(x)$ が n 位の無限大であるとする．
  $m>n$ ならば関数 $\dfrac{f(x)}{g(x)}$ $(x\to c)$ は $m-n$ 位の無限大，
  $m<n$ ならば関数 $\dfrac{f(x)}{g(x)}$ $(x\to c)$ は $n-m$ 位の無限小．
- $x\to\infty$ の場合は $y=\dfrac{1}{x}$ とおいて $y\to +0$ として考える．

解 (1) マクローリンの定理から $\log(1+x)=x-\dfrac{x^2}{2}+o(x^2)$．$x$ に x^2 を代入して，$\log(1+x^2)=x^2-\dfrac{x^4}{2}+o(x^4)$ が得られる．また，$\cos x=1-\dfrac{x^2}{2}+\dfrac{x^4}{24}+o(x^5)$ だから

$$\log(1+x^2)+2\cos x-2=-\dfrac{5x^4}{12}+o(x^4)$$

となる．よって，分母は 4 位の無限小であり，$x\to 0$ のとき $\dfrac{x^2}{\log(1+x^2)+2\cos x-2}$ の無限大の位数は 2 である．

(2) $y=\dfrac{1}{x}$ とおくと，$x\to\infty$ のとき $y\to +0$ であり，

$$\log(1+x)-\log x=\log(y+1), \quad \log(1+x^3)-3\log x=\log(y^3+1)$$

が成り立つ．さらに，$y\to +0$ のとき，

$$\log(y+1)=y+o(y), \quad \log(y^3+1)=y^3+o(y^3)$$

であるから，分母は 3 位の無限小，分子は 1 位の無限小であり，与えられた関数は 2 位の無限大であることがわかる． ∥

♦ **問題 22** 以下の関数について，無限小または無限大の位数を求めよ．

(1) $\dfrac{\cos x-e^x+x}{x(e^x-1)-\sin^2 x}$ $(x\to 0)$

(2) $(\log(1+x^2)-\log(x^2))\sqrt{x+x^5}$ $(x\to\infty)$

23. ロピタルの定理を用いて極限を求める

例題 23 以下の極限を求めよ.

(1) $\displaystyle\lim_{x \to 0} \frac{x^2}{1 + x - e^x}$

(2) $\displaystyle\lim_{x \to \frac{\pi}{2}} \frac{2x \sin x - \pi}{\cos x}$

(3) $\displaystyle\lim_{x \to 1} \frac{x \log x - x + 1}{(x - 1) \log x}$

(4) $\displaystyle\lim_{x \to 0} \frac{\log(\cos x)}{x^2}$

(5) $\displaystyle\lim_{x \to 0} \left(\frac{1}{x^2} - \frac{1}{x \tan x} \right)$

(6) $\displaystyle\lim_{x \to 0} \frac{\sin^{-1} x - x}{\tan^{-1} x - x}$

ポイント 「ロピタルの定理」(p.33) の仮定を確認すること.とくに $\displaystyle\lim_{x \to c} |f(x)| = \lim_{x \to c} |g(x)| = 0$ または ∞ でない場合は成り立たないことに注意.

例:$\displaystyle\lim_{x \to 0} \cos x = 1 \neq 0$ だから $\displaystyle\lim_{x \to 0} \frac{x^2}{\cos x} \not\approx \lim_{x \to 0} \frac{2x}{-\sin x} = -2$ である.

解 (1) $\displaystyle\lim_{x \to 0} \frac{x^2}{1 + x - e^x} = \lim_{x \to 0} \frac{2x}{1 - e^x} = \lim_{x \to 0} \frac{2}{-e^x} = -2$

(2) $\displaystyle\lim_{x \to \frac{\pi}{2}} \frac{2x \sin x - \pi}{\cos x} = \lim_{x \to \frac{\pi}{2}} \frac{2 \sin x + 2x \cos x}{-\sin x} = -2$

(3) $\displaystyle\lim_{x \to 1} \frac{x \log x - x + 1}{(x - 1) \log x} = \lim_{x \to 1} \frac{\log x}{\log x + 1 - \frac{1}{x}} = \lim_{x \to 1} \frac{\frac{1}{x}}{\frac{1}{x} + \frac{1}{x^2}} = \frac{1}{2}$

(4) $\displaystyle\lim_{x \to 0} \frac{\log(\cos x)}{x^2} = \lim_{x \to 0} \frac{-\sin x}{2x \cos x} = -\lim_{x \to 0} \frac{\sin x}{x} \cdot \frac{1}{2 \cos x} = -\frac{1}{2}$

(5) $\displaystyle\lim_{x \to 0} \left(\frac{1}{x^2} - \frac{1}{x \tan x} \right) = \lim_{x \to 0} \frac{\sin x - x \cos x}{x^2 \sin x} = \lim_{x \to 0} \frac{x \sin x}{2x \sin x + x^2 \cos x}$

$= \displaystyle\lim_{x \to 0} \frac{\sin x}{2 \sin x + x \cos x} = \lim_{x \to 0} \frac{\cos x}{3 \cos x - x \sin x} = \frac{1}{3}$

(6) $\displaystyle\lim_{x \to 0} \frac{\sin^{-1} x - x}{\tan^{-1} x - x} = \lim_{x \to 0} \frac{\frac{1}{\sqrt{1 - x^2}} - 1}{\frac{1}{1 + x^2} - 1} = \lim_{x \to 0} \frac{(1 + x^2)(1 - \sqrt{1 - x^2})}{-x^2 \sqrt{1 - x^2}}$

$= \displaystyle\lim_{x \to 0} \frac{x^2(1 + x^2)}{-x^2 \sqrt{1 - x^2}(1 + \sqrt{1 - x^2})} = \lim_{x \to 0} \frac{1 + x^2}{-\sqrt{1 - x^2}(1 + \sqrt{1 - x^2})} = -\frac{1}{2}$ //

♦ **問題 23** 以下の極限を求めよ.

(1) $\displaystyle\lim_{x \to 0} \frac{\log\left(x + \sqrt{1 + x^2}\right) - x}{x \log(1 + x) - x^2}$

(2) $\displaystyle\lim_{x \to 0} \frac{\sin^{-1} x - \tan^{-1} x}{x^3}$

(3) $\displaystyle\lim_{x \to \infty} \frac{\log(x^2 + 1)}{\log(x^6 - x^3)}$

(4) $\displaystyle\lim_{x \to 0} \frac{1}{x} \log\left(\frac{e^x - 1}{x}\right)$

24. ランダウの記号を用いて極限を求める

例題 24 以下の極限値を求めよ.

(1) $\displaystyle\lim_{x\to 0}\frac{\cos^2 x + x^2 - 1}{x^4}$

(2) $\displaystyle\lim_{x\to 0}\frac{4(1-\cos x)^2 - x^4}{(x-\sin x)^2}$

ポイント $x\to 0$ のとき，分母と分子がともに 0 に近づく不定形の極限を求める際，分母または分子の関数の導関数が複雑になる場合には，ロピタルの定理を用いるよりも，$x\to 0$ のときの分母と分子の主要項を求めれば，以下のように極限が求まる.

$x\to 0$ のときの分母の主要項を $ax^n + o(x^n)$，分子の主要項を $bx^m + o(x^m)$ とする.
・$n = m$ の場合は極限は $\dfrac{b}{a}$.
・$n < m$ の場合は極限は 0.
・$n > m$ の場合は $x\to +0$ または $x\to -0$ の場合に限り，極限は ∞ または $-\infty$.

解 (1) マクローリンの定理より

$$\cos^2 x = \frac{1+\cos 2x}{2} = \frac{2 - \frac{(2x)^2}{2!} + \frac{(2x)^4}{4!} + o(x^4)}{2} = 1 - x^2 + \frac{x^4}{3} + o(x^4)$$

だから $\cos^2 x + x^2 - 1 = \dfrac{x^4}{3} + o(x^4)$ である.よって,

$$\lim_{x\to 0}\frac{\cos^2 x + x^2 - 1}{x^4} = \lim_{x\to 0}\frac{\frac{x^4}{3} + o(x^4)}{x^4} = \lim_{x\to 0}\left(\frac{1}{3} + \frac{o(x^4)}{x^4}\right) = \frac{1}{3}.$$

(2) マクローリンの定理より

$$\cos x = 1 - \frac{x^2}{2} + \frac{x^4}{24} - \frac{x^6}{720} + o(x^6), \quad \sin x = x - \frac{x^3}{6} + \frac{x^5}{120} + o(x^6)$$

だから，次の等式が得られる.

$$\begin{aligned}4(1-\cos x)^2 - x^4 &= 4 - 8\cos x + 2(1+\cos 2x) - x^4 \\ &= 6 - 8\left(1 - \frac{x^2}{2} + \frac{x^4}{24} - \frac{x^6}{720} + o(x^6)\right) \\ &\quad + 2\left(1 - \frac{(2x)^2}{2} + \frac{(2x)^4}{24} - \frac{(2x)^6}{720} + o(x^6)\right) - x^4 \\ &= -\frac{x^6}{6} + o(x^6)\end{aligned}$$

$$\begin{aligned}(x-\sin x)^2 &= x^2 - 2x\sin x + \frac{1 - \cos 2x}{2} \\ &= x^2 - 2x\left(x - \frac{x^3}{6} + \frac{x^5}{120} + o(x^6)\right) \\ &\quad + \frac{1}{2}\left(\frac{(2x)^2}{2} - \frac{(2x)^4}{24} + \frac{(2x)^6}{720} - o(x^6)\right) = \frac{x^6}{36} + o(x^6)\end{aligned}$$

ゆえに,

$$\lim_{x\to 0}\frac{4(1-\cos x)^2 - x^4}{(x-\sin x)^2} = \lim_{x\to 0}\frac{-\frac{x^6}{6} + o(x^6)}{\frac{x^6}{36} + o(x^6)} = \lim_{x\to 0}\frac{-\frac{1}{6} + \frac{o(x^6)}{x^6}}{\frac{1}{36} + \frac{o(x^6)}{x^6}} = -6. \qquad //$$

◆**問題 24** 以下の極限値を求めよ.

(1) $\displaystyle\lim_{x\to 0}\frac{2\sin x - \cos x(x+\sin x)}{\sin^3 x}$

(2) $\displaystyle\lim_{x\to 0}\left(\frac{1}{x^2} - \frac{1}{x\sin^{-1} x}\right)$

25. 対数をとって極限を求める

例題 25 以下の極限値を求めよ．ただし，$a, b > 0$ とする．

(1) $\displaystyle\lim_{x \to 0} \left(\frac{a^x + b^x}{2} \right)^{\frac{1}{x}}$

(2) $\displaystyle\lim_{x \to \infty} \left(\frac{2}{\pi} \tan^{-1} x \right)^{x}$

(3) $\displaystyle\lim_{x \to +0} (\tan^{-1} x)^{\frac{1}{\log x}}$

(4) $\displaystyle\lim_{x \to 0} (\cos x + \sin x)^{\frac{1}{x}}$

ポイント $f(x) = \varphi(x)^{\psi(x)}$ の形のときは，$\displaystyle\lim_{x \to c} f(x) = e^{\lim_{x \to c} \log f(x)}$ を用いる．

解 (1) $f(x) = \left(\dfrac{a^x + b^x}{2} \right)^{\frac{1}{x}}$ とおけば，ロピタルの定理より

$$\lim_{x \to 0} \log f(x) = \lim_{x \to 0} \frac{\log \left(\frac{a^x + b^x}{2} \right)}{x} = \lim_{x \to 0} \frac{\frac{a^x \log a + b^x \log b}{2}}{\frac{a^x + b^x}{2}} = \frac{\log a + \log b}{2} = \log \sqrt{ab}$$

となる．よって，$\displaystyle\lim_{x \to 0} \left(\frac{a^x + b^x}{2} \right)^{\frac{1}{x}} = \lim_{x \to 0} e^{\log f(x)} = e^{\log \sqrt{ab}} = \sqrt{ab}$．

(2) $f(x) = \left(\dfrac{2}{\pi} \tan^{-1} x \right)^{x}$ とおけば，ロピタルの定理より

$$\lim_{x \to \infty} \log f(x) = \lim_{x \to \infty} \frac{\log \left(\frac{2}{\pi} \tan^{-1} x \right)}{\frac{1}{x}} = \lim_{x \to \infty} \frac{\frac{1}{\tan^{-1} x (1 + x^2)}}{-\frac{1}{x^2}}$$

$$= -\lim_{x \to \infty} \frac{1}{\tan^{-1} x \left(\frac{1}{x^2} + 1 \right)} = -\frac{2}{\pi}$$

となるから，$\displaystyle\lim_{x \to \infty} \left(\frac{2}{\pi} \tan^{-1} x \right)^{x} = \lim_{x \to \infty} e^{\log f(x)} = e^{-\frac{2}{\pi}}$．

(3) $f(x) = (\tan^{-1} x)^{\frac{1}{\log x}}$ とおけば，ロピタルの定理より

$$\lim_{x \to +0} \log f(x) = \lim_{x \to +0} \frac{\log(\tan^{-1} x)}{\log x} = \lim_{x \to +0} \frac{1}{\frac{\tan^{-1} x}{x}(1 + x^2)} = 1$$

だから，$\displaystyle\lim_{x \to +0} (\tan^{-1} x)^{\frac{1}{\log x}} = \lim_{x \to +0} e^{\log f(x)} = e^{\lim_{x \to +0} \log f(x)} = e^1 = e$．

(4) $f(x) = (\cos x + \sin x)^{\frac{1}{x}}$ とおけば，ロピタルの定理より

$$\lim_{x \to 0} \log f(x) = \lim_{x \to 0} \frac{\log(\cos x + \sin x)}{x} = \lim_{x \to 0} \frac{-\sin x + \cos x}{\cos x + \sin x} = 1$$

が得られる．ゆえに，$\displaystyle\lim_{x \to 0} (\cos x + \sin x)^{\frac{1}{x}} = \lim_{x \to 0} e^{\log f(x)} = e$． ∥

♦ **問題 25** 以下の極限値を求めよ．

(1) $\displaystyle\lim_{x \to \infty} \left(\frac{\pi}{2} - \tan^{-1} x \right)^{\frac{1}{\log x}}$

(2) $\displaystyle\lim_{x \to 0} \left(\frac{\tan x}{x} \right)^{\frac{1}{x^2}}$

(3) $\displaystyle\lim_{x \to +0} (x - \sin x)^{\frac{1}{\log x}}$

26. 関数のマクローリン展開を求める

例題 26 次の関数のマクローリン展開と，収束する x の範囲を求めよ．

(1) $\log(1 - x - 6x^2)$ (2) $\dfrac{x}{\sqrt{1 + 4x^2}}$

ポイント
- マクローリン展開のような整級数は多項式のようにたし算・かけ算ができる．
- $f(x)$ のマクローリン展開において x に ax^k（a は 0 でない定数，k は自然数の定数）を代入すれば，$f(ax^k)$ のマクローリン展開となる．
- 「基本的な関数のマクローリン展開」(p.33) を活用できるように覚えておく．

解 (1) $\log(1 - x - 6x^2) = \log(1 - 3x) + \log(1 + 2x)$ であり，$\log(1+t)$ のマクローリン展開 $\sum_{n=1}^{\infty} (-1)^{n-1} \dfrac{t^n}{n}$ に $t = -3x$ と $t = 2x$ を代入すれば，

$$\log(1 - 3x) = \sum_{n=1}^{\infty} (-1)^{n-1} \dfrac{(-3)^n x^n}{n} = -\sum_{n=1}^{\infty} \dfrac{3^n x^n}{n} \quad \cdots \text{(i)}$$

$$\log(1 + 2x) = \sum_{n=1}^{\infty} (-1)^{n-1} \dfrac{2^n x^n}{n} \quad \cdots \text{(ii)}$$

が得られる．(i) は $-1 < -3x \leqq 1$ の範囲でのみ収束し，(ii) は $-1 < 2x \leqq 1$ の範囲でのみ収束するので，(i) と (ii) がともに収束するのは $-\dfrac{1}{3} \leqq x < \dfrac{1}{3}$ の範囲である．したがって，(i), (ii) より $\log(1 - x - 6x^2)$ のマクローリン展開は

$$\log(1 - x - 6x^2) = \sum_{n=1}^{\infty} \dfrac{(-1)^{n-1} 2^n - 3^n}{n} x^n$$

であり，この級数が収束する x の範囲は $-\dfrac{1}{3} \leqq x < \dfrac{1}{3}$ である．

(2) $(1 + t)^{-\frac{1}{2}}$ のマクローリン展開 $\sum_{n=0}^{\infty} \binom{-\frac{1}{2}}{n} t^n$ に $t = 4x^2$ を代入すれば

$$(1 + 4x^2)^{-\frac{1}{2}} = \sum_{n=0}^{\infty} 4^n \binom{-\frac{1}{2}}{n} x^{2n}$$

$*\binom{-\frac{1}{2}}{n} = (-1)^n \dfrac{(2n+1)!!}{(2n)!!}$ である．

であり，この両辺に x をかけると $\dfrac{x}{\sqrt{1 + 4x^2}} = x(1 + 4x^2)^{-\frac{1}{2}}$ のマクローリン展開 $\sum_{n=0}^{\infty} 4^n \binom{-\frac{1}{2}}{n} x^{2n+1}$ が得られる．この級数は $|4x^2| = |t| < 1$ の範囲でのみ収束するので，収束する x の範囲は $|x| < \dfrac{1}{2}$ である． //

◆**問題 26** 次の関数のマクローリン展開と，収束する x の範囲を求めよ．

(1) $\dfrac{1}{\sqrt{1 + x^2} + \sqrt{1 - x^2}}$ (2) $(4 - x^2)^{\frac{3}{2}}$

積分の性質と計算法

リーマン和と定積分　$I=[a,b]$, f を I 上の有界な関数とする.

❋ $a=x_0<x_1<x_2<\cdots<x_{n-1}<x_n=b$ のとき,
$\Delta=\{x_0,x_1,x_2,\ldots,x_{n-1},x_n\}$ を I の**分割**という.

・$I_k=[x_{k-1},x_k]$, $\|\Delta\|=\max\{x_i-x_{i-1}\mid 1\leqq i\leqq n\}$ とおき, 各 $k=1,2,\ldots,n$ に対して I_k の代表点 $\xi_k\in I_k$ を選ぶ.

*リーマン和は分割のとり方と代表点のとり方によって変わる.

・$\displaystyle\sum_{k=1}^n f(\xi_k)(x_k-x_{k-1})$ を f の**リーマン和**という.

❋ f が I で**積分可能** $\overset{\text{定義}}{\iff} S=\displaystyle\lim_{\|\Delta\|\to 0}\sum_{k=1}^n f(\xi_k)(x_k-x_{k-1})$ が存在する.

・f が I で積分可能なとき, S を $\displaystyle\int_a^b f(x)\,dx$ と表し, f の $[a,b]$ における**定積分**という.

積分の基本性質　f,g を閉区間 $[a,b]$ 上の積分可能な関数, α,β を定数とする.

・$\alpha f+\beta g$ も積分可能で, 次が成り立つ.
$$\int_a^b(\alpha f(x)+\beta g(x))\,dx=\alpha\int_a^b f(x)\,dx+\beta\int_a^b g(x)\,dx$$

・閉区間 $[a,b]$ において $f(x)\leqq g(x)$ ならば $\displaystyle\int_a^b f(x)\,dx\leqq\int_a^b g(x)\,dx$.

・関数 $x\mapsto |f(x)|$ も積分可能で, 不等式 $\left|\displaystyle\int_a^b f(x)\,dx\right|\leqq\int_a^b |f(x)|\,dx$ が成り立つ.

・$a<c<b$ ならば f は閉区間 $[a,c],[c,b]$ で積分可能で, 次が成り立つ.
$$\int_a^b f(x)\,dx=\int_a^c f(x)\,dx+\int_c^b f(x)\,dx$$

連続関数の積分可能性　f を閉区間 $[a,b]$ 上の関数とする.

・f が $[a,b]$ で連続ならば f は $[a,b]$ で積分可能である.

・f の不連続点が $[a,b]$ に有限個しかなければ, f は $[a,b]$ で積分可能である.

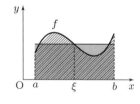

積分の平均値の定理　f が閉区間 $[a,b]$ 上の連続関数ならば, $\displaystyle\int_a^b f(x)\,dx=f(\xi)(b-a)$, $a\leqq\xi\leqq b$ をみたす ξ が存在する.

原始関数と微積分学の基本定理　f を閉区間 $[a,b]$ 上の連続関数とする.

❋ $[a,b]$ 上の関数 F が f の**原始関数**
$\overset{\text{定義}}{\iff} F$ は連続かつ開区間 (a,b) で微分可能で, $F'(x)=f(x)$ $(x\in(a,b))$ が成り立つ.

*f の原始関数を $\displaystyle\int f(x)\,dx$ と表す.

❋ $\displaystyle\int_a^x f(t)\,dt$ を $f(x)$ の**不定積分**という.

*正確には a を基点とする不定積分という.

・f の原始関数は $\displaystyle\int_a^x f(t)\,dt+C$ (C は定数) の形で表せる.

・F が f の原始関数ならば, $\displaystyle\int_a^b f(x)\,dx=\bigl[F(x)\bigr]_a^b=F(b)-F(a)$.

積分の性質と計算法

積分公式 積分定数は省略する.

* 以下本書では積分定数は省略する.

* $\int x^\alpha \, dx = \dfrac{x^{\alpha+1}}{\alpha+1} \ (\alpha \neq -1), \quad \int \dfrac{1}{x} \, dx = \log |x|, \quad \int \dfrac{f'(x)}{f(x)} \, dx = \log |f(x)|.$

* $\int e^x \, dx = e^x, \quad \int a^x \, dx = \dfrac{a^x}{\log a} \quad (a > 0, \, a \neq 1).$

* $\int \sin x \, dx = -\cos x, \quad \int \cos x \, dx = \sin x, \quad \int \dfrac{1}{\cos^2 x} \, dx = \tan x.$

* $\int \dfrac{1}{a^2 + x^2} \, dx = \dfrac{1}{a} \tan^{-1} \dfrac{x}{a} \quad (a \neq 0), \quad \int \dfrac{1}{\sqrt{a^2 - x^2}} \, dx = \sin^{-1} \dfrac{x}{|a|} \quad (a \neq 0).$

* $\int \log x \, dx = x \log x - x, \quad \int \tan x \, dx = -\log |\cos x|, \quad \int \dfrac{1}{\tan x} \, dx = \log |\sin x|.$

* $\int \dfrac{1}{\cos x} \, dx = \log \left| \dfrac{1 + \sin x}{\cos x} \right|, \quad \int \dfrac{1}{\sin x} \, dx = \log \left| \dfrac{1 - \cos x}{\sin x} \right| = \log \left| \tan \dfrac{x}{2} \right|.$

* $\int \dfrac{1}{\sqrt{x^2 + A}} \, dx = \log \left| x + \sqrt{x^2 + A} \right|$

* $\int \sqrt{x^2 + A} \, dx = \dfrac{1}{2} \left(x \sqrt{x^2 + A} + A \log \left| x + \sqrt{x^2 + A} \right| \right)$

* F を f の原始関数とする.

  · $\int f(ax + b) \, dx = \dfrac{1}{a} F(ax + b)$

  · $\int f(\cos x) \sin x \, dx = -F(\cos x), \quad \int f(\sin x) \cos x \, dx = F(\sin x).$

置換積分法 f を連続関数, g を C^1 級関数とする.

· $\int f(x) \, dx = \int f(g(t)) g'(t) \, dt \quad (x = g(t))$

· $\int_a^b f(x) \, dx = \int_\alpha^\beta f(g(t)) g'(t) \, dt \quad (a = g(\alpha), b = g(\beta))$

部分積分法 f, g を区間 $[a, b]$ 上の C^1 級関数とする.

· $\int f'(x) g(x) \, dx = f(x) g(x) - \int f(x) g'(x) \, dx$

· $\int_a^b f'(x) g(x) \, dx = \bigl[f(x) g(x) \bigr]_a^b - \int_a^b f(x) g'(x) \, dx$

積分の漸化式 部分積分法により以下の漸化式が得られる.

① $I_n = \int \dfrac{1}{(x^2 + c^2)^n} \, dx$ のとき, $I_{n+1} = \dfrac{1}{2c^2 n} \left(\dfrac{x}{(x^2 + c^2)^n} + (2n - 1) I_n \right).$

② $I_{k,l} = \int \sin^k x \cos^l x \, dx$ のとき,

$$I_{k,l} = \dfrac{\sin^{k+1} x \cos^{l-1} x}{k + l} + \dfrac{l - 1}{k + l} I_{k, l-2} = -\dfrac{\sin^{k-1} x \cos^{l+1} x}{k + l} + \dfrac{k - 1}{k + l} I_{k-2, l}.$$

上の②の漸化式から, 以下の公式が得られる.

$$\int_0^{\frac{\pi}{2}} \sin^m x \cos^n x \, dx = \dfrac{(m-1)!!(n-1)!!}{(m+n)!!} \times \begin{cases} \dfrac{\pi}{2} & (m, n \text{ がともに偶数}) \\ 1 & (\text{その他}) \end{cases}$$

* $(-1)!! = 1.$ ☞「階乗 $n!$ と二重階乗 $n!!$」(p.2) 傍注.

とくに, $\int_0^{\frac{\pi}{2}} \sin^m x \, dx = \int_0^{\frac{\pi}{2}} \cos^m x \, dx = \dfrac{(m-1)!!}{m!!} \times \begin{cases} \dfrac{\pi}{2} & (m \text{ が偶数}) \\ 1 & (m \text{ が奇数}) \end{cases}.$

有理関数の積分 $P(x), Q(x)$ を多項式とするとき，$\int \dfrac{Q(x)}{P(x)} dx$ の計算方法．

* deg $P(x)$ は多項式 $P(x)$ の次数を表す．

① 多項式の除法により $\deg Q(x) < \deg P(x)$ の場合に帰着させる．
$$Q(x) = Q_1(x)P(x) + Q_2(x), \quad \deg Q_2(x) < \deg P(x)$$
$$\Rightarrow \int \frac{Q(x)}{P(x)} dx = \int Q_1(x) dx + \int \frac{Q_2(x)}{P(x)} dx$$
例：$Q(x) = x^6 + 3x^3, P(x) = x^3 + x$ のとき，$Q(x) = (x^2 - x + 3)P(x) + x^2 - 3x$．

* $\prod_{i=1}^{k} x_i$ は積 $x_1 x_2 \cdots x_k$ を表す．

② $P(x)$ を実数の範囲で因数分解する．
$$P(x) = c(x - a_1)^{m_1} \cdots (x - a_k)^{m_k} (x^2 + b_1 x + c_1)^{n_1} \cdots (x^2 + b_l x + c_l)^{n_l}$$
$$= c \prod_{i=1}^{k} (x - a_i)^{m_i} \prod_{j=1}^{l} (x^2 + b_j x + c_j)^{n_j}$$
ただし，$b_j^2 - 4c_j < 0$ かつ $i \neq j$ ならば $a_j \neq b_j, (b_i, c_i) \neq (b_j, c_j)$ とする．
例：$P(x) = (x+1)(x-1)^2(x^2+x+1)^2$

* $\dfrac{Q(x)}{P(x)}$ が右の等式の右辺の形に部分分数分解ができることは証明できる．例えば「理工系のための線形代数」(p.138〜141, 培風館) 参照．

③ $\dfrac{Q(x)}{P(x)}$ を次のような分数の形の有理関数の和に分解 (**部分分数分解**) する．
$$\frac{Q(x)}{P(x)} = \sum_{i=1}^{M} \sum_{k=1}^{m_i} \frac{p_{i,k}}{(x - a_i)^k} + \sum_{j=1}^{N} \sum_{l=1}^{n_j} \frac{q_{j,l}x + r_{j,l}}{(x^2 + b_j x + c_j)^l}$$
例：$\dfrac{Q(x)}{P(x)} = \dfrac{-1}{x+1} + \dfrac{2}{x-1} + \dfrac{3}{(x-1)^2} + \dfrac{3x-1}{x^2+x+1} + \dfrac{-2x+1}{(x^2+x+1)^2}$

④ 分母が $(x + \alpha)^n$ の形の有理関数の積分は以下を用いる．
$$\int \frac{1}{x + \alpha} dx = \log|x + \alpha|$$
$$\int \frac{1}{(x + \alpha)^n} dx = -\frac{1}{(n-1)(x + \alpha)^{n-1}} \quad (n \geq 2)$$

* $x^2 + bx + c$ を平方完成すれば，$b^2 - 4c < 0$ のとき $(x+\beta)^2 + \gamma^2$ の形になる．

⑤ 分母が $(x + \beta)^2 + \gamma^2$ の形の有理関数の積分は以下を用いる．
$$\int \frac{1}{(x+\beta)^2 + \gamma^2} dx = \frac{1}{\gamma} \tan^{-1} \frac{x+\beta}{\gamma}$$
$$\int \frac{2(x+\beta)}{(x+\beta)^2 + \gamma^2} dx = \log((x+\beta)^2 + \gamma^2)$$
例：$\int \dfrac{-2x+1}{x^2+x+1} dx = -\log(x^2+x+1) + 2 \cdot \dfrac{2}{\sqrt{3}} \tan^{-1} \dfrac{2x+1}{\sqrt{3}}$

* $qx + r$ は $r - q\beta$ と $q(x + \beta)$ の和であるから，関数 $\dfrac{qx+r}{((x+\beta)^2+\gamma^2)^l}$ の積分は $\dfrac{r-q\beta}{((x+\beta)^2+\gamma^2)^l}$ と $\dfrac{q(x+\beta)}{((x+\beta)^2+\gamma^2)^l}$ の積分に帰着する．

⑥ 分母が $((x+\beta)^2 + \gamma^2)^n \; (n \geq 2)$ の形の有理関数の積分は以下を用いる．
$$\int \frac{1}{((x+\beta)^2 + \gamma^2)^n} dx \text{ は「積分の漸化式」(p.43)① の漸化式を参照．}$$
$$\int \frac{2(x+\beta)}{((x+\beta)^2 + \gamma^2)^n} dx = -\frac{1}{(n-1)((x+\beta)^2+\gamma^2)^{n-1}}$$

三角関数の有理式の積分 置換積分を用いて有理関数の積分に帰着させる．

積分	変数変換	置換後の積分
① $\int f(\sin x) \cos x \, dx$	$t = \sin x$	$\int f(t) \, dt$
② $\int f(\cos x) \sin x \, dx$	$t = \cos x$	$-\int f(t) \, dt$
③ $\int f(\tan x) \, dx$	$t = \tan x$	$\int \dfrac{f(t)}{1+t^2} \, dt$
④ $\int f(\cos x, \sin x) \, dx$	$t = \tan \dfrac{x}{2}$	$\int f\left(\dfrac{1-t^2}{1+t^2}, \dfrac{2t}{1+t^2}\right) \dfrac{2}{1+t^2} \, dt$

・等式 $\cos^2 x = \dfrac{1}{1 + \tan^2 x}, \sin^2 x = \dfrac{\tan^2 x}{1 + \tan^2 x}, \cos x \sin x = \dfrac{\tan x}{1 + \tan^2 x}$ を用いれば，$\cos^2 x, \sin^2 x, \cos x \sin x, \tan x$ の有理式の積分は上の③の変数変換によって有理関数の積分に帰着する．

積分の性質と計算法

三角関数の定積分

* 区間 $[0, 2\pi], [0, \pi], \left[-\frac{\pi}{2}, \frac{\pi}{2}\right]$ における三角関数の定積分は以下の等式を用いて区間 $\left[0, \frac{\pi}{2}\right]$ の積分に帰着させる.

  $\cdot \ \displaystyle\int_0^{2\pi} F(\cos x, \sin x)\, dx = \int_0^{\pi} \left(F(\cos x, \sin x) + F(-\cos x, -\sin x)\right) dx$

  $\cdot \ \displaystyle\int_0^{\pi} F(\cos x, \sin x)\, dx = \int_0^{\frac{\pi}{2}} \left(F(\cos x, \sin x) + F(-\sin x, \cos x)\right) dx$

  $\cdot \ \displaystyle\int_{-\frac{\pi}{2}}^{\frac{\pi}{2}} F(\cos x, \sin x)\, dx = \int_0^{\frac{\pi}{2}} \left(F(\cos x, \sin x) + F(\cos x, -\sin x)\right) dx$

無理関数の積分

* $I = \displaystyle\int F\left(x, \sqrt[n]{\frac{ax+b}{cx+d}}\right) dx \quad (ad - bc \neq 0)$

  $t = \sqrt[n]{\dfrac{ax+b}{cx+d}}$ とおく: $I = \displaystyle\int F\left(\frac{dt^n - b}{a - ct^n}, t\right) \frac{(ad-bc)nt^{n-1}}{(a-ct^n)^2}\, dt$

* $I = \displaystyle\int F\left(x, \sqrt{ax^2 + bx + c}\right) dx \quad (a \neq 0,\ D = b^2 - 4ac \neq 0)$

$x + \dfrac{b}{2a}$ を x と置き換えて, a と D の符号により, 次の各場合に帰着させる.

① $I = \displaystyle\int F\left(x, \sqrt{-x^2 + \alpha^2}\right) dx \quad (\alpha > 0)$

$\cdot\ x = \alpha \sin\theta$ とおく: $I = \displaystyle\int F(\alpha \sin\theta, \alpha \cos\theta)\, \alpha \cos\theta\, d\theta$

$\cdot\ t = \sqrt{\dfrac{x+\alpha}{\alpha-x}}$ とおく: $I = \displaystyle\int F\left(\frac{-\alpha + \alpha t^2}{1+t^2}, \frac{2\alpha t}{1+t^2}\right) \frac{4\alpha t}{(1+t^2)^2}\, dt$

② $I = \displaystyle\int F\left(x, \sqrt{x^2 - \alpha^2}\right) dx \quad (\alpha > 0)$

$\cdot\ x = \dfrac{\alpha}{\cos\theta}$ とおく: $I = \displaystyle\int F\left(\frac{\alpha}{\cos\theta}, \alpha \tan\theta\right) \frac{\alpha \sin\theta}{\cos^2\theta}\, d\theta$

$\cdot\ t = \sqrt{\dfrac{x-\alpha}{x+\alpha}}$ とおく: $I = \displaystyle\int F\left(\frac{\alpha(1+t^2)}{1-t^2}, \frac{2\alpha t}{1-t^2}\right) \frac{4\alpha t}{(1-t^2)^2}\, dt$

③ $I = \displaystyle\int F\left(x, \sqrt{x^2 + \alpha^2}\right) dx \quad (\alpha > 0)$

$\cdot\ x = \alpha \tan\theta$ とおく: $I = \displaystyle\int F\left(\alpha \tan\theta, \frac{\alpha}{\cos\theta}\right) \frac{\alpha}{\cos^2\theta}\, d\theta$

④ $I = \displaystyle\int F\left(x, \sqrt{x^2 + A}\right) dx \quad (A \neq 0)$ (② と ③ の場合を含む)

$\cdot\ t = x + \sqrt{x^2 + A}$ とおく:

$\qquad I = \displaystyle\int F\left(\frac{1}{2}\left(t - \frac{A}{t}\right), \frac{1}{2}\left(t + \frac{A}{t}\right)\right) \cdot \frac{1}{2}\left(1 + \frac{A}{t^2}\right) dt$

27. 置換積分法，部分積分法の使い方に慣れる

例題 27 次の関数の原始関数を求めよ．ただし，$a > 0, n \neq 0$ とする．
(1) $\tan^{-1} x$ (2) $\dfrac{\sin^{-1}(\log x)}{x}$ (3) $\sqrt{a^2 - x^2}$ (4) $\dfrac{1}{x\sqrt{x^n - a^2}}$

ポイント
- $f(x)$ が関数の積の形になっていない場合も $f(x) = (x)'f(x)$ とみなして部分積分法を用いれば有効なことがある．
- $F(f(x))f'(x)$ の形になっていないか観察する．または，そのような形になるように式を変形して $t = f(x)$ とおいて置換積分を行う．
- $x = t^n, x = e^t, x = \log t, x = a \sin t$ などの定型的な変数変換が使えるかどうか試してみる．

解 (1) $\displaystyle\int \tan^{-1} x \, dx = \int (x)' \tan^{-1} x \, dx = x \tan^{-1} x - \int x (\tan^{-1} x)' \, dx$
$$= x \tan^{-1} x - \frac{1}{2} \int \frac{2x}{1+x^2} \, dx = x \tan^{-1} x - \frac{1}{2} \log(1 + x^2)$$

(2) $y = \log x$ とおくと $y' = \dfrac{1}{x}$ だから
$$\int \frac{\sin^{-1}(\log x)}{x} \, dx = \int \sin^{-1} y \, dy = \int (y)' \sin^{-1} y \, dy = y \sin^{-1} y - \int y (\sin^{-1} y)' \, dy$$
$$= y \sin^{-1} y - \int \frac{y}{\sqrt{1 - y^2}} \, dy = y \sin^{-1} y + \sqrt{1 - y^2}$$
$$= \log x \sin^{-1}(\log x) + \sqrt{1 - (\log x)^2}.$$

(3) $x = a \sin t \; (|t| \leqq \frac{\pi}{2})$ とおくと $\dfrac{dx}{dt} = a \cos t$ であり，$\cos t \geqq 0$ より $\sqrt{a^2 - x^2} = \sqrt{a^2 - a^2 \sin^2 t} = a \cos t$ だから
$$\int \sqrt{a^2 - x^2} \, dx = \int a^2 \cos^2 t \, dt = \int \frac{a^2}{2}(1 + \cos(2t)) \, dt = \frac{a^2 t}{2} + \frac{a^2 \sin(2t)}{4}$$
$$= \frac{a^2 t}{2} + \frac{a^2 \sin t \cos t}{2} = \frac{a^2}{2} \sin^{-1} \frac{x}{a} + \frac{x}{2} \sqrt{a^2 - x^2}.$$

別解 $\sqrt{a^2 - x^2} = (x)' \sqrt{a^2 - x^2}$ とみなして部分積分を行うと
$$I = \int \sqrt{a^2 - x^2} \, dx = x\sqrt{a^2 - x^2} - \int x \left(\sqrt{a^2 - x^2}\right)' dx$$
$$= x\sqrt{a^2 - x^2} + \int \frac{x^2}{\sqrt{a^2 - x^2}} \, dx = x\sqrt{a^2 - x^2} - \int \frac{a^2 - x^2 - a^2}{\sqrt{a^2 - x^2}} \, dx$$
$$= x\sqrt{a^2 - x^2} - \int \frac{a^2 - x^2}{\sqrt{a^2 - x^2}} \, dx + \int \frac{a^2}{\sqrt{a^2 - x^2}} \, dx = x\sqrt{a^2 - x^2} - I + a^2 \sin^{-1} \frac{x}{a}$$
より，$2I = x\sqrt{a^2 - x^2} + a^2 \sin^{-1} \dfrac{x}{a}$.

(4) $t = \sqrt{x^n - a^2}$ とおくと，$x^n = t^2 + a^2$，$\dfrac{x^{n-1}}{\sqrt{x^n - a^2}} \dfrac{dx}{dt} = \dfrac{2}{n}$ だから
$$\int \frac{1}{x\sqrt{x^n - a^2}} \, dx = \int \frac{x^{n-1}}{x^n \sqrt{x^n - a^2}} \, dx = \int \frac{2}{n(t^2 + a^2)} \, dt$$
$$= \frac{2}{an} \tan^{-1} \frac{t}{a} = \frac{2}{an} \tan^{-1} \frac{\sqrt{x^n - a^2}}{a}. \quad \text{//}$$

♦ **問題 27** 次の関数の原始関数を求めよ．
(1) $\dfrac{\sin^3 x}{2 + \cos x}$ (2) $\dfrac{x \sin^{-1} x}{\sqrt{1 - x^2}}$ (3) $\sqrt{e^x - a^2}$

28. 数列の極限を積分を用いて表すことによって求める

例題 28 次の極限値を求めよ.

(1) $\displaystyle\lim_{n\to\infty}\sum_{k=1}^{n}\frac{n^2-k^2}{n^3} = \lim_{n\to\infty}\left(\frac{n^2-1^2}{n^3}+\frac{n^2-2^2}{n^3}+\cdots+\frac{n^2-n^2}{n^3}\right)$

(2) $\displaystyle\lim_{n\to\infty}\sum_{k=1}^{n}\frac{1}{n+k} = \lim_{n\to\infty}\left(\frac{1}{n+1}+\frac{1}{n+2}+\cdots+\frac{1}{n+n}\right)$

(3) $\displaystyle\lim_{n\to\infty}\sum_{k=1}^{n}\frac{n}{n^2+k^2} = \lim_{n\to\infty}\left(\frac{n}{n^2+1^2}+\frac{n}{n^2+2^2}+\cdots+\frac{n}{n^2+n^2}\right)$

(4) $\displaystyle\lim_{n\to\infty}\sum_{k=1}^{n}\frac{1}{\sqrt{4n^2-k^2}}$
$= \displaystyle\lim_{n\to\infty}\left(\frac{1}{\sqrt{4n^2-1^2}}+\frac{1}{\sqrt{4n^2-2^2}}+\cdots+\frac{1}{\sqrt{4n^2-n^2}}\right)$

ポイント 関数が区間 $[a,b]$ で積分可能である場合, 次が成り立つ (区分求積法).
$$\int_a^b f(x)\,dx = \lim_{n\to\infty}\sum_{k=1}^{n} f\left(a+\frac{(b-a)k}{n}\right)\frac{b-a}{n}$$
この公式を用いるために $\displaystyle\lim_{n\to\infty}$ の右側の項を $\displaystyle\sum_{k=1}^{n}\left(\left(a+\frac{(b-a)k}{n}\right)\text{の関数}\right)\frac{b-a}{n}$ という形になるように a,b と関数を選んで式変形する.

解 (1) $\displaystyle\lim_{n\to\infty}\sum_{k=1}^{n}\frac{n^2-k^2}{n^3} = \lim_{n\to\infty}\sum_{k=1}^{n}\left(1-\left(\frac{k}{n}\right)^2\right)\frac{1}{n} = \int_0^1 (1-x^2)\,dx$
$= \left[x-\dfrac{x^3}{3}\right]_0^1 = \dfrac{2}{3}$

(2) $\displaystyle\lim_{n\to\infty}\sum_{k=1}^{n}\frac{1}{n+k} = \lim_{n\to\infty}\sum_{k=1}^{n}\frac{1}{1+\frac{k}{n}}\frac{1}{n} = \int_0^1 \frac{1}{1+x}\,dx = \bigl[\log(1+x)\bigr]_0^1$
$= \log 2$

(3) $\displaystyle\lim_{n\to\infty}\sum_{k=1}^{n}\frac{n}{n^2+k^2} = \lim_{n\to\infty}\sum_{k=1}^{n}\frac{1}{1+\left(\frac{k}{n}\right)^2}\frac{1}{n} = \int_0^1 \frac{1}{1+x^2}\,dx = \bigl[\tan^{-1} x\bigr]_0^1$
$= \tan^{-1} 1 = \dfrac{\pi}{4}$

(4) $\displaystyle\lim_{n\to\infty}\sum_{k=1}^{n}\frac{1}{\sqrt{4n^2-k^2}} = \lim_{n\to\infty}\sum_{k=1}^{n}\frac{1}{\sqrt{4-\left(\frac{k}{n}\right)^2}}\frac{1}{n} = \int_0^1 \frac{1}{\sqrt{4-x^2}}\,dx$
$= \left[\sin^{-1}\dfrac{x}{2}\right]_0^1 = \sin^{-1}\dfrac{1}{2} = \dfrac{\pi}{6}$ //

♦ **問題 28** 次の極限値を求めよ.

(1) $\displaystyle\lim_{n\to\infty}\sqrt[n]{\left(1+\frac{1}{n}\right)\left(1+\frac{2}{n}\right)\cdots\left(1+\frac{k}{n}\right)\cdots\left(1+\frac{n}{n}\right)}$

(2) $\displaystyle\lim_{n\to\infty}\sum_{k=1}^{n}\frac{\sqrt{n^2-k^2}}{n^2}$

(3) $\displaystyle\lim_{n\to\infty}\sum_{k=1}^{n}\frac{1}{\sqrt{n^2+k^2}}$

29. 部分積分法を用いて積分の漸化式を導く

例題 29 以下で与えられる積分 I_n の漸化式を与えよ．また，求めた漸化式によって I_n がすべての自然数 n に対して帰納的に定まるために必要な項をすべて答えよ．ただし，n は 0 以上の整数とする．

(1) $I_n = \int x^m (\log x)^n \, dx \quad (m \neq -1)$ (2) $I_n = \int (\sin^{-1} x)^n \, dx$

> **ポイント**
> ・被積分関数に整数を表す n や m などの文字が指数として含まれる場合は，部分積分法を用いて漸化式をつくって計算する．
> ・I_n が I_{n-1} で表される場合だけでなく，I_n が I_{n-2} で表される場合もあるので，求めた漸化式を用いて積分を計算するのに必要な I_0, I_1 などのはじめのほうの項は，漸化式の形によって異なることに注意する．

解 (1) $I_n = \int \left(\dfrac{x^{m+1}}{m+1} \right)' (\log x)^n \, dx = \dfrac{x^{m+1}(\log x)^n}{m+1} - \int \dfrac{n x^m (\log x)^{n-1}}{m+1} \, dx$

$= \dfrac{x^{m+1}(\log x)^n}{m+1} - \dfrac{n}{m+1} I_{n-1}$

よって，I_0 を与えればよく，$I_0 = \int x^m \, dx = \dfrac{x^{m+1}}{m+1}$ となる．

必要な項は $I_0 = \dfrac{x^{m+1}}{m+1}$，漸化式は $I_n = \dfrac{x^{m+1}(\log x)^n}{m+1} - \dfrac{n}{m+1} I_{n-1}$．

(2) $I_n = \int (x)' (\sin^{-1} x)^n \, dx = x(\sin^{-1} x)^n - \int x \left((\sin^{-1} x)^n \right)' dx$

$= x(\sin^{-1} x)^n - \int x \dfrac{n(\sin^{-1} x)^{n-1}}{\sqrt{1-x^2}} \, dx$

$= x(\sin^{-1} x)^n + \int \left(\sqrt{1-x^2} \right)' n(\sin^{-1} x)^{n-1} \, dx$

$= x(\sin^{-1} x)^n + n\sqrt{1-x^2}(\sin^{-1} x)^{n-1} - n \int (n-1)(\sin^{-1} x)^{n-2} \, dx$

$= x(\sin^{-1} x)^n + n\sqrt{1-x^2}(\sin^{-1} x)^{n-1} - n(n-1) I_{n-2}$

であるから，I_0, I_1 が必要である．$I_0 = \int 1 \, dx = x$ であり，

$I_1 = \int (x)' \sin^{-1} x \, dx = x \sin^{-1} x - \int \dfrac{x}{\sqrt{1-x^2}} \, dx = x \sin^{-1} x + \sqrt{1-x^2}$

である．以上より，必要な項は $I_0 = x$，$I_1 = x \sin^{-1} x + \sqrt{1-x^2}$，漸化式は $I_n = x(\sin^{-1} x)^n + n\sqrt{1-x^2}(\sin^{-1} x)^{n-1} - n(n-1) I_{n-2}$． ∥

◆ **問題 29.1** 以下で与えられる積分 I_n の漸化式を与えよ．また，上の例題のように必要な項をすべて答えよ．ただし，n は 0 以上の整数とする．

(1) $I_n = \int x^n e^{ax} \, dx \quad (a \neq 0)$ (2) $I_n = \int \dfrac{1}{\sin^n x} \, dx$

◆ **問題 29.2** $I_n = \int x^n \sin x \, dx$，$J_n = \int x^n \cos x \, dx$ とおくとき，I_n, J_n に関する漸化式をつくれ．

30. 部分分数分解を用いて有理関数の積分を求める

> **例題 30** 次の関数の不定積分を求めよ．
> $$f(x) = \frac{x^6 + 2x^3}{(x+1)(x^3+1)}$$

ポイント 有理関数 $\dfrac{Q(x)}{P(x)}$ の積分は大きく分けて次の 2 つの手順で行う．
- 「有理関数の積分」(p.44) の ① ～ ③ に従って，部分分数分解を行う．
- 「有理関数の積分」(p.44) の ④ ～ ⑥ に従って，分母が 1 次式または実数解をもたない 2 次式のべき乗である関数の積分を求める．

解 $x^6 + 2x^3 = (x+1)(x^3+1)(x^2-x+1) - 1$ となるから，
$$\int f(x)\,dx = \int (x^2 - x + 1)\,dx - I, \quad I = \int \frac{1}{(x+1)(x^3+1)}\,dx$$
となる．ここで，$x^3 + 1 = (x+1)(x^2 - x + 1)$ であるから，部分分数分解
$$\frac{1}{(x+1)(x^3+1)} = \frac{1}{(x+1)^2(x^2-x+1)} = \frac{A}{x+1} + \frac{B}{(x+1)^2} + \frac{Cx+D}{x^2-x+1}$$

⚠ $\dfrac{A}{x+1}$ の項を忘れずに．

とおいて右辺を通分すると，分子は
$$(A+C)x^3 + (B + 2C + D)x^2 + (-B + C + 2D)x + (A + B + D)$$
となるから，A, B, C, D の連立 1 次方程式
$$A + C = 0,\ B + 2C + D = 0,\ -B + C + 2D = 0,\ A + B + D = 1$$
が得られる．これを解いて $A = B = D = \dfrac{1}{3}, C = -\dfrac{1}{3}$ となる．ここで，
$$\frac{-x+1}{x^2-x+1} = -\frac{1}{2}\frac{2x-1}{x^2-x+1} + \frac{1}{2}\frac{1}{x^2-x+1}$$
と変形され，$2x - 1 = (x^2 - x + 1)'$ と $x^2 - x + 1 = \left(x - \dfrac{1}{2}\right)^2 + \left(\dfrac{\sqrt{3}}{2}\right)^2$ より
$$I = \frac{1}{3}\int \left(\frac{1}{x+1} + \frac{1}{(x+1)^2} - \frac{1}{2}\frac{2x-1}{x^2-x+1} + \frac{1}{2}\frac{1}{x^2-x+1}\right)dx$$
$$= \frac{1}{3}\log|x+1| - \frac{1}{3(x+1)} - \frac{1}{6}\log(x^2-x+1) + \frac{1}{6}\frac{2}{\sqrt{3}}\tan^{-1}\left(\frac{x-\frac{1}{2}}{\frac{\sqrt{3}}{2}}\right)$$
$$= \frac{1}{3}\log|x+1| - \frac{1}{3(x+1)} - \frac{1}{6}\log(x^2-x+1) + \frac{1}{3\sqrt{3}}\tan^{-1}\left(\frac{2x-1}{\sqrt{3}}\right).$$
よって，
$$\int f(x)\,dx = \frac{x^3}{3} - \frac{x^2}{2} + x - I$$
$$= \frac{x^3}{3} - \frac{x^2}{2} + x - \frac{1}{3}\log|x+1| + \frac{1}{3(x+1)} + \frac{1}{6}\log(x^2-x+1)$$
$$\quad - \frac{1}{3\sqrt{3}}\tan^{-1}\left(\frac{2x-1}{\sqrt{3}}\right). \qquad /\!/$$

◆**問題 30.1** 次の関数の原始関数を求めよ．

(1) $\dfrac{x^6}{x^4 - 1}$ 　　　　(2) $\dfrac{2}{(x-1)^2(x^2+1)}$

◆**問題 30.2** 次の関数の原始関数を求めよ．

(1) $\dfrac{x}{(x^2 - 4x + 5)^2}$ 　　　　(2) $\dfrac{x^2 + x}{(x^2 + 9)^2}$

＊ヒント：「積分の漸化式」(p.43) の漸化式 ① を用いる．

31. 三角関数の有理式の積分を求める

例題 31 次の関数の原始関数を求めよ．ただし，(2) では $ab \neq 0$ とする．
(1) $\dfrac{\tan x}{1 + \cos x}$ (2) $\dfrac{1}{a^2 \cos^2 x + b^2 \sin^2 x}$ (3) $\dfrac{1}{2\cos x + 2\sin x + 3}$

ポイント 三角関数の有理式で表される関数の積分：「三角関数の有理式の積分」(p.44) において
- ① または ② の変数変換が使える形ならば，使えるほうの変数変換を行う．
- ① と ② の変数変換は使えないが，$\cos^2 x$, $\sin^2 x$, $\cos x \sin x$, $\tan x$ の有理式の場合は ③ の変数変換を行う．
- ①〜③ のいずれも使えない場合は ④ の方法を用いる．

解 (1) $t = \cos x$ とおくと，$\sin x \dfrac{dx}{dt} = -1$ より

$$\int \frac{\tan x}{1 + \cos x}\,dx = \int \frac{\sin x}{\cos x(1+\cos x)}\,dx = -\int \frac{1}{t(t+1)}\,dt = -\int \left(\frac{1}{t} - \frac{1}{t+1}\right) dt$$

$$= -\log|t| + \log|t+1| = \log(\cos x + 1) - \log|\cos x|.$$

(2) $t = \tan x$ とおくと

$$\cos^2 x = \frac{1}{1+t^2}, \quad \sin^2 x = \frac{t^2}{1+t^2}, \quad \frac{dx}{dt} = \frac{1}{1+t^2}$$

だから，

$$\int \frac{1}{a^2 \cos^2 x + b^2 \sin^2 x}\,dx = \int \frac{1}{a^2 \frac{1}{1+t^2} + b^2 \frac{t^2}{1+t^2}} \cdot \frac{1}{1+t^2}\,dt = \int \frac{1}{a^2 + b^2 t^2}\,dt$$

$$= \frac{1}{b^2} \int \frac{1}{\left(\frac{a}{b}\right)^2 + t^2}\,dt = \frac{1}{ab} \tan^{-1} \frac{bt}{a}$$

$$= \frac{1}{ab} \tan^{-1}\left(\frac{b}{a} \tan x\right).$$

(3) $t = \tan \dfrac{x}{2}$ とおくと

$$\cos x = \frac{1-t^2}{1+t^2}, \quad \sin x = \frac{2t}{1+t^2}, \quad \frac{dx}{dt} = \frac{2}{1+t^2}$$

だから，

$$\int \frac{1}{2\cos x + 2\sin x + 3}\,dx = \int \frac{2}{(1+t^2)\left(\frac{2-2t^2}{1+t^2} + \frac{4t}{1+t^2} + 3\right)}\,dt = \int \frac{2}{(t+2)^2 + 1}\,dt$$

$$= 2\tan^{-1}(t+2) = 2\tan^{-1}\left(\tan \frac{x}{2} + 2\right). \quad /\!/$$

♦ **問題 31** 次の関数の原始関数を求めよ．
(1) $\dfrac{\tan x}{1 + \cos^2 x}$ (2) $\dfrac{\tan x}{1 + \sin^2 x}$ (3) $\dfrac{1}{4\cos x + 3\sin x + 5}$

32. 三角関数の定積分を求める

例題 32 次の積分を求めよ．
(1) $\displaystyle\int_0^{\frac{\pi}{2}} (\cos^4 x + \sin^2 x)^3 \, dx$ (2) $\displaystyle\int_0^{2\pi} (\cos^4 x + \sin^3 x)^2 \, dx$

ポイント
・区間 $[0, \pi]$ や $[0, 2\pi]$ における三角関数の定積分は，等式
$$\sin(x - \pi) = -\sin x, \quad \cos(x - \pi) = -\cos x,$$
$$\sin\left(x - \tfrac{\pi}{2}\right) = -\cos x, \quad \cos\left(x - \tfrac{\pi}{2}\right) = \sin x$$
を用いて区間 $[0, \tfrac{\pi}{2}]$ の定積分に帰着させる（「三角関数の定積分」(p.45)）．
・$[0, \tfrac{\pi}{2}]$ 上の三角関数の定積分の計算は「積分の漸化式」(p.43) ② から得られる公式を用いる．

解 (1) $(\cos^4 x + \sin^2 x)^3 = \cos^{12} x + 3\cos^8 x \sin^2 x + 3\cos^4 x \sin^4 x + \sin^6 x$ であり，

$$\int_0^{\frac{\pi}{2}} \sin^6 x \, dx = \frac{5!!}{6!!} \frac{\pi}{2}, \quad \int_0^{\frac{\pi}{2}} \cos^4 x \sin^4 x \, dx = \frac{3!!3!!}{8!!} \frac{\pi}{2},$$

$$\int_0^{\frac{\pi}{2}} \cos^8 x \sin^2 x \, dx = \frac{1!!7!!}{10!!} \frac{\pi}{2}, \quad \int_0^{\frac{\pi}{2}} \cos^{12} x \, dx = \frac{11!!}{12!!} \frac{\pi}{2}$$

だから，

$$\int_0^{\frac{\pi}{2}} (\cos^4 x + \sin^2 x)^3 \, dx = \frac{\pi}{2}\left(\frac{11!!}{12!!} + \frac{3 \cdot 1!!7!!}{10!!} + \frac{3 \cdot 3!!3!!}{8!!} + \frac{5!!}{6!!}\right) = \frac{707\pi}{2048}.$$

(2) まず，x を $x + \pi$ で置き換えて区間 $[0, \pi]$ の積分に帰着させる．

$$\int_0^{2\pi} (\cos^4 x + \sin^3 x)^2 \, dx$$
$$= \int_0^{\pi} (\cos^4 x + \sin^3 x)^2 \, dx + \int_{\pi}^{2\pi} (\cos^4 x + \sin^3 x)^2 \, dx$$
$$= \int_0^{\pi} (\cos^4 x + \sin^3 x)^2 \, dx + \int_0^{\pi} ((-\cos x)^4 + (-\sin x)^3)^2 \, dx$$
$$= 2\int_0^{\pi} (\cos^8 x + \sin^6 x) \, dx \quad \cdots (*)$$

次に，x を $x + \tfrac{\pi}{2}$ で置き換えて区間 $[0, \tfrac{\pi}{2}]$ の積分に帰着させる．

$$(*) = 2\int_0^{\frac{\pi}{2}} (\cos^8 x + \sin^6 x) \, dx + 2\int_{\frac{\pi}{2}}^{\pi} (\cos^8 x + \sin^6 x) \, dx$$
$$= 2\int_0^{\frac{\pi}{2}} (\cos^8 x + \sin^6 x) \, dx + 2\int_0^{\frac{\pi}{2}} ((-\sin x)^8 + (\cos x)^6) \, dx$$
$$= 2\int_0^{\frac{\pi}{2}} \cos^8 x \, dx + 2\int_0^{\frac{\pi}{2}} \sin^6 x \, dx + 2\int_0^{\frac{\pi}{2}} \sin^8 x \, dx + 2\int_0^{\frac{\pi}{2}} \cos^6 x \, dx$$
$$= \frac{7!!\pi}{8!!} + \frac{5!!\pi}{6!!} + \frac{7!!\pi}{8!!} + \frac{5!!\pi}{6!!} = \frac{75\pi}{64}. \quad //$$

♦ **問題 32** 次の積分を求めよ．
(1) $\displaystyle\int_0^{\frac{\pi}{2}} (\cos^4 x - \sin^5 x)^2 \, dx$ (2) $\displaystyle\int_0^{\pi} (\cos^4 x - \sin^5 x)^2 \, dx$

33. 無理関数を含む関数の積分を求める

例題 33 次の関数の原始関数を求めよ．

(1) $\dfrac{1}{x\sqrt{x^2+4}}$ (2) $\dfrac{1}{x^2\sqrt{a^2-x^2}}$ (3) $e^{\sqrt{x-2}}$

ポイント 無理関数の積分については，「無理関数の積分」(p.45) を参照．

解 (1) $t = x + \sqrt{x^2+4}$ とおくと，

$$x = \frac{t^2-4}{2t}, \quad \sqrt{x^2+4} = \frac{t^2+4}{2t}, \quad \frac{dx}{dt} = \frac{t^2+4}{2t^2}$$

より，

$$\int \frac{1}{x\sqrt{x^2+4}}\,dx = \int \frac{2t}{t^2-4}\frac{2t}{t^2+4}\frac{t^2+4}{2t^2}\,dt = \int \frac{2}{t^2-4}\,dt$$

$$= \int \frac{1}{2}\left(\frac{1}{t-2} - \frac{1}{t+2}\right)dt = \frac{1}{2}\left(\log|t-2| - \log|t+2|\right)$$

$$= \frac{1}{2}\log\left|\frac{x+\sqrt{x^2+4}-2}{x+\sqrt{x^2+4}+2}\right|.$$

(2) $a^2 - x^2 = (a-x)(x+a)$ だから $t = \sqrt{\dfrac{a-x}{x+a}}$ とおくと，

$$x = \frac{a(1-t^2)}{1+t^2}, \quad \sqrt{a^2-x^2} = \frac{2at}{1+t^2}, \quad \frac{dx}{dt} = \frac{-4at}{(1+t^2)^2}$$

より，

$$\int \frac{1}{x^2\sqrt{a^2-x^2}}\,dx = \int \frac{-4at}{\frac{a^2(1-t^2)^2}{(1+t^2)^2}\frac{2at}{1+t^2}}(1+t^2)^2\,dt = -\int \frac{(1+t)^2+(1-t)^2}{a^2(1-t^2)^2}\,dt$$

$$= -\int \frac{1}{a^2(1-t)^2}\,dt - \int \frac{1}{a^2(1+t)^2}\,dt$$

$$= \frac{1}{a^2}\left(\frac{1}{t-1} + \frac{1}{t+1}\right) = \frac{2t}{a^2(t^2-1)}$$

$$= \frac{\frac{2}{a^2}\sqrt{\frac{a-x}{x+a}}}{\frac{a-x}{x+a}-1} = -\frac{\sqrt{a^2-x^2}}{a^2 x}.$$

(3) $t = \sqrt{x-2}$ とおくと，$x = t^2+2, \dfrac{dx}{dt} = 2t$ より，

$$\int e^{\sqrt{x-2}}\,dx = \int 2t e^t\,dt = \int 2t(e^t)'\,dt = 2t e^t - \int 2e^t\,dt$$

$$= 2t e^t - 2e^t = 2\left(\sqrt{x-2}-1\right)e^{\sqrt{x-2}}. \qquad //$$

♦ **問題 33** 次の関数の原始関数を求めよ．

(1) $\dfrac{1}{x\sqrt{x-4}}$ (2) $\dfrac{1}{(x+2)\sqrt{x^2-4}}$ (3) $\dfrac{\sin^{-1}\sqrt{x-1}}{\sqrt{x-1}}$

積分の性質と計算法

✦✦✦✦✦✦✦✦✦ コラム「$\dfrac{1}{(x^2+c^2)^n}$ の原始関数について」✦✦✦✦✦✦✦✦✦

$I_n = \displaystyle\int \dfrac{1}{(x^2+c^2)^n}\,dx$ とおいて得られる，「積分の漸化式」(p.43) の ① で述べた漸化式

$$I_{n+1} = \dfrac{1}{2c^2 n}\left(\dfrac{x}{(x^2+c^2)^n} + (2n-1)I_n\right)$$

の両辺に $\dfrac{c^{2(n+1)}(2n)!!}{(2n-1)!!}$ をかけて $J_n = \dfrac{c^{2n}(2n-2)!!}{(2n-3)!!}I_n$ とおけば，次の漸化式が得られます．

$$J_1 = c^2 I_1 = c\tan^{-1}\dfrac{x}{c}, \qquad J_{n+1} = J_n + \dfrac{c^{2n}(2n-2)!!\,x}{(2n-1)!!(x^2+c^2)^n}$$

したがって上の漸化式から，J_n は

$$J_n = J_1 + \sum_{k=1}^{n-1}(J_{k+1}-J_k) = c\tan^{-1}\dfrac{x}{c} + \sum_{k=1}^{n-1}\dfrac{c^{2k}(2k-2)!!\,x}{(2k-1)!!(x^2+c^2)^k}$$

によって与えられることがわかります．さらに $I_n = \dfrac{(2n-3)!!}{c^{2n}(2n-2)!!}J_n$ ですから，上式より $\dfrac{1}{(x^2+c^2)^n}$ の原始関数は次の公式で与えられます．

$$\int \dfrac{1}{(x^2+c^2)^n}\,dx = \dfrac{(2n-3)!!}{c^{2n-1}(2n-2)!!}\left(\tan^{-1}\dfrac{x}{c} + \sum_{k=1}^{n-1}\dfrac{c^{2k-1}(2k-2)!!\,x}{(2k-1)!!(x^2+c^2)^k}\right)$$

とくに $n = 2, 3, 4, 5$ の場合，次の等式が得られます．

$$\int \dfrac{1}{(x^2+c^2)^2}\,dx = \dfrac{1}{2c^3}\tan^{-1}\dfrac{x}{c} + \dfrac{x}{2c^2(x^2+c^2)}$$

$$\int \dfrac{1}{(x^2+c^2)^3}\,dx = \dfrac{3}{8c^5}\tan^{-1}\dfrac{x}{c} + \dfrac{x(3x^2+5c^2)}{8c^4(x^2+c^2)^2}$$

$$\int \dfrac{1}{(x^2+c^2)^4}\,dx = \dfrac{5}{16c^7}\tan^{-1}\dfrac{x}{c} + \dfrac{x(15x^4+40c^2x^2+33c^4)}{48c^6(x^2+c^2)^3}$$

$$\int \dfrac{1}{(x^2+c^2)^5}\,dx = \dfrac{35}{128c^9}\tan^{-1}\dfrac{x}{c} + \dfrac{x(105x^6+385c^2x^4+511c^4x^2+279c^6)}{384c^8(x^2+c^2)^4}$$

✦✦✦

広義積分の計算と収束判定

特異点と広義積分の仮定

*端点については「区間」(p.12) 傍注参照．

区間 I に端点をつけ加えたものを $\overline{I}$ で表す．

- I 上の関数 f が $c \in \overline{I}$ のどんな近くにおいても有界でないとき，点 c を本書では関数 f の「**特異点**」とよぶ．

*ただし，右記の意味での"特異点"は，一般的な用語ではない．

- 区間 I と I 上の関数 f について以下の条件 Ⓐ, Ⓑ を仮定し，これらを本書では「**広義積分の仮定**」とよぶ．

  Ⓐ I は $[a,b), (a,b], [a,\infty), (-\infty,b]$ のいずれかである．

  Ⓑ f は I で連続で，$I = [a,b)$ のときは b，$I = (a,b]$ のときは a が特異点である．

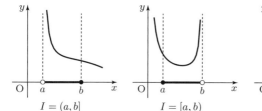
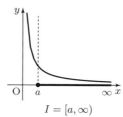
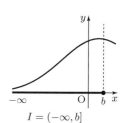

$I=(a,b]$　　　$I=[a,b)$　　　$I=[a,\infty)$　　　$I=(-\infty,b]$

広義積分の定義

✱ 広義積分の仮定 Ⓐ, Ⓑ のもとで，広義積分 $\int_I f(x)\,dx$ を以下のように定義する．

- $I = [a,b)$ の場合： $\displaystyle\int_I f(x)\,dx = \int_a^b f(x)\,dx = \lim_{t \to b-0} \int_a^t f(x)\,dx$

- $I = (a,b]$ の場合： $\displaystyle\int_I f(x)\,dx = \int_a^b f(x)\,dx = \lim_{t \to a+0} \int_t^b f(x)\,dx$

- $I = [a,\infty)$ の場合： $\displaystyle\int_I f(x)\,dx = \int_a^\infty f(x)\,dx = \lim_{t \to \infty} \int_a^t f(x)\,dx$

- $I = (-\infty,b]$ の場合： $\displaystyle\int_I f(x)\,dx = \int_{-\infty}^b f(x)\,dx = \lim_{t \to -\infty} \int_t^b f(x)\,dx$

✱ I における広義積分は右辺の極限が収束するとき**収束する**という．また，右辺の極限が ∞ または $-\infty$ に**発散する**ときは，それぞれ

$$\int_I f(x)\,dx = \infty \quad \text{または} \quad \int_I f(x)\,dx = -\infty$$

と書く．

✱ $I = (-\infty, \infty)$ や I に有限個の特異点が含まれるとき：

- I を広義積分の仮定をみたす有限個の区間 $I_1, I_2, \ldots, I_k$ に分割する．

- 各 $\int_{I_j} f(x)\,dx$ が収束するとき，広義積分 $\int_I f(x)\,dx$ は**収束する**といい，

$$\int_I f(x)\,dx = \sum_{j=1}^k \int_{I_j} f(x)\,dx$$

と定める．

広義積分の計算と収束判定

正値関数の広義積分の収束条件　f を区間 I 上の関数とする.

・任意の $x \in I$ に対して $f(x) \geqq 0$ であるとき，f を**正値関数**という.

f は正値関数で，「広義積分の仮定」Ⓐ, Ⓑ をみたすとする.

・広義積分 $\displaystyle\int_I f(x)\,dx$ は収束するか正の無限大に発散するかのいずれかである.

・広義積分 $\displaystyle\int_I f(x)\,dx$ が収束する. $\left(\displaystyle\int_I f(x)\,dx < \infty\ \text{と表す.}\right)$

　$\iff$ 実数の定数 M で，任意の有限閉区間 $[\alpha, \beta] \subset I$ に対し，$\displaystyle\int_\alpha^\beta f(x)\,dx \leqq M$
　をみたすものが存在する.

広義積分の収束判定法

区間 I 上の関数 f, g を「広義積分の仮定」Ⓐ, Ⓑ をみたす正値関数とする.

✽ $f(x) \leqq g(x)$ $(x \in I)$ のとき：

・$\displaystyle\int_I g(x)\,dx < \infty$ ならば $\displaystyle\int_I f(x)\,dx < \infty$,

　$\displaystyle\int_I f(x)\,dx = \infty$ ならば $\displaystyle\int_I g(x)\,dx = \infty$.

✽ $x \to$ (特異点)，または $x \to \pm\infty$ において $f(x) \simeq g(x)$ のとき：

$$\int_I f(x)\,dx < \infty \iff \int_I g(x)\,dx < \infty.$$

*記号 $f(x) \simeq g(x)$ については「ランダウの記号」(p.18) 参照.

✽ 比較の基準となる広義積分として以下を用いることができる：

・$\displaystyle\int_a^b \frac{1}{(b-x)^\alpha}\,dx < \infty \iff \alpha < 1,\qquad \displaystyle\int_a^b \frac{1}{(x-a)^\alpha}\,dx < \infty \iff \alpha < 1.$

・$\displaystyle\int_a^\infty \frac{1}{x^\alpha}\,dx < \infty\ (a>0) \iff \alpha > 1,\qquad \displaystyle\int_{-\infty}^b \frac{1}{|x|^\alpha}\,dx < \infty\ (b<0) \iff \alpha > 1.$

広義積分の絶対収束と条件収束

$\displaystyle\int_I |f(x)|\,dx$ が収束するならば $\displaystyle\int_I f(x)\,dx$ も収束する.

・$\displaystyle\int_I |f(x)|\,dx$ が収束するとき，$\displaystyle\int_I f(x)\,dx$ は**絶対収束**するという.

・$\displaystyle\int_I f(x)\,dx$ は収束するが絶対収束しないとき，$\displaystyle\int_I f(x)\,dx$ は**条件収束**するという.

条件収束する広義積分の例：

$$\int_0^\infty \frac{\sin x}{x}\,dx = \frac{\pi}{2},\quad \int_0^\infty \sin(x^2)\,dx = \int_0^\infty \cos(x^2)\,dx = \frac{\sqrt{2\pi}}{4}\quad (\text{フレネル積分})$$

*左の結果を示すのは容易ではないので，証明は他書を参照されたい.

34. 広義積分の値を求める

例題 34 次の広義積分の値を求めよ.

(1) $\int_1^e \left(\dfrac{1}{x-1} - \dfrac{1}{x\log x}\right) dx$ (2) $\int_{-2}^2 \dfrac{|x|}{\sqrt{4-x^2}}\, dx$ (3) $\int_1^1 \dfrac{x}{(1-x^2)^2}\, dx$

ポイント 広義積分の計算は次の手順で行う.
① 区間を「広義積分の仮定」(☞「**広義積分の定義**」(p.54))をみたす区間に分割する.
② ①で分割した各区間での広義積分を，通常の積分の極限として求める.
③ ②で求めた極限がすべて収束すれば，その和が求める広義積分の値である.
④ ②の極限が1つでも発散していれば，与えられた広義積分は発散する.

解 (1) $y = \log x$ とおくと, $\dfrac{dy}{dx} = \dfrac{1}{x}$ であり, x が t から e まで動けば y は $\log t$ から 1 まで動くから,

$$\int_t^e \left(\frac{1}{x-1} - \frac{1}{x\log x}\right) dx = \int_t^e \frac{1}{x-1}\, dx - \int_{\log t}^1 \frac{1}{y}\, dy = \log\left|\frac{\log t}{t-1}\right| + \log(e-1).$$

したがって $\displaystyle\lim_{t\to 1} \dfrac{\log t}{t-1} = 1$ であることを用いれば,

$$\int_1^e \left(\frac{1}{x-1} - \frac{1}{x\log x}\right) dx = \lim_{t\to 1+0} \left(\log\left|\frac{\log t}{t-1}\right| + \log(e-1)\right) = \log(e-1).$$

(2) 関数 $\dfrac{|x|}{\sqrt{4-x^2}}$ は区間 $(-2, 0]$ と $[0, 2)$ で有界ではないから，積分区間を分割して $I_1 = \int_{-2}^0 \dfrac{-x}{\sqrt{4-x^2}}\, dx, I_2 = \int_0^2 \dfrac{x}{\sqrt{4-x^2}}\, dx$ とおく. $y = 4 - x^2$ とおけば

$$\int \frac{x}{\sqrt{4-x^2}}\, dx = \int \frac{-1}{2\sqrt{y}}\, dy = -\sqrt{y} = -\sqrt{4-x^2}$$

だから

$$I_1 = \lim_{t\to -2+0} \left(2 - \sqrt{4-t^2}\right) = 2, \quad I_2 = \lim_{t\to 2-0} \left(-\sqrt{4-t^2} + 2\right) = 2$$

である. ゆえに，与えられた広義積分は $I_1 + I_2 = 4$.

(3) $I_1 = \int_{-1}^0 \dfrac{x}{(1-x^2)^2}\, dx, I_2 = \int_0^1 \dfrac{x}{(1-x^2)^2}\, dx$ とおけば，与えられた広義積分は $I_1 + I_2$ に等しい. $x^2 = y$ と変数変換を行えば $\int \dfrac{x}{(1-x^2)^2}\, dx = \dfrac{1}{2(1-x^2)}$ が得られるので, $I_1 = \displaystyle\lim_{t\to -1+0} \left(\dfrac{1}{2} - \dfrac{1}{2(1-t^2)}\right) = -\infty$ となって，与えられた広義積分は発散する. ∥

♦ **問題 34.1** 次の広義積分の値を求めよ.

(1) $\int_0^\infty \dfrac{\cos\left(\tan^{-1} x\right)}{1+x^2}\, dx$ (2) $\int_0^\infty \dfrac{\log(x^2+1)}{x^2}\, dx$ (3) $\int_0^\infty \dfrac{1}{\cosh x}\, dx$

♦ **問題 34.2** 次の広義積分の値を求めよ.

(1) $\int_0^1 \dfrac{1}{\sqrt{x(1-x)}}\, dx$ (2) $\int_1^\infty \dfrac{1}{x\sqrt{x-1}}\, dx$ (3) $\int_{\frac{\pi}{3}}^{\frac{5\pi}{3}} \sqrt{\dfrac{2-2\cos x}{1-2\cos x}}\, dx$

35. 広義積分の収束・発散を判定する

例題 35 次の広義積分の収束・発散を調べよ．

(1) $\displaystyle\int_0^1 \frac{e^x}{\sqrt{x}}\,dx$ (2) $\displaystyle\int_0^\infty \frac{1}{\sqrt{x^4+1}}\,dx$ (3) $\displaystyle\int_0^1 \frac{1}{\sqrt[3]{x^2(1-x)^4}}\,dx$

ポイント 広義積分の収束判定は次の手順で行う．
① 区間を「広義積分の仮定」(☞「広義積分の定義」(p.54)) をみたす区間に分割する．
② ① の各区間において，「広義積分の収束判定法」(p.55) を用いて収束判定を行う．
③ ② ですべての区間で収束するとき収束，発散する区間があれば発散である．

解 (1) 与えられた広義積分は有限区間であり，被積分関数 $\dfrac{e^x}{\sqrt{x}}$ は 0 においてのみ有界でない．ここで，$0 < x \leqq 1$ ならば $1 < e^x \leqq e$ だから $0 < \dfrac{e^x}{\sqrt{x}} \leqq \dfrac{e}{\sqrt{x}}$ が成り立つ．一方，$\displaystyle\int_0^1 \frac{e}{\sqrt{x}}\,dx = 2e < \infty$ だから $\displaystyle\int_0^1 \frac{e^x}{\sqrt{x}}\,dx$ も収束する．

(2) 0 において，被積分関数 $f(x) = \dfrac{1}{\sqrt{x^4+1}}$ は有界であるから，$x \to \infty$ の場合を考えればよい．関数 $g(x) = \dfrac{1}{x^2}$ を考えれば，$\displaystyle\lim_{x\to\infty} \frac{f(x)}{g(x)} = \lim_{x\to\infty} \frac{1}{\sqrt{1+\frac{1}{x^2}}} = 1 \neq 0$ であり，$\displaystyle\int_1^\infty \frac{1}{x^2}\,dx$ は収束するから $\displaystyle\int_1^\infty \frac{1}{\sqrt{x^4+1}}\,dx$ も収束する．したがって，$\displaystyle\int_0^\infty \frac{1}{\sqrt{x^4+1}}\,dx = \int_0^1 \frac{1}{\sqrt{x^4+1}}\,dx + \int_1^\infty \frac{1}{\sqrt{x^4+1}}\,dx$ も収束する．

(3) 被積分関数 $f(x) = \dfrac{1}{\sqrt[3]{x^2(1-x)^4}}$ は 0 と 1 のいずれにおいても有界ではない．そこで，$\displaystyle\int_0^1 f(x)\,dx = \int_0^{\frac{1}{2}} f(x)\,dx + \int_{\frac{1}{2}}^1 f(x)\,dx$ と分けて考える．

関数 $g(x) = \dfrac{1}{\sqrt[3]{x^2}}$ を考えれば，$\displaystyle\lim_{x\to +0} \frac{f(x)}{g(x)} = \lim_{x\to +0} \frac{\sqrt[3]{x^2}}{\sqrt[3]{x^2(1-x)^4}} = 1 \neq 0$ であり，$\displaystyle\int_0^{\frac{1}{2}} \frac{1}{\sqrt[3]{x^2}}\,dx$ は収束するので $\displaystyle\int_0^{\frac{1}{2}} f(x)\,dx$ も収束する．

関数 $h(x) = \dfrac{1}{\sqrt[3]{(1-x)^4}}$ を考えれば，$\displaystyle\lim_{x\to 1-0} \frac{f(x)}{h(x)} = \lim_{x\to 1-0} \frac{\sqrt[3]{(1-x)^4}}{\sqrt[3]{x^2(1-x)^4}} = 1 \neq 0$ であり，$\displaystyle\int_{\frac{1}{2}}^1 \frac{1}{\sqrt[3]{(1-x)^4}}\,dx$ は発散するので，$\displaystyle\int_{\frac{1}{2}}^1 f(x)\,dx$ は発散する．

以上より，広義積分 $\displaystyle\int_0^1 \frac{1}{\sqrt[3]{x^2(1-x)^4}}\,dx$ は発散する． //

◆ **問題 35.1** 次の広義積分の収束・発散を調べよ．

(1) $\displaystyle\int_0^1 \frac{1}{\sqrt{x^3}\sqrt[3]{(1-x)^2}}\,dx$ (2) $\displaystyle\int_0^1 \frac{1}{\sqrt[4]{x^3}\sqrt[3]{(1-x)^2}}\,dx$ (3) $\displaystyle\int_0^\infty \frac{1}{\sqrt[7]{x^4(x^4+1)}}\,dx$

(4) $\displaystyle\int_0^\infty \frac{x^2+1}{\sqrt{x}(x^2+x+1)}\,dx$ (5) $\displaystyle\int_0^\infty \frac{x^2+1}{\sqrt{x^3}(x^2+x+1)}\,dx$

◆ **問題 35.2** 次の広義積分の収束・発散を調べよ．

(1) $\displaystyle\int_0^\infty \frac{1-e^{-x}}{\sqrt{x^3}}\,dx$ (2) $\displaystyle\int_2^\infty \frac{1}{\sqrt{x^2+1}(\log x)^2}\,dx$

級　数

正項級数

すべての n に対して $a_n \geqq 0$ である級数 $\sum_{n=1}^{\infty} a_n$ を**正項級数**という．

・$S_m = \sum_{n=1}^{m} a_n$ とおけば，$\{S_m\}$ は単調増加数列である．

・$\sum_{n=1}^{\infty} a_n$ は収束するか正の無限大に発散するかのいずれかである．

　以後，$\sum_{n=1}^{\infty} a_n$ が収束することを $\sum_{n=1}^{\infty} a_n < \infty$ で表す．

正項級数の収束判定法

✿ 正項級数 $\sum_{n=1}^{\infty} a_n$ に対し，次が成り立つ．

・$\sum_{n=1}^{\infty} a_n < \infty \iff$ ある $M > 0$ が存在して，任意の k に対し $\sum_{n=1}^{k} a_n < M$ となる
(部分和の有界性)．

✿ 正項級数 $\sum_{n=1}^{\infty} a_n, \sum_{n=1}^{\infty} b_n$ に対し，以下が成り立つ．

・ある番号 N があって，$n \geqq N$ ならば $a_n \leqq b_n$ となるとき，

*2つの条件は対偶である．

$$\sum_{n=1}^{\infty} b_n < \infty \Rightarrow \sum_{n=1}^{\infty} a_n < \infty, \quad \sum_{n=1}^{\infty} a_n = \infty \Rightarrow \sum_{n=1}^{\infty} b_n = \infty.$$

・$\lim_{n \to \infty} \frac{a_n}{b_n} = 0$ かつ $\sum_{n=1}^{\infty} b_n < \infty$ ならば $\sum_{n=1}^{\infty} a_n < \infty$．

・$a_n \simeq b_n \overset{定義}{\iff} \lim_{n \to \infty} \frac{a_n}{b_n} = p \neq 0$

　$a_n \simeq b_n$ ならば $\sum_{n=1}^{\infty} a_n < \infty \iff \sum_{n=1}^{\infty} b_n < \infty$

正項級数の積分による収束判定法

区間 $[1, \infty]$ 上の連続関数 f が正値かつ単調減少関数ならば，
$$\sum_{n=1}^{\infty} f(n) < \infty \iff \int_{1}^{\infty} f(x)\,dx < \infty.$$

・**一般調和級数** $\sum_{n=1}^{\infty} \frac{1}{n^{\alpha}}$ の収束条件：

$0 < \alpha \leqq 1$ ならば発散し，$\alpha > 1$ ならば収束する．

*$r = 1$ の場合，収束する場合も発散する場合もあり，この方法では判定できない．
例：$\sum_{n=1}^{\infty} \frac{1}{n^2} < \infty$ だが，$\sum_{n=1}^{\infty} \frac{1}{n} = \infty$．

ダランベールの判定法　$\sum_{n=1}^{\infty} a_n$ を正項級数とする．

$r = \lim_{n \to \infty} \frac{a_{n+1}}{a_n}$ $(0 \leqq r \leqq \infty)$ が存在するとき，

$\sum_{n=1}^{\infty} a_n$ は $0 \leqq r < 1$ ならば収束し，$1 < r \leqq \infty$ ならば発散する．

コーシーの判定法　$\sum_{n=1}^{\infty} a_n$ を正項級数とする．

$r = \lim_{n \to \infty} \sqrt[n]{a_n}$ $(0 \leqq r \leqq \infty)$ が存在するとき，

$\sum_{n=1}^{\infty} a_n$ は $0 \leqq r < 1$ ならば収束し，$1 < r \leqq \infty$ ならば発散する．

級　　数

絶対収束と条件収束

- $\sum_{n=1}^{\infty} |a_n|$ が収束するとき，$\sum_{n=1}^{\infty} a_n$ も収束する．このとき $\sum_{n=1}^{\infty} a_n$ は**絶対収束**するという．

- $\sum_{n=1}^{\infty} a_n$ は収束するが，絶対収束しないとき，$\sum_{n=1}^{\infty} a_n$ は**条件収束**するという．

- $\sum_{n=1}^{\infty} a_n$ が絶対収束するとき，項の順序を入れ換えた級数も同じ値に収束する．

- $\sum_{n=1}^{\infty} a_n$ が条件収束するとき，任意の値 c に対して，項の順序を入れ換えて得られる級数で c に収束するものと $\pm\infty$ に発散するものが存在する．

- 条件収束する級数の例：

$$1 - \frac{1}{2} + \frac{1}{3} - \frac{1}{4} + \cdots + \frac{(-1)^{n-1}}{n} + \cdots = \sum_{n=1}^{\infty} \frac{(-1)^{n-1}}{n} = \log 2$$

$$1 - \frac{1}{3} + \frac{1}{5} - \frac{1}{7} + \cdots + \frac{(-1)^{n-1}}{2n-1} + \cdots = \sum_{n=1}^{\infty} \frac{(-1)^{n-1}}{2n-1} = \frac{\pi}{4}$$

ライプニッツの定理

すべての項が正である数列 $\{a_n\}$ に対して，$\sum_{n=1}^{\infty} (-1)^{n-1} a_n$ または $\sum_{n=1}^{\infty} (-1)^n a_n$ という形の級数を**交代級数**という． ＊交代級数は正の項と負の項が交互に現れる級数である．

- $\{a_n\}$ が単調減少数列で $\lim_{n \to \infty} a_n = 0$ ならば，交代級数 $\sum_{n=1}^{\infty} (-1)^{n-1} a_n$ は収束する．

整級数の収束半径

整級数 $\sum_{n=0}^{\infty} a_n x^n$ について，次のいずれかが成り立つ．

① 任意の x に対して $\sum_{n=0}^{\infty} a_n x^n$ は絶対収束する．

② 次の条件をみたす正の実数 ρ が存在する．
$\sum_{n=0}^{\infty} a_n x^n$ は $|x| < \rho$ ならば絶対収束し，$|x| > \rho$ ならば発散する．

③ 0 以外の x に対して $\sum_{n=0}^{\infty} a_n x^n$ は発散する．

- ②の場合に整級数 $\sum_{n=0}^{\infty} a_n x^n$ の**収束半径**は ρ であるという．

- ①，③ の各場合には便宜上，収束半径はそれぞれ ∞ および 0 と定める．

収束半径の求め方

整級数 $\sum_{n=0}^{\infty} a_n x^n$ の収束半径を ρ とすれば，以下が成り立つ．

＊ $\lim_{n \to \infty} \left| \frac{a_n}{a_{n+1}} \right| = R \ (0 \leqq R \leqq \infty)$ が存在すれば $\rho = R$． ＊ダランベールの判定法から導かれる．

＊ $\lim_{n \to \infty} \frac{1}{\sqrt[n]{|a_n|}} = R \ (0 \leqq R \leqq \infty)$ が存在すれば $\rho = R$． ＊コーシーの判定法から導かれる．

項別微分・項別積分

整級数 $\sum_{n=0}^{\infty} a_n x^n$ の収束半径を $\rho > 0$ とする．

開区間 $(-\rho, \rho)$ 上の関数 f を $f(x) = \sum_{n=0}^{\infty} a_n x^n$ で定義するとき，

- f は $(-\rho, \rho)$ で微分可能かつ $f'(x) = \sum_{n=1}^{\infty} n a_n x^{n-1} \ (x \in (-\rho, \rho))$ が成り立つ．

- $\int_0^x f(t) \, dt = \sum_{n=0}^{\infty} \frac{a_n}{n+1} x^{n+1}$ が成り立ち，この級数の収束半径は ρ である．

36. 正項級数の収束・発散を判定する

例題 36 次の級数の収束・発散を判定せよ．
(1) $\displaystyle\sum_{n=1}^{\infty} \frac{(n+1)!}{(2n+1)!!}$ (2) $\displaystyle\sum_{n=1}^{\infty}\left(\frac{n}{n+1}\right)^{n^2}$ (3) $\displaystyle\sum_{n=1}^{\infty} \frac{\log n}{n^2}$

> **ポイント**
> - まずダランベールの判定法が使えるかどうかを試みる．
> - $\displaystyle\sum_{n=1}^{\infty} a_n^{b_n}$ の形の正項級数にはコーシーの判定法が使える場合がある．
> - 与えられた級数の一般項の n を x で置き換えて得られる関数 $f(x)$ が正値かつ単調減少であるとき，$\displaystyle\int_1^{\infty} f(x)\,dx$ が収束するかどうかを調べる．
> - $\displaystyle\sum_{n=1}^{\infty} \frac{1}{n^{\alpha}}$ と比較することによって収束・発散を判定できる場合もある．

解 (1) $a_n = \dfrac{(n+1)!}{(2n+1)!!}$ とおくと，$\displaystyle\lim_{n\to\infty} \frac{a_{n+1}}{a_n} = \lim_{n\to\infty} \frac{n+2}{2n+3} = \frac{1}{2} < 1$ だから，ダランベールの判定法によって $\displaystyle\sum_{n=1}^{\infty} \frac{(n+1)!}{(2n+1)!!}$ は収束する．

(2) $a_n = \left(\dfrac{n}{n+1}\right)^{n^2}$ とおくと，

$$\lim_{n\to\infty} \sqrt[n]{a_n} = \lim_{n\to\infty} \left(\frac{n}{n+1}\right)^n = \lim_{n\to\infty} \frac{1}{\left(1+\frac{1}{n}\right)^n} = \frac{1}{e} < 1$$

だから，コーシーの判定法によって $\displaystyle\sum_{n=1}^{\infty} \left(\frac{n}{n+1}\right)^{n^2}$ は収束する．

(3) まず，$\displaystyle\int_1^t \frac{\log x}{x^2}\,dx = \left[-\frac{\log x}{x}\right]_1^t + \int_1^t \frac{1}{x^2}\,dx = 1 - \frac{\log t}{t} - \frac{1}{t}$ より

$$\int_1^{\infty} \frac{\log x}{x^2}\,dx = \lim_{t\to\infty}\left(1 - \frac{\log t}{t} - \frac{1}{t}\right) = 1$$

となり，広義積分 $\displaystyle\int_1^{\infty} \frac{\log x}{x^2}\,dx$ は収束する．また，$f:(0,\infty)\to \mathbf{R}$ を $f(x) = \dfrac{\log x}{x^2}$ で定めれば $f'(x) = \dfrac{1-2\log x}{x^3}$ だから，$[\sqrt{e},\infty)$ において f は単調減少である．よって，$\sqrt{e} < 2$ であることに注意すれば，$\displaystyle\sum_{n=1}^{\infty} \frac{\log n}{n^2} = \sum_{n=2}^{\infty} \frac{\log n}{n^2}$ は収束する．

別解 $a_n = \dfrac{\log n}{n^2},\ b_n = \dfrac{1}{n^{\frac{3}{2}}}$ によって数列 $\{a_n\}_{n=1}^{\infty},\ \{b_n\}_{n=1}^{\infty}$ を定めれば

$$\lim_{n\to\infty} \frac{a_n}{b_n} = \lim_{n\to\infty} \frac{\log n}{\sqrt{n}} = 0$$

であり，$\displaystyle\sum_{n=0}^{\infty} b_n = \sum_{n=0}^{\infty} \frac{1}{n^{\frac{3}{2}}}$ は収束するので，$\displaystyle\sum_{n=0}^{\infty} a_n = \sum_{n=0}^{\infty} \frac{\log n}{n^2}$ も収束する． ∥

♦ **問題 36** 次の級数の収束・発散を判定せよ．
(1) $\displaystyle\sum_{n=1}^{\infty} \frac{a^n (n!)^2}{(2n)!}$ (2) $\displaystyle\sum_{n=1}^{\infty} \left(\frac{2n+1}{3n+4}\right)^n$ (3) $\displaystyle\sum_{n=1}^{\infty} \frac{\pi - 2\tan^{-1} n}{n}$

37. 交代級数の収束・発散を判定する

例題 37 次の級数は絶対収束・条件収束・発散のいずれであるか判定せよ．

(1) $\displaystyle\sum_{n=1}^{\infty} (-1)^n \left(\sqrt{n^2+1} - n\right)$ (2) $\displaystyle\sum_{n=1}^{\infty} \frac{(-1)^n n^n}{(n+1)^{n+1}}$

ポイント
- 交代級数の収束判定には「ライプニッツの定理」(p.59)を用いる．その際，ライプニッツの定理の仮定をみたしていることを確認する．
- 各項の絶対値をとって得られる級数が収束すれば，もとの級数は収束する．

解 (1) $\sqrt{n^2+1}-n = \dfrac{1}{\sqrt{n^2+1}+n}$ であり，右辺の分母からなる数列は単調増加数列だから，$\left\{\sqrt{n^2+1}-n\right\}_{n=1}^{\infty}$ は 0 に収束する単調減少数列である．よって，ライプニッツの定理により，級数 $\displaystyle\sum_{n=1}^{\infty}(-1)^n\left(\sqrt{n^2+1}-n\right)$ は収束する．一方，$3n^2 > 1$ だから

$$\sqrt{n^2+1}-n = \frac{1}{\sqrt{n^2+1}+n} > \frac{1}{\sqrt{4n^2}+n} = \frac{1}{3n}$$

であり，$\displaystyle\sum_{n=1}^{\infty}\frac{1}{3n} = \frac{1}{3}\sum_{n=1}^{\infty}\frac{1}{n}$ は発散するから，$\displaystyle\sum_{n=1}^{\infty}\left(\sqrt{n^2+1}-n\right)$ も発散する．ゆえに，$\displaystyle\sum_{n=1}^{\infty}(-1)^n\left(\sqrt{n^2+1}-n\right)$ は条件収束する．

(2) $\dfrac{n^n}{(n+1)^{n+1}}$ の分母と分子を n^n で割れば，$\dfrac{n^n}{(n+1)^{n+1}} = \dfrac{1}{\left(1+\frac{1}{n}\right)^n (n+1)}$ が得られる．数列 $\{n+1\}_{n=1}^{\infty}$ と $\left\{\left(1+\frac{1}{n}\right)^n\right\}_{n=1}^{\infty}$ はともに単調増加数列だから，$\left\{\dfrac{n^n}{(n+1)^{n+1}}\right\}_{n=1}^{\infty}$ は単調減少数列であり，

$$\lim_{n\to\infty}\frac{n^n}{(n+1)^{n+1}} = \lim_{n\to\infty}\frac{1}{\left(1+\frac{1}{n}\right)^n (n+1)} = \lim_{n\to\infty}\frac{1}{\left(1+\frac{1}{n}\right)^n}\lim_{n\to\infty}\frac{1}{n+1} = 0$$

となるから，ライプニッツの定理により，級数 $\displaystyle\sum_{n=1}^{\infty}\frac{(-1)^n n^n}{(n+1)^{n+1}}$ は収束する．一方，任意の自然数 n に対して $\left(1+\frac{1}{n}\right)^n < e$ だから

$$\frac{n^n}{(n+1)^{n+1}} = \frac{1}{\left(1+\frac{1}{n}\right)^n (n+1)} > \frac{1}{e(n+1)}$$

であり，$\displaystyle\sum_{n=1}^{\infty}\frac{1}{e(n+1)} = \frac{1}{e}\sum_{n=1}^{\infty}\frac{1}{n} - \frac{1}{e}$ は発散するから，$\displaystyle\sum_{n=1}^{\infty}\frac{n^n}{(n+1)^{n+1}}$ も発散する．ゆえに，$\displaystyle\sum_{n=1}^{\infty}\frac{(-1)^n n^n}{(n+1)^{n+1}}$ は条件収束する． //

♦ **問題 37** 次の級数は絶対収束・条件収束・発散のいずれであるか判定せよ．

(1) $\displaystyle\sum_{n=1}^{\infty}(-1)^{n-1}\left(\sqrt{n+1}-\sqrt{n}\right)$ (2) $\displaystyle\sum_{n=1}^{\infty}\frac{(-1)^n}{\sqrt{n}}\sin\frac{1}{n}$

38. 一般の級数の収束・発散を判定する

例題 38 次の級数は絶対収束・条件収束・発散のいずれであるか判定せよ．

(1) $\displaystyle\sum_{n=1}^{\infty} \frac{(n!)^2}{(2n)!} \sin\frac{\pi n}{12}$ (2) $\displaystyle\sum_{n=1}^{\infty} \frac{(\sin n)^n}{n!}$ (3) $\displaystyle\sum_{n=1}^{\infty} \frac{1}{n} \sin\frac{\pi n}{4}$

ポイント
- 各項の絶対値をとって得られる級数が収束すれば，もとの級数は収束する．
- 各項の絶対値をとって得られる級数は正項級数だから，その収束判定には「**正項級数の収束判定法**」(p.58) 以下で述べた種々の方法が適用できる．
- 与えられた級数が交代級数の和の形に表されていれば，交代級数の部分の収束判定にライプニッツの定理が使える．

解 (1) $a_n = \dfrac{(n!)^2}{(2n)!}$ とおくと，

$$\lim_{n\to\infty} \frac{a_{n+1}}{a_n} = \lim_{n\to\infty} \frac{(2n)!((n+1)!)^2}{(n!)^2(2n+2)!} = \lim_{n\to\infty} \frac{(n+1)^2}{(2n+2)(2n+1)} = \frac{1}{4} < 1$$

であるから，ダランベールの判定法により，正項級数 $\displaystyle\sum_{n=1}^{\infty} \frac{(n!)^2}{(2n)!}$ は収束する．
$\left|\dfrac{(n!)^2}{(2n)!}\sin\dfrac{\pi n}{12}\right| \le \dfrac{(n!)^2}{(2n)!}$ であるから，正項級数 $\displaystyle\sum_{n=1}^{\infty}\left|\frac{(n!)^2}{(2n)!}\sin\frac{\pi n}{12}\right|$ も収束する．
ゆえに，$\displaystyle\sum_{n=1}^{\infty} \frac{(n!)^2}{(2n)!}\sin\frac{\pi n}{12}$ は絶対収束する．

(2) $a_n = \dfrac{1}{n!}$ とおくと，$\displaystyle\lim_{n\to\infty}\frac{a_{n+1}}{a_n} = \lim_{n\to\infty}\frac{1}{n+1} = 0 < 1$ だから，ダランベールの判定法により，正項級数 $\displaystyle\sum_{n=1}^{\infty}\frac{1}{n!}$ は収束する．$|\sin n| \le 1$ だから $|(\sin n)^n| \le 1$ であることに注意すれば，$\left|\dfrac{(\sin n)^n}{n!}\right| \le \dfrac{1}{n!}$ だから正項級数 $\displaystyle\sum_{n=1}^{\infty}\left|\frac{(\sin n)^n}{n!}\right|$ は収束する．ゆえに，$\displaystyle\sum_{n=1}^{\infty}\frac{(\sin n)^n}{n!}$ は絶対収束する．

* T_k は S_{2k} の奇数番目の項全体の和であり，U_k は S_{2k} の偶数番目の項全体の和である．U_k の偶数番目の項はすべて 0 である．

(3) $S_k = \displaystyle\sum_{n=1}^{k}\frac{1}{n}\sin\frac{\pi n}{4}$ とおき，T_k, U_k を次のように定める．

$$T_k = \sum_{n=1}^{k}\frac{1}{2n-1}\sin\frac{\pi(2n-1)}{4}, \quad U_k = \sum_{n=1}^{k}\frac{1}{2n}\sin\frac{\pi(2n)}{4}$$

このとき，$T_{2k} = \displaystyle\sum_{n=1}^{k}\frac{(-1)^{n-1}}{\sqrt{2}}\left(\frac{1}{4n-3}+\frac{1}{4n-1}\right)$, $U_{2k} = \displaystyle\sum_{n=1}^{k}\frac{(-1)^{n-1}}{4n-2}$ であり，$\left\{\dfrac{1}{\sqrt{2}}\left(\dfrac{1}{4n-3}+\dfrac{1}{4n-1}\right)\right\}_{n=1}^{\infty}$ と $\left\{\dfrac{1}{4n-2}\right\}_{n=1}^{\infty}$ はともに 0 に収束する単調減少数列だから，ライプニッツの定理により，$\displaystyle\lim_{k\to\infty}T_{2k}$ と $\displaystyle\lim_{k\to\infty}U_{2k}$ は収束する．ここで，任意の自然数 k に対して $S_{4k} = T_{2k} + U_{2k}$ だから $\displaystyle\lim_{k\to\infty}S_{4k}$ は収束する．S_k の一般項 $\dfrac{1}{n}\sin\dfrac{\pi n}{4}$ は $n\to\infty$ のとき 0 に収束するので，$\displaystyle\sum_{n=1}^{\infty}\frac{1}{n}\sin\frac{\pi n}{4} = \lim_{k\to\infty}S_k$ も $\displaystyle\lim_{k\to\infty}S_{4k}$ に収束する．一方，$\displaystyle\sum_{n=1}^{\infty}\left|\frac{1}{n}\sin\frac{\pi n}{4}\right|$ の偶数番目の項全体からなる級数は

* $\displaystyle\sum_{n=1}^{\infty}\frac{1}{4n} = \frac{1}{4}\sum_{n=1}^{\infty}\frac{1}{n}$ は発散し，$\dfrac{1}{4n-2} > \dfrac{1}{4n}$ であることに注意．

$\displaystyle\sum_{n=1}^{\infty}\frac{1}{4n-2}$ であるが，この級数は発散するので，$\displaystyle\sum_{n=1}^{\infty}\left|\frac{1}{n}\sin\frac{\pi n}{4}\right|$ も発散する．以上から，$\displaystyle\sum_{n=1}^{\infty}\frac{1}{n}\sin\frac{\pi n}{4}$ は条件収束する． ∥

◆ **問題 38** 次の級数は絶対収束・条件収束・発散のいずれであるか判定せよ．

(1) $\displaystyle\sum_{n=1}^{\infty}\frac{2\sqrt{2}n - 2[\sqrt{2}n]}{n^2}$ (2) $\displaystyle\sum_{n=1}^{\infty}\frac{\cos(n!)}{n(n+1)}$

39. 整級数の収束半径を求める

例題 39 次の整級数の収束半径を求めよ．ただし，α は 0 以上の整数ではないとする．

(1) $\sum_{n=0}^{\infty} \binom{\alpha}{n} x^n$ (2) $\sum_{n=0}^{\infty} \binom{2n}{n} x^n$ (3) $\sum_{n=0}^{\infty} \binom{2n}{n} x^{2n}$ (4) $\sum_{n=0}^{\infty} \left(\frac{1+n}{2+n}\right)^{n^2} x^n$

ポイント
- $\sum_{n=0}^{\infty} a_n x^n$ の収束半径は「収束半径の求め方」(p.59) を用いる．
- $\sum_{n=0}^{\infty} a_n x^n$ の収束半径が R のとき，$\sum_{n=0}^{\infty} a_n x^{kn}$ $(k \in \mathbf{N})$ の収束半径は $\sqrt[k]{R}$ である．

解 (1) $a_n = \left|\binom{\alpha}{n}\right|$ とおくと，仮定から，すべての自然数 n に対して $a_n \neq 0$ である．

$$\lim_{n \to \infty} \frac{a_n}{a_{n+1}} = \lim_{n \to \infty} \frac{\left|\binom{\alpha}{n}\right|}{\left|\binom{\alpha}{n+1}\right|} = \lim_{n \to \infty} \frac{|\alpha(\alpha-1)\cdots(\alpha-n+1)|(n+1)!}{|\alpha(\alpha-1)\cdots(\alpha-n+1)(\alpha-n)|n!}$$

$$= \lim_{n \to \infty} \frac{n+1}{|\alpha-n|} = \lim_{n \to \infty} \frac{n+1}{n-\alpha} = 1$$

だから，$\sum_{n=0}^{\infty} \binom{\alpha}{n} x^n$ の収束半径は 1 である．

(2) $a_n = \left|\binom{2n}{n}\right|$ とおくと，

$$\lim_{n \to \infty} \frac{a_n}{a_{n+1}} = \lim_{n \to \infty} \frac{\binom{2n}{n}}{\binom{2n+2}{n+1}} = \lim_{n \to \infty} \frac{(2n)!((n+1)!)^2}{(n!)^2(2n+2)!} = \lim_{n \to \infty} \frac{(n+1)^2}{(2n+2)(2n+1)} = \frac{1}{4}$$

だから，$\sum_{n=0}^{\infty} \binom{2n}{n} x^n$ の収束半径は $\frac{1}{4}$ である．

(3) 前問の結果より，$\sum_{n=0}^{\infty} \frac{(2n)!}{(n!)^2} x^{2n}$ は $|x^2| < \frac{1}{4}$ で収束，$|x^2| > \frac{1}{4}$ で発散するから，$\sum_{n=0}^{\infty} \frac{(2n)!}{(n!)^2} x^{2n}$ の収束半径は $\frac{1}{2}$ である．

(4) $a_n = \left(\frac{1+n}{2+n}\right)^{n^2}$ とおけば

$$\lim_{n \to \infty} \frac{1}{\sqrt[n]{|a_n|}} = \lim_{n \to \infty} \left(\frac{2+n}{1+n}\right)^n = \lim_{n \to \infty} \left(1 + \frac{1}{1+n}\right)^{n+1} \left(1 + \frac{1}{1+n}\right)^{-1} = e$$

＊ $\lim_{n \to \infty}\left(1+\frac{1}{n}\right)^n = e$ が使える形に変形する．

だから，$\sum_{n=0}^{\infty} \left(\frac{1+n}{2+n}\right)^{n^2} x^n$ の収束半径は e である． //

♦ **問題 39** 次の整級数の収束半径を求めよ．

(1) $\sum_{n=0}^{\infty} \frac{(2n+1)!!}{(n+1)^n} x^n$ (2) $\sum_{n=0}^{\infty} \frac{n!}{(n+1)^n} x^{2n+1}$ (3) $\sum_{n=1}^{\infty} \left(\frac{n}{2n+1}\right)^n x^n$

積分の応用

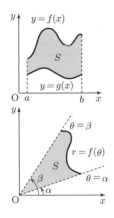

面　積

① 関数 f, g は閉区間 $[a, b]$ 上の連続関数で，$f(x) \geqq g(x)$ とする．
2 つの曲線 $y = f(x), y = g(x)$ と 2 本の直線 $x = a, x = b$ で囲まれた部分の面積を S とすれば，$S = \int_a^b (f(x) - g(x))\,dx$.

② 関数 f は閉区間 $[\alpha, \beta]$ 上の連続関数で，$f(\theta) \geqq 0$ とする．
極座標表示の曲線 $r = f(\theta)$ と 2 本の半直線 $\theta = \alpha, \theta = \beta$ で囲まれた部分の面積を S とすれば，$S = \dfrac{1}{2}\int_\alpha^\beta r^2\,d\theta = \dfrac{1}{2}\int_\alpha^\beta f(\theta)^2\,d\theta$.

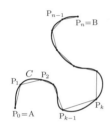

③ 関数 f, g は閉区間 $[a, b]$ 上の連続関数で，f は狭義単調増加関数，$g(t) \geqq 0$ とする．
パラメータ表示された曲線 $\begin{cases} x = f(t) \\ y = g(t) \end{cases} (a \leqq t \leqq b)$ と x 軸と 2 本の直線 $x = f(a)$, $x = f(b)$ で囲まれた面積を S とすれば，$S = \int_{f(a)}^{f(b)} g(f^{-1}(x))\,dx = \int_a^b g(t)f'(t)\,dt$.

曲線の長さ

C を平面上の曲線とし，その端点を A, B とする．
C 上に点 $A = P_0, P_1, P_2, \ldots, P_{n-1}, P_n = B$ をとり，線分 $P_{k-1}P_k$ の長さの和 $\sum_{k=1}^n \overline{P_{k-1}P_k}$ の $\max_{1 \leqq k \leqq n}\{\overline{P_{k-1}P_k}\} \to 0$ としたときの極限 L が存在するとき，C は**求長可能**であるといい，L を**曲線 C の長さ**という．

* C 上の点 $(\varphi(t_k), \psi(t_k))$ $(k = 0, 1, \ldots, n)$ を順につないでできる折れ線の長さが $S(\Delta)$ である．

* $[\alpha, \beta]$ の分割を細かくすれば，折れ線の長さは長くなる．

* C 上の点を順につないだすべての折れ線の長さ以上の数のうちで最小のものが C の長さである．

★ 曲線の長さの厳密な定義：曲線 C が閉区間 $[\alpha, \beta]$ 上の連続関数 φ, ψ を用いて
$\begin{cases} x = \varphi(t) \\ y = \psi(t) \end{cases} (\alpha \leqq t \leqq \beta)$ とパラメータ表示されているとき，区間 $[\alpha, \beta]$ の分割 $\Delta = \{t_0, t_1, t_2, \ldots, t_n\}$ (☞「リーマン和と定積分」(p.42)) に対して
$$S(\Delta) = \sum_{k=1}^n \sqrt{(\varphi(t_k) - \varphi(t_{k-1}))^2 + (\psi(t_k) - \psi(t_{k-1}))^2}$$
とおく．次の条件 Ⓐ と Ⓑ をみたす実数 L が存在すれば，L を C の**長さ**という．
　Ⓐ $[\alpha, \beta]$ の任意の分割 Δ に対して $S(\Delta) \leqq L$.
　Ⓑ $M < L$ ならば，$[\alpha, \beta]$ の分割 Δ で $S(\Delta) > M$ をみたすものが存在する．

曲線の長さの計算法

① 関数 φ, ψ を閉区間 $[\alpha, \beta]$ 上の C^1 級関数とする．
$\begin{cases} x = \varphi(t) \\ y = \psi(t) \end{cases} (\alpha \leqq t \leqq \beta)$ によってパラメータ表示される曲線の長さを L とすれば，
$$L = \int_\alpha^\beta \sqrt{\left(\dfrac{dx}{dt}\right)^2 + \left(\dfrac{dy}{dt}\right)^2}\,dt = \int_\alpha^\beta \sqrt{\varphi'(t)^2 + \psi'(t)^2}\,dt.$$

* f のグラフ $y = f(x)$ は
$\begin{cases} x = t \\ y = f(t) \end{cases}$
とパラメータ表示されるから①から②が得られる．

② 関数 f を閉区間 $[a, b]$ 上の C^1 級関数とする．
f のグラフ $y = f(x)$ $(a \leqq x \leqq b)$ の長さを L とすれば，
$$L = \int_a^b \sqrt{1 + \left(\dfrac{dy}{dx}\right)^2}\,dx = \int_a^b \sqrt{1 + f'(x)^2}\,dx.$$

* 曲線 $r = f(\theta)$ は
$\begin{cases} x = f(\theta)\cos\theta \\ y = f(\theta)\sin\theta \end{cases}$
とパラメータ表示されるから①から③が得られる．

③ 関数 f を閉区間 $[\alpha, \beta]$ 上の C^1 級関数かつ正値関数とする．
極座標表示された曲線 $r = f(\theta)$ $(\alpha \leqq \theta \leqq \beta)$ の長さ L とすれば，
$$L = \int_\alpha^\beta \sqrt{r^2 + \left(\dfrac{dr}{d\theta}\right)^2}\,d\theta = \int_\alpha^\beta \sqrt{f(\theta)^2 + f'(\theta)^2}\,d\theta.$$

積分の応用

回転体の体積と表面積　f を閉区間 $[a,b]$ 上の連続関数とする.

❋ 曲線 $y = f(x)$ の $a \leqq x \leqq b$ の部分を x 軸のまわりに回転してできる立体の体積を V とすると, $V = \pi \int_a^b y^2\, dx = \pi \int_a^b f(x)^2\, dx$.

❋ 曲線 $y = f(x)$ の $a \leqq x \leqq b$ の部分を x 軸のまわりに回転してできる立体の側面積を S とすると,

$$S = 2\pi \int_a^b y\sqrt{1 + \left(\frac{dy}{dx}\right)^2}\, dx = 2\pi \int_a^b f(x)\sqrt{1 + f'(x)^2}\, dx.$$

＊体積および表面積の厳密な定義は後述の重積分を用いて行われる.

微分方程式

x の未知の関数 y ついての n 階までの導関数を含む方程式

$$F(x, y, y', \ldots, y^{(n)}) = 0$$

を n **階微分方程式**という.

・n 階微分方程式において, n 個の任意定数を含む解を**一般解**という.

・一般解に含まれる任意定数にどんな値を代入しても得られない解があれば, そのような解を**特異解**という.

・n 階微分方程式において, x のある特定の値における y と, その $(n-1)$ 階までの導関数 $y', y'', \ldots, y^{(n-1)}$ の値を指定する条件を**初期条件**という.

・n 階微分方程式において, n 個の任意定数に特定の値を代入して得られる解を**特殊解**という. 初期条件をみたす解は特殊解である.

基本的な微分方程式の解法

❋ 変数分離形　$\dfrac{dy}{dx} = f(x)g(y)$ $(g(y) \neq 0)$ の解法：

$$\int \frac{1}{g(y)}\, dy = \int f(x)\, dx + C \quad (C \text{ は任意定数})$$

の両辺の積分を求めて, (可能であれば) y について解く.

＊$g(c) = 0$ となる c がある場合は定数値関数 $y = c$ は解である. このような解は特異解であることが多い.

❋ 同次形　$\dfrac{dy}{dx} = f\left(\dfrac{y}{x}\right)$ の解法：

$z = \dfrac{y}{x}$ とおけば $y = xz, \dfrac{dy}{dx} = \dfrac{dz}{dx}x + z$ より, z についての変数分離形の方程式

$$\frac{dz}{dx} = \frac{f(z) - z}{x}$$

に帰着する.

❋ 1階線形微分方程式　$\dfrac{dy}{dx} + P(x)y = Q(x)$ の解法：

・$C(x) = ye^{\int P(x)dx}$ とおけば $y = C(x)e^{-\int P(x)dx}$ より, $C(x)$ に関する方程式

$$C'(x)e^{-\int P(x)dx} = Q(x)$$

に帰着させることができて, 一般解

$$y = e^{-\int P(x)dx}\left(\int Q(x)e^{\int P(x)dx}\, dx + C\right) \quad (C \text{ は任意定数})$$

が得られる.

40. 面積を求める

例題 40.1 以下の方程式で与えられる座標平面上の曲線で囲まれた領域の面積を求めよ．

(1) $(x^2 + y^2 - 2x)^2 = 4(x^2 + y^2)$ (2) $(x^2 + y^2)^3 = 4x^2 y^2$

> **ポイント**
> - 直交座標で表された方程式に $x = r\cos\theta, y = r\sin\theta$ を代入して極座標の方程式に書き直す．
> - 上で得られた方程式をみたす 0 以上の r が存在する θ の範囲を求め，さらに方程式を r について解いて，$r = f(\theta)$ の形にする．
> - 曲線の概形を把握して，「面積」(p.64) ② を用いて計算する．その際に曲線の対称性に注意すれば，計算が楽になる場合がある．

* $r = 0$ は原点を表すので，原点以外の曲線の点がみたす方程式を求めるために，極座標で表された方程式の両辺を r で割る．

解 (1) 与えられた方程式に $x = r\cos\theta, y = r\sin\theta$ $(0 \leqq \theta \leqq 2\pi)$ を代入すれば $(r^2 - 2r\cos\theta)^2 = 4r^2$ であり，この両辺を r^2 で割れば
$$(r - 2\cos\theta)^2 = 4$$
となる．したがって $r = \pm 2 + 2\cos\theta$ であるが，$r = -2 + 2\cos\theta$ ならば θ が 2π の整数倍の場合以外は r は負になるので，与えられた曲線の極座標表示は
$$r = 2(1 + \cos\theta)$$
である．このとき，θ は 0 から 2π まで動いても r は負にならないので，θ が動く範囲は 0 から 2π である．さらに，θ が 0 から π まで動く間に r は 4 から 0 に単調に減少して，π から 2π まで動く間に r は 0 から 4 に単調に増加するので，$r = 2(1 + \cos\theta)$ で与えられる曲線の概形は左図のようになる．したがって，求める面積は次で与えられる．

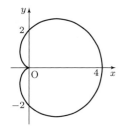

$$\frac{1}{2} \int_0^{2\pi} 4(1 + \cos\theta)^2 \, d\theta = \int_0^{2\pi} (3 + 4\cos\theta + \cos(2\theta)) \, d\theta = 6\pi$$

(2) (x, y) が与えられた方程式をみたせば，$(x, -y), (-x, y)$ も与えられた方程式をみたすので，与えられた方程式が定める曲線は x 軸と y 軸について対称である．したがって，与えられた曲線で囲まれた領域の第 1 象限の部分の面積を求めて 4 倍すればよい．与えられた方程式に $x = r\cos\theta, y = r\sin\theta$ $(0 \leqq \theta \leqq \frac{\pi}{2})$ を代入すれば $r^6 = 4r^4\cos^2\theta\sin^2\theta = r^4\sin^2(2\theta)$ であり，この両辺を r^4 で割れば $r^2 = \sin^2(2\theta)$ が得られる．$0 \leqq \theta \leqq \frac{\pi}{2}$ で $\sin(2\theta) \geqq 0$ だから，与えられた曲線の極座標表示は
$$r = \sin(2\theta)$$
である．θ が 0 から $\frac{\pi}{4}$ まで動く間に r は 0 から 1 まで単調に増加して，$\frac{\pi}{4}$ から $\frac{\pi}{2}$ まで動く間に r は 1 から 0 まで単調に減少するので，$r = \sin(2\theta)$ で与えられる曲線の概形は左図のようになる．ゆえに求める面積は次で与えられる．

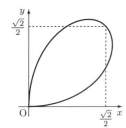

$$4 \times \frac{1}{2} \int_0^{\frac{\pi}{2}} \sin^2(2\theta) \, d\theta = \int_0^{\frac{\pi}{2}} (1 - \cos(4\theta)) \, d\theta = \frac{\pi}{2} \qquad /\!/$$

> **補足** 上の例題の (1) の方程式は y について $y = \pm\sqrt{-x^2 + 2x \pm 2\sqrt{2x+1} + 2}$ と解けるが，領域を分割して，この右辺の積分を計算することによって面積を求めるのは困難である．

◆ **問題 40.1** 以下の方程式で与えられる座標平面上の曲線で囲まれた領域の面積を求めよ．

(1) $(x^2 + y^2)^2 = 4x^2 y$ (2) $(x^2 + y^2)^2 = y^3$ (3) $(x^2 + y^2)^2 = 3x^2 y - y^3$

積分の応用

例題 40.2 次の曲線と x 軸で囲まれた領域の面積を求めよ.
$$\begin{cases} x = \sqrt{3}\cos t + \sin t \\ y = -\sqrt{3}\cos t + \sin t \end{cases} \quad \left(\frac{\pi}{3} \leqq t \leqq \frac{4\pi}{3}\right)$$

ポイント
- $\dfrac{dx}{dt}$ の符号を調べ,x が t の関数として単調である区間を求めて,それらの区間ごとに曲線を分割する.
- x が区間 I で単調であるとき,$\dfrac{dy}{dt}$ の符号を調べることによって I における y の増減を調べて,t が I を動いて得られる曲線の概形を描く.
- 分割された曲線の上下関係を調べ,与えられた領域の形を把握したうえで,積分を用いてその面積を求める(「面積」(p.64)③ 参照).

解 $\dfrac{dx}{dt} = -\sqrt{3}\sin t + \cos t = 2\sin\left(t + \dfrac{5\pi}{6}\right)$ だから x は区間 $\left[\dfrac{\pi}{3}, \dfrac{7\pi}{6}\right]$ で $\sqrt{3}$ から -2 まで単調に減少し,区間 $\left[\dfrac{7\pi}{6}, \dfrac{4\pi}{3}\right]$ で -2 から $-\sqrt{3}$ まで単調に増加する.そこで,t が区間 $\left[\dfrac{\pi}{3}, \dfrac{7\pi}{6}\right]$ を動いたときの曲線を C_1 とし,区間 $\left[\dfrac{7\pi}{6}, \dfrac{4\pi}{3}\right]$ を動いたときの曲線を C_2 とする.

また,$\dfrac{dy}{dt} = \sqrt{3}\sin t + \cos t = 2\sin\left(t + \dfrac{\pi}{3}\right)$ だから y は t の区間 $\left[\dfrac{\pi}{3}, \dfrac{2\pi}{3}\right]$ で 0 から 2 まで単調に増加し,区間 $\left[\dfrac{2\pi}{3}, \dfrac{7\pi}{6}\right]$ で 2 から 1 まで単調に減少する.さらに,y は t の区間 $\left[\dfrac{7\pi}{6}, \dfrac{4\pi}{3}\right]$ で 1 から 0 まで単調に減少する.

$t = \dfrac{\pi}{3}$ のとき $(x,y) = (\sqrt{3}, 0)$,$t = \dfrac{2\pi}{3}$ のとき $(x,y) = (-1, 2)$,$t = \dfrac{2\pi}{3}$ のとき $(x,y) = (-2, 1)$,$t = \dfrac{4\pi}{3}$ のとき $(x,y) = (-\sqrt{3}, 0)$ であることに注意すれば,C_1 の概形は右図の $(-2, 1)$ から上方に向かって $(-1, 2)$ を通り $(\sqrt{3}, 0)$ に達する曲線であり,C_2 の概形は右図の $(-2, 1)$ から下方に向かって $(-\sqrt{3}, 0)$ に達する曲線である.したがって,C_1,x 軸,直線 $x = -2$ で囲まれた領域の面積は

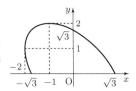

$$\int_{-2}^{\sqrt{3}} y\, dx = \int_{\frac{7\pi}{6}}^{\frac{\pi}{3}} y\frac{dx}{dt}\, dt = \int_{\frac{7\pi}{6}}^{\frac{\pi}{3}} 4\sin\left(t - \frac{\pi}{3}\right)\sin\left(t + \frac{5\pi}{6}\right) dt$$
$$= \int_{\frac{\pi}{3}}^{\frac{7\pi}{6}} 2\left(\cos\left(2t + \frac{\pi}{2}\right) - \cos\left(-\frac{7\pi}{6}\right)\right) dt = 1 + \frac{5\sqrt{3}\pi}{6}$$

であり,C_2,x 軸,直線 $x = -2$ で囲まれた領域の面積は

$$\int_{-2}^{-\sqrt{3}} y\, dx = \int_{\frac{7\pi}{6}}^{\frac{4\pi}{3}} y\frac{dx}{dt}\, dt = \int_{\frac{7\pi}{6}}^{\frac{4\pi}{3}} 4\sin\left(t - \frac{\pi}{3}\right)\sin\left(t + \frac{5\pi}{6}\right) dt$$
$$= \int_{\frac{7\pi}{6}}^{\frac{4\pi}{3}} 2\left(\cos\left(-\frac{7\pi}{6}\right) - \cos\left(2t + \frac{\pi}{2}\right)\right) dt = 1 - \frac{\sqrt{3}\pi}{6}$$

である.以上から求める面積は $\left(1 + \dfrac{5\sqrt{3}\pi}{6}\right) - \left(1 - \dfrac{\sqrt{3}\pi}{6}\right) = \sqrt{3}\pi$ である. ∥

♦ **問題 40.2** 以下の曲線と x 軸で囲まれた領域の面積を求めよ.

(1) $\begin{cases} x = t^3 + 3t \\ y = 2t - t^2 \end{cases}$ $(0 \leqq t \leqq 2)$

(2) $\begin{cases} x = t^3 \\ y = \frac{1}{2}(1 + 2t^2)\sqrt{1 - t^2} \end{cases}$ $(-1 \leqq t \leqq 1)$

(3) $\begin{cases} x = t^2 + 2t - 8 \\ y = -t^2 + 2t + 8 \end{cases}$ $(-2 \leqq t \leqq 4)$

41. 曲線の長さを求める

例題 41 次の曲線の長さを求めよ.

(1) $y = \dfrac{1}{6}x^3 + \dfrac{1}{2x}$ $(1 \leqq x \leqq 2)$

(2) $\begin{cases} x = 5\cos t - \cos(5t) \\ y = 5\sin t - \sin(5t) \end{cases}$ $(0 \leqq t \leqq 2\pi)$

(3) $r = \sin^n \dfrac{\theta}{n}$ $\left(0 \leqq \theta \leqq \dfrac{\pi n}{2},\ n\text{ は自然数}\right)$

(4) $(x^2 + y^2 - 2x)^2 = 4(x^2 + y^2)$

ポイント
- 曲線が「ある関数のグラフ」「パラメータ表示」「極座標表示」のいずれかの形で与えられている場合は，それぞれの場合に応じて**曲線の長さの計算法**(p.64) ①，②，③の公式を用いる．
- 曲線が x, y の方程式で与えられており，y を x の関数として表すことが難しい場合は，極座標表示またはパラメータ表示で表すことを試みる．
- 被積分関数に含まれる根号を外すときは関数の符号に注意する．

解 (1) $\dfrac{dy}{dx} = \dfrac{x^2}{2} - \dfrac{1}{2x^2}$ だから，求める曲線の長さは

$$\int_1^2 \sqrt{1 + \left(\dfrac{dy}{dx}\right)^2}\,dx = \int_1^2 \left(\dfrac{x^2}{2} + \dfrac{1}{2x^2}\right)dx = \left[\dfrac{x^3}{6} - \dfrac{1}{2x}\right]_1^2 = \dfrac{17}{12}.$$

(2) $\dfrac{dx}{dt} = -5\sin t + 5\sin(5t),\ \dfrac{dy}{dt} = 5\cos t - 5\cos(5t)$ だから，求める曲線の長さは，

$$\int_0^{2\pi} \sqrt{\left(\dfrac{dx}{dt}\right)^2 + \left(\dfrac{dy}{dt}\right)^2}\,dt = \int_0^{2\pi} \sqrt{50(1 - \cos t \cos(5t) - \sin t \sin(5t))}\,dt$$

$$= \int_0^{2\pi} \sqrt{50(1 - \cos(4t))}\,dt = 10\int_0^{2\pi} |\sin(2t)|\,dt = 40\int_0^{\frac{\pi}{2}} \sin(2t)\,dt = 40.$$

(3) $\dfrac{dr}{d\theta} = \cos\dfrac{\theta}{n} \sin^{n-1}\dfrac{\theta}{n}$ だから，求める曲線の長さは

$$\int_0^{\frac{\pi n}{2}} \sqrt{r^2 + \left(\dfrac{dr}{d\theta}\right)^2}\,d\theta = \int_0^{\frac{\pi n}{2}} \sqrt{\sin^{2n}\dfrac{\theta}{n} + \cos^2\dfrac{\theta}{n}\sin^{2n-2}\dfrac{\theta}{n}}\,d\theta$$

$$= \int_0^{\frac{\pi n}{2}} \sin^{n-1}\dfrac{\theta}{n}\,d\theta = \int_0^{\frac{\pi}{2}} n\sin^{n-1}\varphi\,d\varphi = \begin{cases} \dfrac{\pi(2k+1)!!}{2(2k)!!} & (n = 2k+1) \\ \dfrac{(2k+2)!!}{(2k+1)!!} & (n = 2k+2). \end{cases}$$

*「積分の漸化式」(p.43) の公式を用いた．

(4) 例題 40.1(1) の解答と同様に，$x = r\cos\theta, y = r\sin\theta$ を与えられた方程式に代入すれば，極座標表示 $r = 2(1 + \cos\theta)$ $(0 \leqq \theta \leqq 2\pi)$ が得られる．$\dfrac{dr}{d\theta} = -2\sin\theta$ だから，求める曲線の長さは，

$$\int_0^{2\pi} \sqrt{r^2 + \left(\dfrac{dr}{d\theta}\right)^2}\,d\theta = \int_0^{2\pi} \sqrt{8(1 + \cos\theta)}\,d\theta = \int_0^{2\pi} 4\left|\cos\dfrac{\theta}{2}\right|d\theta$$

$$= \int_0^{\pi} 4\cos\dfrac{\theta}{2}\,d\theta - \int_{\pi}^{2\pi} 4\cos\dfrac{\theta}{2}\,d\theta = 16. \qquad \text{//}$$

◆ **問題 41** 次の曲線の長さを求めよ．

(1) $y = \dfrac{1}{4}x^2 \log x - \dfrac{1}{8}x^2 - \dfrac{1}{2}\log(\log x)$ $(e \leqq x \leqq e^a)$

(2) $\begin{cases} x = 2\cos t + \cos(2t) \\ y = 2\sin t - \sin(2t) \end{cases}$ $(0 \leqq t \leqq 2\pi)$ \qquad (3) $r = \theta^2$ $(0 \leqq \theta \leqq a)$

42. 微分方程式を解く

例題 42 次の微分方程式の解を求めよ．

(1) $\dfrac{dy}{dx} = y(1-y)$ (2) $\dfrac{dy}{dx} = \dfrac{x^2 + 2y^2}{xy}$ (3) $\dfrac{dy}{dx} - 2xy = 2x^3$

ポイント
- 「変数分離形」「同次形」「1 階線形微分方程式」のいずれであるか判定する．
- 「微分方程式」(p.65) の手法を用いて解く．

解 (1) つねに値が 0 である定数値関数と，つねに値が 1 である定数値関数は与えられた微分方程式の解である．それ以外の解を求めるために，与えられた方程式の両辺を $y(1-y)$ で割れば $\dfrac{1}{y(1-y)}\dfrac{dy}{dx} = 1$ が得られる．この両辺を x で積分すれば

$$\int \frac{1}{y(1-y)} \frac{dy}{dx}\,dx = \int 1\,dx$$

となり，左辺は

$$\int \frac{1}{y(1-y)}\,dy = \int \left(\frac{1}{y} - \frac{1}{y-1}\right) dy = \log|y| - \log|y-1|,$$

右辺は $\int 1\,dx = x + C$ となるので，$\log\left|\dfrac{y}{y-1}\right| = x + C$ が成り立つ．したがって $\left|\dfrac{y}{y-1}\right| = e^{x+C}$ だから，$\pm e^C$ を改めて C とおけば $\dfrac{y}{y-1} = Ce^x$ である．この等式を y について解けば，一般解 $y = \dfrac{Ce^x}{Ce^x - 1} = \dfrac{C}{C - e^{-x}}$ が得られる．

*定数値関数の解 $y = 0$ は一般解の任意定数 C を 0 とおいて得られる解であるが，定数値関数の解 $y = 1$ は一般解から得られないので，与えられた微分方程式の特異解である．

(2) $z = \dfrac{y}{x}$ とおけば $y = xz$ だから

$$\frac{dy}{dx} = z + x\frac{dz}{dx}$$

である．これを与えられた方程式に代入すれば，$z + x\dfrac{dz}{dx} = \dfrac{1}{z} + 2z$ より

$$\frac{2z}{1+z^2}\frac{dz}{dx} = \frac{2}{x}$$

が得られる．この両辺を x で積分すれば

$$\int \frac{2z}{1+z^2}\frac{dz}{dx}\,dx = \int \frac{2}{x}\,dx$$

となり，左辺は $\int \dfrac{2z}{1+z^2}\,dz = \log(1+z^2)$，右辺は $\int \dfrac{2}{x}\,dx = 2\log|x| + C$ となるので，$\log(1+z^2) = \log x^2 + C$ が成り立つ．したがって，e^C を改めて C とおけば $1 + z^2 = Cx^2$ だから

$$\frac{y}{x} = z = \pm\sqrt{Cx^2 - 1}$$

である．ゆえに $y = x\sqrt{Cx^2 - 1},\ y = -x\sqrt{Cx^2 - 1}$ が求める解である．

(3) $\int 2x\,dx = x^2$ であり，$t = x^2$ と変数変換すれば

$$\int 2x^3 e^{-x^2}\,dx = \int t e^{-t}\,dt = -te^{-t} + \int e^{-t}\,dt = -(t+1)e^{-t} = -(x^2+1)e^{-x^2}$$

より，求める解は $y = e^{x^2}\left(C - (x^2+1)e^{-x^2}\right) = Ce^{x^2} - x^2 - 1$ である． ∥

◆**問題 42** 次の微分方程式の解を求めよ．

(1) $\dfrac{dy}{dx} = \dfrac{1+y^2}{x}$ (2) $\dfrac{dy}{dx} = \dfrac{2x^2 + y^2}{xy}$ (3) $\dfrac{dy}{dx} + \dfrac{2y}{x} = \dfrac{1}{x^2}$

多変数関数の極限

ユークリッド空間

- $\mathbf{R}^n = \{(x_1, x_2, \ldots, x_n) \mid x_i \in \mathbf{R}\ (i=1,2,\ldots,n)\}$ を n 次元ユークリッド空間という.
- $\mathbf{R}^n$ の2点 $(p_1, p_2, \ldots, p_n)$ と $(q_1, q_2, \ldots, q_n)$ の間の距離は
$$\sqrt{(p_1-q_1)^2 + (p_2-q_2)^2 + \cdots + (p_n-q_n)^2}$$
で与えられる.
- $\mathbf{R}^n$ の点 P との距離が ε より短い点全体からなる集合を $B(\mathrm{P};\varepsilon)$ で表す.
- $\mathbf{R}^2$ は座標平面 (xy 平面), $\mathbf{R}^3$ は座標空間 (xyz 空間) と同一視される.

* $\mathbf{R}^n$ の要素を $\mathbf{R}^2, \mathbf{R}^3$ にならって点という. また, すべての座標が 0 である点を原点という.

$\mathbf{R}^n$ の部分集合
D を $\mathbf{R}^n$ の部分集合とする.

- $\mathbf{R}^n$ の点 P が, 任意の $\varepsilon > 0$ に対して $D \cap B(\mathrm{P};\varepsilon) \neq \emptyset$ かつ $B(\mathrm{P};\varepsilon) \not\subset D$ をみたすとき, P を D の**境界点**という.
- D の境界点全体からなる集合を D の**境界**といい, ∂D で表す.
- $\overset{\circ}{D} = D - \partial D$ を D の**内部**, $\overline{D} = D \cup \partial D$ を D の**閉包**という.
  一般に $\overset{\circ}{D} \subset D \subset \overline{D}$ が成り立つ.
- $\overset{\circ}{D} = D$ となるとき D を**開集合**, $\overline{D} = D$ となるとき D を**閉集合**という.
- ある $r > 0$ があって, 原点と D の任意の点との距離が r 以下であるとき, D は**有界**であるという. そのような r が存在しないとき, **有界でない** (**非有界**) という.

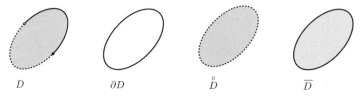

D　　　∂D　　　$\overset{\circ}{D}$　　　$\overline{D}$

多変数関数

$\mathbf{R}^n$ の部分集合 D で定義された関数 $f: D \to \mathbf{R}$ を n **変数関数**という.
- とくに $n \geq 2$ のとき, **多変数関数**という.
- とくに断わらない限り, f の定義域は f が定義される最大の集合とする.

* 以降, 本書では $n=2$ の場合を主として扱う.

2 変数関数のグラフ
f を $D \subset \mathbf{R}^2$ 上定義された関数とする.
$\mathbf{R}^3$ の部分集合 $\{(x,y,z) \mid z = f(x,y),\ (x,y) \in D\}$ を f の**グラフ**という.

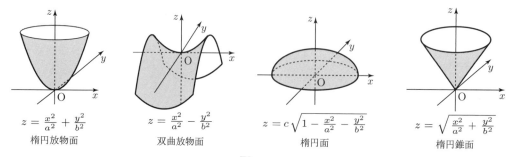

$z = \dfrac{x^2}{a^2} + \dfrac{y^2}{b^2}$　　$z = \dfrac{x^2}{a^2} - \dfrac{y^2}{b^2}$　　$z = c\sqrt{1 - \dfrac{x^2}{a^2} - \dfrac{y^2}{b^2}}$　　$z = \sqrt{\dfrac{x^2}{a^2} + \dfrac{y^2}{b^2}}$

楕円放物面　　双曲放物面　　楕円面　　楕円錐面

多変数関数の極限

2 変数関数の極限 f を $\mathbf{R}^2$ の部分集合 D で定義された関数，$(a,b) \in \overline{D}$ とする. 点 $(x,y) \neq (a,b)$ が D 内をどのように (a,b) に近づいても $f(x,y)$ が定数 ℓ に近づくとき，ℓ を $(x,y) \to (a,b)$ のときの f の極限といい，次のように表す.

$$\lim_{(x,y) \to (a,b)} f(x,y) = \ell \quad \text{または} \quad (x,y) \to (a,b) \text{ のとき } f(x,y) \to \ell$$

＊近づく点 (a,b) は定義域 D に属していなくてもよい.

＊ ε-δ 論法による $\displaystyle\lim_{(x,y) \to (a,b)} f(x,y) = \ell$ の定義：

任意の $\varepsilon > 0$ に対し，ある $\delta > 0$ が存在して，$0 < \sqrt{(x-a)^2 + (y-b)^2} < \delta$ をみたすすべての $(x,y) \in D$ に対して，$|f(x,y) - \ell| < \varepsilon$ が成り立つ.

＊☞「関数の極限の厳密な定義」(p.19)

2 変数関数の極限の性質

関数 f, g について

$$\lim_{(x,y) \to (a,b)} f(x,y) = \ell, \qquad \lim_{(x,y) \to (a,b)} g(x,y) = m$$

がともに存在するとき，以下の等式が成り立つ.

- $\displaystyle\lim_{(x,y) \to (a,b)} (\alpha f(x,y) + \beta g(x,y)) = \alpha \ell + \beta m$
- $\displaystyle\lim_{(x,y) \to (a,b)} f(x,y) g(x,y) = \ell m$
- $\displaystyle\lim_{(x,y) \to (a,b)} \frac{f(x,y)}{g(x,y)} = \frac{\ell}{m} \quad (m \neq 0)$
- $\displaystyle\lim_{(x,y) \to (a,b)} |f(x,y)| = |\ell|$

2 変数関数の連続性 f を $\mathbf{R}^2$ の部分集合 D で定義された関数，$(a,b) \in D$ とする.

- $\displaystyle\lim_{(x,y) \to (a,b)} f(x,y) = f(a,b)$ が成り立つとき，f は点 (a,b) で**連続**であるという.
- f が D のすべての点で連続であるとき，f を D 上の**連続関数**という.
- f, g を D 上の連続関数，$\alpha, \beta \in \mathbf{R}$ とする. $(x,y) \in D$ をそれぞれ

$$\alpha f(x,y) + \beta g(x,y), \quad f(x,y) g(x,y), \quad |f(x,y)|$$

に対応させる関数は，すべて D 上の連続関数である. また，各 $(x,y) \in D$ に対して $g(x,y) \neq 0$ ならば $(x,y) \in D$ を $\dfrac{f(x,y)}{g(x,y)}$ に対応させる関数は D 上の連続関数である.

- φ, ψ を $E \subset \mathbf{R}^2$ で定義された関数とし，$(x,y) \in E$ ならば $(\varphi(x,y), \psi(x,y)) \in D$ であるとする. f が (a,b) で連続であり，$(p,q) \in \overline{E}$ に対して

$$\lim_{(x,y) \to (p,q)} \varphi(x,y) = a \quad \text{かつ} \quad \lim_{(x,y) \to (p,q)} \psi(x,y) = b$$

ならば，次の等式が成り立つ.

$$\lim_{(x,y) \to (a,b)} f(\varphi(x,y), \psi(x,y)) = f(a,b)$$

したがって，φ, ψ, f がすべて連続関数ならば，$(x,y) \in E$ を $f(\varphi(x,y), \psi(x,y))$ に対応させる合成関数も連続関数である.

2 変数関数の最大値・最小値の定理

$\mathbf{R}^2$ の有界閉集合で定義された連続関数は最大値と最小値をもつ.

43. 2変数関数の極限を調べる

例題 43 次の極限を調べよ．

(1) $\displaystyle\lim_{(x,y)\to(0,0)} \frac{xy^2}{x^2+y^4}$

(2) $\displaystyle\lim_{(x,y)\to(0,0)} \frac{xy^3}{x^2+y^4}$

ポイント

関数 f の $(x,y) \to (a,b)$ としたときの極限について．

① $\displaystyle\lim_{(x,y)\to(a,b)} f(x,y) = \ell$ を示すには：
- 極限値 ℓ を予想する．
- x, y の関数 g で不等式 $|f(x,y) - \ell| \leq g(x,y)$ と $\displaystyle\lim_{(x,y)\to(a,b)} g(x,y) = 0$ をみたすものをみつける．例えば，g として
$$g(x,y) = (p|x-a|^m + q|y-b|^n)^l \quad (p, q \geq 0,\ l, m, n > 0)$$
という形のもの，または r の関数 φ で $\displaystyle\lim_{r\to +0} \varphi(r) = 0$ をみたすものに対して
$$g(x,y) = \varphi\left(\sqrt{(x-a)^2 + (y-b)^2}\right)$$
という形に表せるものをみつける．

② 極限値をもたないことを示すには：
- 点 (a,b) を通る複数の曲線を考える．例：$x = a + t,\ y = b + kt^m$ など．
- それらの曲線に沿って (x,y) を (a,b) に近づけたとき，曲線によって $f(x,y)$ が異なる値に近づくことを示す．

解 (1) k を定数として，原点を通る曲線 $x = kt^2, y = t$ を考える．t を 0 に近づけたとき，(x,y) は $(0,0)$ に近づく．一方，$t \neq 0$ ならば
$$\frac{xy^2}{x^2+y^4} = \frac{kt^4}{(k^2+1)t^4} = \frac{k}{k^2+1}$$
が成り立つので，(x,y) が曲線 $x = kt^2, y = t$ 上を動きながら $(0,0)$ に近づくとき，$\dfrac{xy^2}{x^2+y^4}$ はつねに一定の値 $\dfrac{k}{k^2+1}$ をとるので，この場合の $\dfrac{xy^2}{x^2+y^4}$ の極限値は $\dfrac{k}{k^2+1}$ である．ところが，この値は k の値によって異なるので，$\displaystyle\lim_{(x,y)\to(0,0)} \frac{xy^2}{x^2+y^4}$ は存在しない．

(2) (相加平均) $\geq$ (相乗平均) より次の不等式が得られる．
$$\frac{x^2+y^4}{2} \geq \sqrt{x^2 y^4} = |x|y^2$$
よって，$(x,y) \neq (0,0)$ ならば $\dfrac{|x|y^2}{x^2+y^4} \leq \dfrac{1}{2}$ が成り立ち，この両辺に $|y|$ をかければ
$$\left|\frac{xy^3}{x^2+y^4}\right| \leq \frac{|y|}{2}$$
が得られる．ここで，$(x,y) \to (0,0)$ のとき $|y| \to 0$ だから，上の不等式から，$\displaystyle\lim_{(x,y)\to(0,0)} \frac{xy^3}{x^2+y^4} = 0$ である． ∥

◆ **問題 43** 次の極限を調べよ．

(1) $\displaystyle\lim_{(x,y)\to(0,0)} \frac{\sin(xy)}{x^2+y^2}$

(2) $\displaystyle\lim_{(x,y)\to(0,0)} \frac{\sin(xy)}{\sqrt{x^2+y^2}}$

44. 2変数関数の連続性を調べる

例題 44 次の関数 f の点 $(0,0)$ における連続性を調べよ．

(1) $f(x,y) = \begin{cases} \dfrac{x^3 - 3xy}{x^2 + y^2} & ((x,y) \neq (0,0)) \\ 0 & ((x,y) = (0,0)) \end{cases}$

(2) $f(x,y) = \begin{cases} \dfrac{e^{2xy} - 1}{\sqrt{x^2 + y^2}} & ((x,y) \neq (0,0)) \\ 1 & ((x,y) = (0,0)) \end{cases}$

ポイント 関数 f の点 (a,b) での連続性について．

① 連続な場合：$\lim\limits_{(x,y) \to (a,b)} f(x,y) = f(a,b)$ を示す．

そのために例題 43 のポイント①で述べた方法を用いる．

② 不連続な場合：次のどちらかを示す．
- $\lim\limits_{(x,y) \to (a,b)} f(x,y)$ が存在しない．
- $\lim\limits_{(x,y) \to (a,b)} f(x,y)$ は存在するが $\lim\limits_{(x,y) \to (a,b)} f(x,y) \neq f(a,b)$．

解 (1) k を定数として，点 (x,y) が原点を通る直線 $y = kx$ 上にあるとき，

$$\frac{x^3 - 3xy}{x^2 + y^2} = \frac{(x-3)x^2}{(1+k^2)x^2} = \frac{x-3}{1+k^2}$$

が成り立つ．したがって，(x,y) が直線 $y = kx$ 上を動きながら $(0,0)$ に近づくとき，$\dfrac{x^3 - 3xy}{x^2 + y^2}$ の極限値は $\dfrac{-3}{1+k^2}$ である．ところが，この値は k の値によって異なるので，$\lim\limits_{(x,y) \to (0,0)} \dfrac{x^3 - 3xy}{x^2 + y^2}$ は存在しない．ゆえに f は $(0,0)$ において連続ではない．

(2) 任意の実数 x, y に対して $(x-y)^2 \geqq 0$, $(x+y)^2 \geqq 0$ だから

$$-(x^2 + y^2) \leqq 2xy \leqq x^2 + y^2$$

が成り立ち，e^x は単調増加関数だから，$e^{-(x^2+y^2)} \leqq e^{2xy} \leqq e^{x^2+y^2}$ である．よって，$(x,y) \neq (0,0)$ ならば次の不等式が成り立つ．

$$\frac{e^{-(x^2+y^2)} - 1}{\sqrt{x^2 + y^2}} \leqq \frac{e^{2xy} - 1}{\sqrt{x^2 + y^2}} \leqq \frac{e^{x^2+y^2} - 1}{\sqrt{x^2 + y^2}}$$

$r = \sqrt{x^2 + y^2}$ とおけば，

$$\lim_{(x,y) \to (0,0)} \frac{e^{-(x^2+y^2)} - 1}{\sqrt{x^2 + y^2}} = \lim_{r \to 0} \frac{e^{-r^2} - 1}{r} = \lim_{r \to 0} \frac{e^{-r^2} - 1}{-r^2} \cdot (-r) = 1 \cdot 0 = 0$$

$$\lim_{(x,y) \to (0,0)} \frac{e^{x^2+y^2} - 1}{\sqrt{x^2 + y^2}} = \lim_{r \to 0} \frac{e^{r^2} - 1}{r} = \lim_{r \to 0} \frac{e^{r^2} - 1}{r^2} \cdot r = 1 \cdot 0 = 0$$

となるので，はさみうちの原理より，$\lim\limits_{(x,y) \to (0,0)} f(x,y) = 0 \neq 1 = f(0,0)$ である．ゆえに，f は $(0,0)$ で連続ではない． ∥

◆**問題 44** 次の関数 f の点 $(0,0)$ における連続性を調べよ．

(1) $f(x,y) = \begin{cases} \dfrac{x \sin(xy)}{x^2 + y^2} & ((x,y) \neq (0,0)) \\ 0 & ((x,y) = (0,0)) \end{cases}$

(2) $f(x,y) = \begin{cases} \dfrac{x \sin(xy)}{x^4 + y^2} & ((x,y) \neq (0,0)) \\ 0 & ((x,y) = (0,0)) \end{cases}$

偏微分と全微分

偏微分可能性と偏微分係数 f を $\mathbf{R}^2$ の開集合 D 上の関数, $(a,b) \in D$ とする.

・$\displaystyle\lim_{h \to 0} \frac{f(a+h,b) - f(a,b)}{h}$ が存在するとき, この極限値を $\dfrac{\partial f}{\partial x}(a,b)$ で表し, f は点 (a,b) で $\boldsymbol{x}$ に関して**偏微分可能**であるという.

・$\dfrac{\partial f}{\partial x}(a,b)$ を点 (a,b) における x に関する**偏微分係数**という.

・$\displaystyle\lim_{k \to 0} \frac{f(a,b+k) - f(a,b)}{k}$ が存在するとき, この極限値を $\dfrac{\partial f}{\partial y}(a,b)$ で表し, f は点 (a,b) で $\boldsymbol{y}$ に関して**偏微分可能**であるという.

・$\dfrac{\partial f}{\partial y}(a,b)$ を点 (a,b) における y に関する**偏微分係数**という.

・f が点 (a,b) で x に関しても y に関しても偏微分可能であるとき, f は点 (a,b) で偏微分可能であるという.

・f が D の各点 (a,b) で偏微分可能なとき, f は D で偏微分可能という.

* $\dfrac{\partial f}{\partial x}(a,b)$ を $f_x(a,b)$ または $D_x f(a,b)$ とも表す.

* $\dfrac{\partial f}{\partial y}(a,b)$ を $f_y(a,b)$ または $D_y f(a,b)$ とも表す.

偏導関数

$\mathbf{R}^2$ の開集合 D で定義された関数 $z = f(x,y)$ が D の各点 (x,y) で x に関して偏微分可能なとき, D 上の関数 $(x,y) \mapsto \dfrac{\partial f}{\partial x}(x,y)$ を f の $\boldsymbol{x}$ に関する**偏導関数**といい,
$$\frac{\partial f}{\partial x}, \quad f_x, \quad D_x f, \quad \frac{\partial z}{\partial x}, \quad z_x$$
などで表す. f の $\boldsymbol{y}$ に関する偏導関数も同様に定義され, 以下のいずれかで表す.
$$\frac{\partial f}{\partial y}, \quad f_y, \quad D_y f, \quad \frac{\partial z}{\partial y}, \quad z_y$$

全微分可能性

関数 f と f の定義域に属する点 (a,b) に対して,
$$\lim_{(h,k) \to (0,0)} \frac{f(a+h, b+k) - f(a,b) - \alpha h - \beta k}{\sqrt{h^2 + k^2}} = 0 \quad \cdots (\text{※})$$
をみたす定数 α, β が存在するとき, f は点 (a,b) で**全微分可能**であるという.

* 等式 (※) は点 (a,b) において $f(a+h,b+k)$ が $f(a,b) + \alpha h + \beta k$ という, h と k の 1 次式によって "良い近似" ができることを表している.

全微分可能であるための必要条件

関数 f が点 (a,b) で全微分可能ならば, 次の ①, ② が成り立つ.
① f は (a,b) で連続.
② f は (a,b) で偏微分可能で, 上記の等式 (※) における α, β は次で与えられる.
$$\alpha = \frac{\partial f}{\partial x}(a,b), \quad \beta = \frac{\partial f}{\partial y}(a,b)$$

全微分可能であるための十分条件

関数 f が次の ①, ② をみたせば, f は点 (a,b) で全微分可能である.
① 関数 f が点 (a,b) を含む, ある開集合の各点で偏微分可能.
② 偏導関数 $\dfrac{\partial f}{\partial x}(x,y), \dfrac{\partial f}{\partial y}(x,y)$ が点 (a,b) で連続.

* ① の条件が点 (a,b) だけでなく点 (a,b) のまわりの点で偏微分可能であるということに注意.

接平面の方程式

$z = f(x,y)$ が点 (a,b) で全微分可能であるとき, 方程式
$$z = f(a,b) + \frac{\partial f}{\partial x}(a,b)(x-a) + \frac{\partial f}{\partial y}(a,b)(y-b)$$
で与えられる平面を点 $(a, b, f(a,b))$ における曲面 $z = f(x,y)$ の**接平面**という.

偏微分と全微分

高階偏導関数

関数 $z = f(x,y)$ の偏導関数 $\dfrac{\partial f}{\partial x}, \dfrac{\partial f}{\partial y}$ が D 上で偏微分可能なとき，f は D 上で **2 回微分可能**であるという．

- $\dfrac{\partial f}{\partial x}$ を x で偏微分したものを $\dfrac{\partial^2 f}{\partial x^2}, \quad f_{xx}, \quad \dfrac{\partial^2 z}{\partial x^2}, \quad z_{xx}$ と表す．
- $\dfrac{\partial f}{\partial x}$ を y で偏微分したものを $\dfrac{\partial^2 f}{\partial y \partial x}, \quad f_{xy}, \quad \dfrac{\partial^2 z}{\partial y \partial x}, \quad z_{xy}$ と表す．
- $\dfrac{\partial f}{\partial y}$ を x で偏微分したものを $\dfrac{\partial^2 f}{\partial x \partial y}, \quad f_{yx}, \quad \dfrac{\partial^2 z}{\partial x \partial y}, \quad z_{yx}$ と表す．
- $\dfrac{\partial f}{\partial y}$ を y で偏微分したものを $\dfrac{\partial^2 f}{\partial y^2}, \quad f_{yy}, \quad \dfrac{\partial^2 z}{\partial y^2}, \quad z_{yy}$ と表す．

これらを f の **2 階偏導関数**といい，3 階以上の偏導関数も同様に定義する．

＊ f_{xy} の x と y の順番に注意．∂ を使った表記とは順番が逆になる．

2 変数関数の C^n 級関数

- $\dfrac{\partial f}{\partial x}, \dfrac{\partial f}{\partial y}$ がともに存在して連続であるとき，f を $\boldsymbol{C^1}$ **級関数**という．
- 自然数 n に対し，関数 f の n 階までの偏導関数がすべて存在して連続であるとき，f を $\boldsymbol{C^n}$ **級関数**または「f は n 回連続微分可能である」という．
- すべての自然数 n に対し C^n 級である関数を $\boldsymbol{C^\infty}$ **級関数**という．

＊連続関数を $\boldsymbol{C^0}$ 級関数という．

偏微分の順序

C^n 級関数 f の n 階偏導関数は偏微分の順序によらず，以下のいずれかに一致する．

$$\frac{\partial^n f}{\partial x^n}, \quad \frac{\partial^n f}{\partial x^{n-1} \partial y}, \quad \ldots, \quad \frac{\partial^n f}{\partial x \partial y^{n-1}}, \quad \frac{\partial^n f}{\partial y^n}$$

＊ f が C^n 級関数で $m \leq n$ ならば，f は C^m 級関数でもあるので，f の n 階までの偏導関数もすべて偏微分の順序によらない．

ヤコビアン

- $\boldsymbol{R}^2$ の開集合 D 上の C^1 級関数 f, g に対し，行列式 $\begin{vmatrix} f_x & f_y \\ g_x & g_y \end{vmatrix}$ を f, g の**ヤコビアン**といい，$\dfrac{\partial(f,g)}{\partial(x,y)}$ で表す．
- $\boldsymbol{R}^3$ の開集合 D 上の C^1 級関数 f, g, h に対し，行列式 $\begin{vmatrix} f_x & f_y & f_z \\ g_x & g_y & g_z \\ h_x & h_y & h_z \end{vmatrix}$ を f, g, h の**ヤコビアン**といい，$\dfrac{\partial(f,g,h)}{\partial(x,y,z)}$ で表す．

＊**ヤコビ行列式**ともいう．関数 f, g や f, g, h の並ぶ順序を変えるとヤコビアンの符号が変わることがあるので，関数の並ぶ順序には注意すること．

合成関数の微分公式

$z = f(x,y)$ が全微分可能で，$x = \varphi(t)$ と $y = \psi(t)$ が微分可能ならば，合成関数 $g(t) = f(\varphi(t), \psi(t))$ は微分可能で，

$$g'(t) = f_x(\varphi(t), \psi(t))\varphi'(t) + f_y(\varphi(t), \psi(t))\psi'(t)$$

が成り立つ．この式は次のように書き表せる．

$$\frac{dz}{dt} = \frac{\partial z}{\partial x}\frac{dx}{dt} + \frac{\partial z}{\partial y}\frac{dy}{dt}$$

＊左式の右辺の偏導関数を $f_{\varphi(t)}(\varphi(t), \psi(t))$ や $f_{\psi(t)}(\varphi(t), \psi(t))$ などと書くのは間違いである．

合成関数の偏微分公式

$z = f(x,y)$ が全微分可能で，$x = \varphi(s,t)$ と $y = \psi(s,t)$ が偏微分可能ならば，合成関数 $z = g(s,t) = f(\varphi(s,t), \psi(s,t))$ は偏微分可能で，

$$g_s(s,t) = f_x(\varphi(s,t), \psi(s,t))\varphi_s(s,t) + f_y(\varphi(s,t), \psi(s,t))\psi_s(s,t)$$
$$g_t(s,t) = f_x(\varphi(s,t), \psi(s,t))\varphi_t(s,t) + f_y(\varphi(s,t), \psi(s,t))\psi_t(s,t)$$

が成り立つ．これらの式は次のように書き表せる．

$$\frac{\partial z}{\partial s} = \frac{\partial z}{\partial x}\frac{\partial x}{\partial s} + \frac{\partial z}{\partial y}\frac{\partial y}{\partial s}, \quad \frac{\partial z}{\partial t} = \frac{\partial z}{\partial x}\frac{\partial x}{\partial t} + \frac{\partial z}{\partial y}\frac{\partial y}{\partial t}$$

45. 偏導関数を計算する

例題 45 次で定められる関数 f の偏導関数 $\dfrac{\partial f}{\partial x}, \dfrac{\partial f}{\partial y}$ を求めよ.

(1) $f(x,y) = \log(x^3 y^4)$ 　　(2) $f(x,y) = (3x^2+y^2)e^{-(x^2+2y^2)}$

(3) $f(x,y) = \tan^{-1} \dfrac{y}{x}$ 　　(4) $f(x,y) = \log\sqrt{x^2+y^2}$

ポイント $\dfrac{\partial f}{\partial x}$ を求めるときは y を定数とみなして, x の1変数関数として x で微分し, $\dfrac{\partial f}{\partial y}$ を求めるときは x を定数とみなして, y の1変数関数として y で微分すればよい.

解 (1) $f(x,y) = \log(x^3 y^4) = 3\log x + 4\log|y|$ であることに注意すれば
$\dfrac{\partial f}{\partial x} = \dfrac{3}{x}, \quad \dfrac{\partial f}{\partial y} = \dfrac{4}{y}.$

(2) $\dfrac{\partial f}{\partial x} = 6x e^{-(x^2+2y^2)} - 2x(3x^2+y^2)e^{-(x^2+2y^2)} = 2x(3-3x^2-y^2)e^{-(x^2+2y^2)},$

$\dfrac{\partial f}{\partial y} = 2y e^{-(x^2+2y^2)} - 4y(3x^2+y^2)e^{-(x^2+2y^2)} = 2y(1-6x^2-2y^2)e^{-(x^2+2y^2)}.$

(3) $\dfrac{\partial f}{\partial x} = -\dfrac{y}{x^2} \cdot \dfrac{1}{1+\left(\frac{y}{x}\right)^2} = -\dfrac{y}{x^2+y^2},$

$\dfrac{\partial f}{\partial y} = \dfrac{1}{x} \cdot \dfrac{1}{1+\left(\frac{y}{x}\right)^2} = \dfrac{x}{x^2+y^2}.$

(4) $\dfrac{\partial f}{\partial x} = \dfrac{x}{\sqrt{x^2+y^2}} \cdot \dfrac{1}{\sqrt{x^2+y^2}} = \dfrac{x}{x^2+y^2},$

$\dfrac{\partial f}{\partial y} = \dfrac{y}{\sqrt{x^2+y^2}} \cdot \dfrac{1}{\sqrt{x^2+y^2}} = \dfrac{y}{x^2+y^2}.$ ∥

♦ **問題 45** 次で定められる関数 f の偏導関数 $\dfrac{\partial f}{\partial x}, \dfrac{\partial f}{\partial y}$ を求めよ.

(1) $f(x,y) = \sin(xy)\cos y$ 　　(2) $f(x,y) = e^{x-2y}\cos(x^2+4xy)$

(3) $f(x,y) = \tan^{-1}(xy^2)$ 　　(4) $f(x,y) = \sin^{-1}(x+y)$

46. 全微分可能性を判定する

例題 46 以下で与えられる関数 f の原点における全微分可能性を調べよ.

(1) $f(x,y) = \begin{cases} \dfrac{2x^3 - y^3}{4x^2 + y^2} & ((x,y) \neq (0,0)) \\ 0 & ((x,y) = (0,0)) \end{cases}$

(2) $f(x,y) = \begin{cases} xy \sin \dfrac{1}{x^2 + y^2} & ((x,y) \neq (0,0)) \\ 0 & ((x,y) = (0,0)) \end{cases}$

ポイント f の原点での全微分可能を調べるには,次の ①, ② の順に調べればよい.
① 原点における偏微分可能性を調べる.偏微分可能でないならば全微分可能ではない.
② f が原点で偏微分可能なとき,$\dfrac{\partial f}{\partial x}(0,0) = a$, $\dfrac{\partial f}{\partial y}(0,0) = b$ として
$\displaystyle\lim_{(x,y)\to(0,0)} \dfrac{f(x,y) - (f(0,0) + ax + by)}{\sqrt{x^2 + y^2}} = 0$ となれば原点で全微分可能である.

解 (1) $\dfrac{\partial f}{\partial x}(0,0) = \displaystyle\lim_{t\to 0} \dfrac{f(t,0) - f(0,0)}{t} = \dfrac{1}{2}$ であり,同様に $\dfrac{\partial f}{\partial y}(0,0) = -1$ である.したがって,f が原点で全微分可能ならば,$f(0,0) = 0$ より

$$\lim_{(x,y)\to(0,0)} \frac{f(x,y) - \left(\frac{1}{2}x - y\right)}{\sqrt{x^2 + y^2}} = 0$$

が成り立つ.ところが

$$\lim_{t\to +0} \frac{f(t,t) - \left(\frac{1}{2}t - t\right)}{\sqrt{t^2 + t^2}} = \lim_{t\to +0} \frac{7t}{10\sqrt{2}t} = \frac{7}{10\sqrt{2}} \neq 0$$

だから,上のことと矛盾が生じるので f は原点で全微分不可能である.

(2) $\dfrac{\partial f}{\partial x}(0,0) = \displaystyle\lim_{t\to 0} \dfrac{f(t,0) - f(0,0)}{t} = 0$, $\dfrac{\partial f}{\partial y}(0,0) = \displaystyle\lim_{t\to 0} \dfrac{f(0,t) - f(0,0)}{t} = 0$
である.$f(0,0) = \dfrac{\partial f}{\partial x}(0,0) = \dfrac{\partial f}{\partial y}(0,0) = 0$ より,f が原点で全微分可能であることは

$$\lim_{(x,y)\to(0,0)} \frac{xy}{\sqrt{x^2 + y^2}} \sin \frac{1}{x^2 + y^2} = 0$$

と同値である.ここで,$|x| \leqq \sqrt{x^2 + y^2}$ であることに注意すれば,$(x,y) \neq (0,0)$ ならば次の不等式が成り立つ.

$$\left| \frac{xy}{\sqrt{x^2 + y^2}} \sin \frac{1}{x^2 + y^2} \right| \leqq \frac{|x||y|}{\sqrt{x^2 + y^2}} \leqq |y|$$

$(x,y) \to (0,0)$ のとき,$|y| \to 0$ だから $\displaystyle\lim_{(x,y)\to(0,0)} \dfrac{xy}{\sqrt{x^2 + y^2}} \sin \dfrac{1}{x^2 + y^2} = 0$ が成り立つことがわかるので,f は原点で全微分可能である. //

♦ **問題 46** 以下で与えられる関数 f の原点における全微分可能性を調べよ.

(1) $f(x,y) = \begin{cases} \dfrac{xy^2}{x^2 + y^4} & ((x,y) \neq (0,0)) \\ 0 & ((x,y) = (0,0)) \end{cases}$
(2) $f(x,y) = \begin{cases} \dfrac{xy^3}{x^2 + y^4} & ((x,y) \neq (0,0)) \\ 0 & ((x,y) = (0,0)) \end{cases}$

(3) $f(x,y) = \begin{cases} \dfrac{x^2 y^2}{x^2 + y^4} & ((x,y) \neq (0,0)) \\ 0 & ((x,y) = (0,0)) \end{cases}$
(4) $f(x,y) = \begin{cases} \dfrac{x^2 y^2}{x^2 + y^2} & ((x,y) \neq (0,0)) \\ 0 & ((x,y) = (0,0)) \end{cases}$

47. 高階偏導関数を計算する

例題 47 以下で与えられる関数 f の 2 階偏導関数をすべて求め,それぞれの場合に,$\dfrac{\partial^2 f}{\partial y \partial x}$ と $\dfrac{\partial^2 f}{\partial x \partial y}$ が一致することを確かめよ.

(1) $\sin^{-1}(x^2 y)$ (2) $\tan^{-1} \dfrac{y}{x}$ (3) x^y

ポイント 例題 45 で行った偏微分を繰り返す.2 階偏導関数の記号 $\dfrac{\partial^2 f}{\partial y \partial x}, \dfrac{\partial^2 f}{\partial x \partial y}$ はそれぞれ

$$\frac{\partial^2 f}{\partial y \partial x} = \frac{\partial}{\partial y}\left(\frac{\partial f}{\partial x}\right), \qquad \frac{\partial^2 f}{\partial x \partial y} = \frac{\partial}{\partial x}\left(\frac{\partial f}{\partial y}\right)$$

を意味する.

解 (1) $\dfrac{\partial f}{\partial x} = \dfrac{2xy}{(1-x^4 y^2)^{\frac{1}{2}}}, \dfrac{\partial f}{\partial y} = \dfrac{x^2}{(1-x^4 y^2)^{\frac{1}{2}}}$ より,

$$\frac{\partial^2 f}{\partial x^2} = \frac{\partial}{\partial x}\frac{2xy}{(1-x^4 y^2)^{\frac{1}{2}}} = \frac{2y}{(1-x^4 y^2)^{\frac{1}{2}}} + \frac{4x^4 y^3}{(1-x^4 y^2)^{\frac{3}{2}}} = \frac{2y + 2x^4 y^3}{(1-x^4 y^2)^{\frac{3}{2}}},$$

$$\frac{\partial^2 f}{\partial y \partial x} = \frac{\partial}{\partial y}\frac{2xy}{(1-x^4 y^2)^{\frac{1}{2}}} = \frac{2x}{(1-x^4 y^2)^{\frac{1}{2}}} + \frac{2x^5 y^2}{(1-x^4 y^2)^{\frac{3}{2}}} = \frac{2x}{(1-x^4 y^2)^{\frac{3}{2}}},$$

$$\frac{\partial^2 f}{\partial x \partial y} = \frac{\partial}{\partial x}\frac{x^2}{(1-x^4 y^2)^{\frac{1}{2}}} = \frac{2x}{(1-x^4 y^2)^{\frac{1}{2}}} + \frac{2x^5 y^2}{(1-x^4 y^2)^{\frac{3}{2}}} = \frac{2x}{(1-x^4 y^2)^{\frac{3}{2}}},$$

$$\frac{\partial^2 f}{\partial y^2} = \frac{\partial}{\partial y}\frac{x^2}{(1-x^4 y^2)^{\frac{1}{2}}} = \frac{x^6 y}{(1-x^4 y^2)^{\frac{1}{2}}}.$$ また,確かに $\dfrac{\partial^2 f}{\partial y \partial x} = \dfrac{\partial^2 f}{\partial x \partial y}$ が成り立つ.

(2) $\dfrac{\partial f}{\partial x} = -\dfrac{y}{x^2}\dfrac{1}{1+\left(\frac{y}{x}\right)^2} = \dfrac{-y}{x^2+y^2}, \dfrac{\partial f}{\partial y} = \dfrac{1}{x}\dfrac{1}{1+\left(\frac{y}{x}\right)^2} = \dfrac{x}{x^2+y^2}$ より,

$$\frac{\partial^2 f}{\partial x^2} = \frac{\partial}{\partial x}\frac{-y}{x^2+y^2} = \frac{2xy}{(x^2+y^2)^2}, \qquad \frac{\partial^2 f}{\partial y^2} = \frac{\partial}{\partial y}\frac{x}{x^2+y^2} = \frac{-2xy}{(x^2+y^2)^2},$$

$$\frac{\partial^2 f}{\partial y \partial x} = \frac{\partial}{\partial y}\frac{-y}{x^2+y^2} = \frac{-(x^2+y^2)+2y^2}{(x^2+y^2)^2} = \frac{-x^2+y^2}{(x^2+y^2)^2},$$

$$\frac{\partial^2 f}{\partial x \partial y} = \frac{\partial}{\partial x}\frac{x}{x^2+y^2} = \frac{(x^2+y^2)-2x^2}{(x^2+y^2)^2} = \frac{-x^2+y^2}{(x^2+y^2)^2}.$$

また,確かに $\dfrac{\partial^2 f}{\partial y \partial x} = \dfrac{\partial^2 f}{\partial x \partial y}$ が成り立つ.

(3) $x^y = e^{y \log x}$ だから,$\dfrac{\partial f}{\partial x} = yx^{y-1}, \dfrac{\partial f}{\partial y} = e^{y \log x} \log x = x^y \log x$ より,

$$\frac{\partial^2 f}{\partial x^2} = \frac{\partial}{\partial x}yx^{y-1} = y(y-1)x^{y-2}, \qquad \frac{\partial^2 f}{\partial y \partial x} = \frac{\partial}{\partial y}yx^{y-1} = x^{y-1} + yx^{y-1}\log x,$$

$$\frac{\partial^2 f}{\partial x \partial y} = \frac{\partial}{\partial x}x^y \log x = x^{y-1} + yx^{y-1}\log x, \qquad \frac{\partial^2 f}{\partial y^2} = \frac{\partial}{\partial y}x^y \log x = x^y(\log x)^2.$$

また,確かに,$\dfrac{\partial^2 f}{\partial y \partial x} = \dfrac{\partial^2 f}{\partial x \partial y}$ が成り立つ. ∥

◆ **問題 47** 以下で与えられる関数 f の 2 階偏導関数をすべて求め,それぞれの場合に,$\dfrac{\partial^2 f}{\partial y \partial x}$ と $\dfrac{\partial^2 f}{\partial x \partial y}$ が一致することを確かめよ.

(1) $\log(e^x + e^{2y})$ (2) $\cos(x^2 y)$ (3) $\tan^{-1} \dfrac{x-y}{x+y}$

48. ヤコビアンを計算する

例題 48 次で与えられる写像 f のヤコビアンを求めよ．
(1) $f(r, \theta) = (ar\cos^k\theta, br\sin^k\theta)$
(2) $f(r, \theta, \varphi) = (ar\sin\theta\cos\varphi, br\sin\theta\sin\varphi, cr\cos\theta)$

ポイント
- 「ヤコビアン」(p.75) の定義に従って計算する．
- 関数を成分とする行列の行列式の計算をする際は，行列の成分をよく観察したうえで，行列式の性質をうまく使って計算が簡単になるように工夫をする．

解 (1) $f_1(r, \theta) = ar\cos^k\theta, f_2(r, \theta) = br\sin^k\theta$ とおけば，

$$\frac{\partial f_1}{\partial r} = a\cos^k\theta, \quad \frac{\partial f_1}{\partial \theta} = -akr\sin\theta\cos^{k-1}\theta,$$

$$\frac{\partial f_2}{\partial r} = b\sin^k\theta, \quad \frac{\partial f_2}{\partial \theta} = bkr\cos\theta\sin^{k-1}\theta$$

だから，

$$\left|\frac{\partial(f_1, f_2)}{\partial(r, \theta)}\right| = \begin{vmatrix} a\cos^k\theta & -ark\sin\theta\cos^{k-1}\theta \\ b\sin^k\theta & bkr\cos\theta\sin^{k-1}\theta \end{vmatrix} = abkr\cos^{k-1}\theta\sin^{k-1}\theta \begin{vmatrix} \cos\theta & -\sin\theta \\ \sin\theta & \cos\theta \end{vmatrix}$$

$$= abkr\cos^{k-1}\theta\sin^{k-1}\theta(\cos^2\theta + \sin^2\theta) = abkr\cos^{k-1}\theta\sin^{k-1}\theta.$$

(2) $f_1(r, \theta, \varphi) = ar\sin\theta\cos\varphi, f_2(r, \theta, \varphi) = br\sin\theta\sin\varphi, f_3(r, \theta, \varphi) = cr\cos\theta$ とおけば，

$$\frac{\partial f_1}{\partial r} = a\sin\theta\cos\varphi, \quad \frac{\partial f_1}{\partial \theta} = ar\cos\theta\cos\varphi, \quad \frac{\partial f_1}{\partial \varphi} = -ar\sin\theta\sin\varphi,$$

$$\frac{\partial f_2}{\partial r} = b\sin\theta\sin\varphi, \quad \frac{\partial f_2}{\partial \theta} = br\cos\theta\sin\varphi, \quad \frac{\partial f_2}{\partial \varphi} = br\sin\theta\cos\varphi,$$

$$\frac{\partial f_3}{\partial r} = c\cos\theta, \quad \frac{\partial f_3}{\partial \theta} = -cr\sin\theta, \quad \frac{\partial f_3}{\partial \varphi} = 0$$

である．行列式を第 3 列に関して展開すれば

$$\left|\frac{\partial(f_1, f_2, f_3)}{\partial(r, \theta, \varphi)}\right| = \begin{vmatrix} a\sin\theta\cos\varphi & ar\cos\theta\cos\varphi & -ar\sin\theta\sin\varphi \\ b\sin\theta\sin\varphi & br\cos\theta\sin\varphi & br\sin\theta\cos\varphi \\ c\cos\theta & -cr\sin\theta & 0 \end{vmatrix}$$

$$= (-1)^{1+3}(-ar\sin\theta\sin\varphi)\begin{vmatrix} b\sin\theta\sin\varphi & br\cos\theta\sin\varphi \\ c\cos\theta & -cr\sin\theta \end{vmatrix}$$

$$+ (-1)^{2+3}br\sin\theta\cos\varphi\begin{vmatrix} a\sin\theta\cos\varphi & ar\cos\theta\cos\varphi \\ c\cos\theta & -cr\sin\theta \end{vmatrix}$$

$$= -abcr^2\sin\theta\sin^2\varphi\begin{vmatrix} \sin\theta & \cos\theta \\ \cos\theta & -\sin\theta \end{vmatrix}$$

$$- abcr^2\sin\theta\cos^2\varphi\begin{vmatrix} \sin\theta & \cos\theta \\ \cos\theta & -\sin\theta \end{vmatrix}$$

$$= abcr^2\sin\theta(\sin^2\varphi + \cos^2\varphi) = abcr^2\sin\theta. \quad \text{//}$$

◆ **問題 48** 次で与えられる写像 f のヤコビアンを求めよ．
(1) $f(x, y) = (x - xy, xy)$
(2) $f(x, y, z) = (x - xy, xy - xyz, xyz)$
(3) $f(x, y, z) = (xz - y^2, 2xy - y^2 - xz, 2yz - y^2 - xz)$

49. 合成関数の導関数を求める

例題 49.1 f を 2 変数の C^2 級関数とする．以下で定義される関数 g に対して，$g'(t), g''(t)$ を求めよ．
(1) $g(t) = f(\sin t, \cos t)$ 　　　 (2) $g(t) = f((t+1)^n, t)$

ポイント 「合成関数の微分公式」(p.75) を適用する．

解 (1) 合成関数の微分の公式から次の等式が得られる．
$$g'(t) = f_x(\sin t, \cos t)(\sin t)' + f_y(\sin t, \cos t)(\cos t)'$$
$$= f_x(\sin t, \cos t)\cos t - f_y(\sin t, \cos t)\sin t$$

さらに，$g'(t)$ の各項に積に関する微分の公式を適用してから合成関数の微分の公式を適用すると，
$$g''(t) = f_x(\sin t, \cos t)(\cos t)' + (f_x(\sin t, \cos t))'\cos t$$
$$- \{f_y(\sin t, \cos t)(\sin t)' + (f_y(\sin t, \cos t))'\sin t\}$$
$$= \{-f_x(\sin t, \cos t)\sin t + f_{xx}(\sin t, \cos t)\cos^2 t - f_{xy}(\sin t, \cos t)\sin t \cos t\}$$
$$- \{f_y(\sin t, \cos t)\cos t + f_{yx}(\sin t, \cos t)\sin t \cos t - f_{yy}(\sin t, \cos t)\sin^2 t\}$$
$$= f_{xx}(\sin t, \cos t)\cos^2 t - 2f_{xy}(\sin t, \cos t)\sin t \cos t + f_{yy}(\sin t, \cos t)\sin^2 t$$
$$- f_x(\sin t, \cos t)\sin t - f_y(\sin t, \cos t)\cos t.$$

(2) 上と同様にして，次の等式が得られる．
$$g'(t) = f_x((t+1)^n, t)((t+1)^n)' + f_y((t+1)^n, t)t'$$
$$= n(t+1)^{n-1}f_x((t+1)^n, t) + f_y((t+1)^n, t)$$

さらに，公式を適用してもう一度 t で微分すれば
$$g''(t) = (n(1+t)^{n-1})'f_x((t+1)^n, t) + n(t+1)^{n-1}(f_x((t+1)^n, t))'$$
$$+ (f_y((t+1)^n, t))'$$
$$= n(n-1)(1+t)^{n-2}f_x((t+1)^n, t)$$
$$+ n(t+1)^{n-1}\{f_{xx}((t+1)^n, t)((t+1)^n)' + f_{xy}((t+1)^n, t)t'\}$$
$$+ \{(f_{yx}((t+1)^n, t))((t+1)^n)' + f_{yy}((t+1)^n, t)t'\}$$
$$= n(n-1)(1+t)^{n-2}f_x((t+1)^n, t)$$
$$+ n(t+1)^{n-1}\{n(t+1)^{n-1}f_{xx}((t+1)^n, t) + f_{xy}((t+1)^n, t)\}$$
$$+ \{n(t+1)^{n-1}f_{yx}((t+1)^n, t) + f_{yy}((t+1)^n, t)\}$$
$$= n^2(t+1)^{2(n-1)}f_{xx}((t+1)^n, t) + 2n(t+1)^{n-1}f_{xy}((t+1)^n, t)$$
$$+ f_{yy}((t+1)^n, t) + n(n-1)(1+t)^{n-2}f_x((t+1)^n, t). \quad /\!/$$

♦ **問題 49.1** f を 2 変数の C^2 級関数とする．以下で定義される関数 g に対して，$g'(t), g''(t)$ を求めよ．
(1) $g(t) = f(at+b, ct+d)$ 　　 (2) $g(t) = f(e^t \cos t, e^t \sin t)$

偏微分と全微分

例題 49.2 C^2 級の 2 変数関数 $f(x,y)$ に対して，以下のように $g(s,t)$ を定義する．このとき，$g_s, g_t, g_{ss}, g_{st}, g_{tt}$ を $f(x,y)$ の偏導関数を使って表せ．

(1) $g(s,t) = f(st, e^t)$ (2) $g(s,t) = f(s+t, \cos s)$

> **ポイント**
> - s に関する偏導関数の計算は t を定数とみなし，t に関する偏導関数の計算は s を定数とみなして例題 49.1 と同じ要領で行えばよい．
> - f を用いて $\dfrac{\partial}{\partial s} f(\varphi(s,t), \psi(s,t))$ を表した式に現れる f をそれぞれ f_x, f_y で置き換えれば，$\dfrac{\partial}{\partial s} f_x(\varphi(s,t), \psi(s,t))$ と $\dfrac{\partial}{\partial s} f_y(\varphi(s,t), \psi(s,t))$ が得られることを活用すれば計算の手間が省ける．

[解] (1)「合成関数の偏微分公式」(p.75) を適用すると

$$g_s(s,t) = f_x(st, e^t) \frac{\partial}{\partial s}(st) + f_y(st, e^t) \frac{\partial}{\partial s} e^t = t f_x(st, e^t), \quad \cdots \text{(i)}$$

$$g_t(s,t) = f_x(st, e^t) \frac{\partial}{\partial t}(st) + f_y(st, e^t) \frac{\partial}{\partial t}(e^t) = s f_x(st, e^t) + e^t f_y(st, e^t). \cdots \text{(ii)}$$

さらに公式をもう一度適用して上の (i), (ii) の f を f_x, f_y で置き換えて得られる式を用いれば，以下が得られる．

$$g_{ss}(s,t) = \left(\frac{\partial}{\partial s} t\right) f_x(st, e^t) + t \frac{\partial}{\partial s} f_x(st, e^t) = t^2 f_{xx}(st, e^t),$$

$$g_{st}(s,t) = \left(\frac{\partial}{\partial t} t\right) f_x(st, e^t) + t \frac{\partial}{\partial t} f_x(st, e^t)$$
$$= f_x(st, e^t) + st f_{xx}(st, e^t) + t e^t f_{xy}(st, e^t),$$

$$g_{tt}(s,t) = \left(\frac{\partial}{\partial t} s\right) f_x(st, e^t) + s \frac{\partial}{\partial t} f_x(st, e^t) + \left(\frac{\partial}{\partial t} e^t\right) f_y(st, e^t) + e^t \frac{\partial}{\partial t} f_y(st, e^t)$$
$$= s\left\{s f_{xx}(st, e^t) + e^t f_{xy}(st, e^t)\right\} + e^t f_y(st, e^t)$$
$$\quad + e^t \left\{s f_{yx}(st, e^t) + e^t f_{yy}(st, e^t)\right\}$$
$$= s^2 f_{xx}(st, e^t) + 2se^t f_{xy}(st, e^t) + e^{2t} f_{yy}(st, e^t) + e^t f_y(st, e^t).$$

* s で偏微分するときは，t を定数とみなしているので，$\dfrac{\partial}{\partial s} e^t = 0$ である．

* $\dfrac{\partial}{\partial s} f_x(st, e^t)$ を求めるのに (i) の f を f_x で置き換え，$\dfrac{\partial}{\partial t} f_x(st, e^t)$ を求めるのに (ii) の f を f_x で置き換えた式を用いた．

(2) 上と同様にして，次の等式が得られる．

$$g_s(s,t) = f_x(s+t, \cos s) \frac{\partial}{\partial s}(s+t) + f_y(s+t, \cos s) \frac{\partial}{\partial s} \cos s$$
$$= f_x(s+t, \cos s) - f_y(s+t, \cos s) \sin s,$$

$$g_t(s,t) = f_x(s+t, \cos s) \frac{\partial}{\partial t}(s+t) + f_y(s+t, \cos s) \frac{\partial}{\partial t} \cos s = f_x(s+t, \cos s).$$

さらに公式をもう一度適用して，上の 2 つの等式を利用すれば以下が得られる．

$$g_{ss}(s,t) = \frac{\partial}{\partial s} f_x(s+t, \cos s) - f_y(s+t, \cos s) \frac{\partial}{\partial s} \sin s - \left(\frac{\partial}{\partial s} f_y(s+t, \cos s)\right) \sin s$$
$$= \{f_{xx}(s+t, \cos s) - f_{xy}(s+t, \cos s) \sin s\} - f_y(s+t, \cos s) \cos s$$
$$\quad - \{f_{yx}(s+t, \cos s) - f_{yy}(s+t, \cos s) \sin s\} \sin s$$
$$= f_{xx}(s+t, \cos s) - 2 f_{xy}(s+t, \cos s) \sin s + f_{yy}(s+t, \cos s) \sin^2 s$$
$$\quad - f_y(s+t, \cos s) \cos s,$$

$$g_{st}(s,t) = \frac{\partial}{\partial t} f_x(s+t, \cos s) - f_y(s+t, \cos s) \frac{\partial}{\partial t} \sin s - \left(\frac{\partial}{\partial t} f_y(s+t, \cos s)\right) \sin s$$
$$= f_{xx}(s+t, \cos s) - f_{xy}(s+t, \cos s) \sin s,$$

$$g_{tt}(s,t) = \frac{\partial}{\partial t} f_x(s+t, \cos s) = f_{xx}(s+t, \cos s). \qquad /\!/$$

♦ **問題 49.2** C^2 級の 2 変数関数 $f(x,y)$ に対して，以下のように $g(s,t)$ を定義する．このとき，$g_s, g_t, g_{ss}, g_{st}, g_{tt}$ を $f(x,y)$ の偏導関数を使って表せ．

(1) $g(s,t) = f(s - st, st)$ (2) $g(s,t) = f(s \cos t, s \sin t)$

偏微分の応用

テイラーの定理 関数 f が点 (a,b) を含む開集合で C^{n+1} 級であるとする. h,k の多項式 $P_n(h,k)$ を以下のように定める.

$$P_n(h,k) = \sum_{r=0}^{n} \frac{1}{r!}\left(h\frac{\partial}{\partial x} + k\frac{\partial}{\partial y}\right)^r f(a,b)$$

$$= \sum_{r=0}^{n} \frac{1}{r!} \sum_{i=0}^{r} \binom{r}{i} \frac{\partial^r f}{\partial x^i \partial y^{r-i}}(a,b) h^i k^{r-i}$$

とおく. $P_n(h,k)$ は $n=0,1,2$ の場合はそれぞれ次のようになる.

$$P_0(h,k) = f(a,b), \quad P_1(h,k) = P_0(h,k) + h\frac{\partial f}{\partial x}(a,b) + k\frac{\partial f}{\partial y}(a,b),$$

$$P_2(h,k) = P_1(h,k) + h^2 \frac{\partial^2 f}{\partial x^2}(a,b) + 2hk\frac{\partial f^2}{\partial x \partial y}(a,b) + k^2 \frac{\partial f^2}{\partial y^2}(a,b).$$

- 以下をみたす $0 < \theta < 1$ が存在する (テイラーの定理).

$$f(x,y) = P_n(x-a, y-b) + R_{n+1}(x-a, y-b; \theta)$$

$$= \sum_{r=0}^{n} \frac{1}{r!} \sum_{i=0}^{r} \binom{r}{i} \frac{\partial^r f}{\partial x^i \partial y^{r-i}}(a,b)(x-a)^i(y-b)^{r-i} + R_{n+1}(x-a, y-b; \theta),$$

$$R_{n+1}(h,k;\theta) = \frac{1}{(n+1)!}\left(h\frac{\partial}{\partial x} + k\frac{\partial}{\partial y}\right)^{n+1} f(a+\theta h, b+\theta k)$$

$$= \frac{1}{(n+1)!}\sum_{i=0}^{n+1}\binom{n+1}{i}\frac{\partial^{n+1} f}{\partial x^i \partial y^{n+1-i}}(a+\theta h, b+\theta k)h^i k^{n+1-i}$$

- $r = \sqrt{(x-a)^2 + (y-b)^2}$ とおけば, テイラーの定理から

$$f(x,y) = P_n(x-a, y-b) + o(r^n) \quad (r \to 0)$$

が得られる.

* $z = P_1(x-a, y-b)$ は関数 f のグラフ上の点 $(a,b,f(a,b))$ における接平面の方程式である.

* 多項式 $P_n(x-a, y-b)$ は点 (a,b) における $f(x,y)$ の **n 次近似多項式**である.

* $n=1$ の場合は2変数関数の平均値の定理である.

* $o(\ )$ は「ランダウの記号」(p.18) である.

2変数関数の極値の定義

- 点 (a,b) の近くで「$(x,y) \neq (a,b)$ ならば $f(x,y) < f(a,b)$」が成り立つとき, 関数 f は点 (a,b) で極大値をとるといい, $f(a,b)$ を f の**極大値**という.
- 点 (a,b) の近くで「$(x,y) \neq (a,b)$ ならば $f(x,y) > f(a,b)$」が成り立つとき, 関数 f は点 (a,b) で極小値をとるといい, $f(a,b)$ を f の**極小値**という.

* 「点 (a,b) の近くで…」は「点 (a,b) を含むある開集合が存在して…」という意味である.

極値をとるための必要条件 f は点 (a,b) で偏微分可能であるとする.

- $f_x(a,b) = f_y(a,b) = 0$ をみたす点 (a,b) を f の**停留点**という.
- 関数 f が点 (a,b) で極値をとるならば, 点 (a,b) は停留点である.

* f の停留点での f のグラフの接平面は xy 平面に平行である.

* 逆は成り立たない.

ヘッシアン

C^2 級関数 f と f の定義域の点 (x,y) に対し, 行列式

$$\begin{vmatrix} f_{xx}(x,y) & f_{xy}(x,y) \\ f_{yx}(x,y) & f_{yy}(x,y) \end{vmatrix} = f_{xx}(x,y)f_{yy}(x,y) - f_{xy}(x,y)^2$$

を f の点 (x,y) における**ヘッシアン**といい, $H_f(x,y)$ で表す.

* f は C^2 級関数だから $f_{xy} = f_{yx}$ である.

偏微分の応用

極値をとるための十分条件 f を点 (a,b) の近くで定義された C^2 級関数とする．(a,b) は f の停留点であるとする．

① $H_f(a,b) > 0$ のとき，f は (a,b) で

　(a) $f_{xx}(a,b) > 0$ ならば極小値 $f(a,b)$ をとる．

　(b) $f_{xx}(a,b) < 0$ ならば極大値 $f(a,b)$ をとる．

② $H_f(a,b) < 0$ のとき，f は (a,b) で極値をとらない．

* 「点 (a,b) の近くで定義」は「点 (a,b) を含むある開集合で定義」を意味する．

* $H_f(a,b) = 0$ のときは，3 次以上の偏導関数を調べる必要がある．

陰関数定理 f は点 (a,b) の近くで定義された C^1 級関数で，$f(a,b)=0$ とする．

① $f_y(a,b) \neq 0$ であれば，次の条件 (i)〜(iii) をみたす関数 $y = \varphi(x)$ が $x=a$ の近くでただ一つ存在する．

　(i) $b = \varphi(a)$,

　(ii) $f(x, \varphi(x)) = 0$,

　(iii) $\varphi(x)$ は C^1 級関数．

さらに，$\varphi'(x) = -\dfrac{f_x(x, \varphi(x))}{f_y(x, \varphi(x))}$ が成り立つ．

* a を含むある開区間 I と I 上の関数 $y = \varphi(x)$ で条件 (i)〜(iii) をみたすものがただ一つ存在するということ．

② $f_x(a,b) \neq 0$ であれば，次の条件 (i)〜(iii) をみたす関数 $x = \psi(y)$ が $y = b$ の近くでただ一つ存在する．

　(i) $a = \psi(b)$,

　(ii) $f(\psi(y), y) = 0$,

　(iii) $\psi(y)$ は C^1 級関数．

さらに，$\psi'(y) = -\dfrac{f_y(\psi(y), y)}{f_x(\psi(y), y)}$ が成り立つ．

陰関数の 2 階導関数

点 (a,b) の近くで定義された C^2 級関数 f が $f(a,b)=0$ かつ $f_y(a,b) \neq 0$ をみたすとき，上記の陰関数定理の ① の条件 (i)〜(iii) をみたす関数 φ は C^2 級関数であり，a の近くの x に対し，$\varphi''(x)$ は次で与えられる．

$$-\frac{f_{xx}(x,\varphi(x))f_y(x,\varphi(x))^2 - 2f_{xy}(x,\varphi(x))f_x(x,\varphi(x))f_y(x,\varphi(x)) + f_{yy}(x,\varphi(x))f_x(x,\varphi(x))^2}{f_y(x,\varphi(x))^3}$$

とくに $\varphi'(x) = 0$ の場合は $f_x(x, \varphi(x)) = 0$ だから，次の等式が成り立つ．

$$\varphi''(x) = -\frac{f_{xx}(x,\varphi(x))}{f_y(x,\varphi(x))}$$

ラグランジュの未定乗数法 f, g を $\mathbf{R}^2$ の開集合で定義された C^1 級関数とする．曲線 $g(x,y) = 0$ は特異点をもたないとする．

・条件 $g(x,y) = 0$ のもとで，関数 f の極値を求める問題を**条件付き極値問題**という．

・条件 $g(x,y) = 0$ のもとで関数 f が点 (a,b) で極値をとるとき，

$$\begin{cases} g(a,b) = 0 \\ f_x(a,b) + \lambda g_x(a,b) = 0 \\ f_y(a,b) + \lambda g_y(a,b) = 0 \end{cases}$$

をみたす定数 λ が存在する．

* 曲線 $g(x,y) = 0$ の**特異点**とは，曲線上の点 (a,b) において，$g_x(a,b) = g_y(a,b) = 0$ をみたすものである．

50. 関数を近似する多項式を求める

例題 50 テイラーの定理を用いて，以下で与えられる関数 f と与えられた点において，f を近似する x, y の 2 次以下の多項式を求めよ．
(1) $f(x, y) = \tan^{-1} \dfrac{y}{x}$，$(1, 0)$　　(2) $f(x, y) = (x - y) \cos x$，$(0, 0)$

ポイント 「テイラーの定理」(p.82) における $P_2(x - a, y - b)$ が点 (a, b) において f を近似する 2 次以下の多項式である．

解 (1) 例題 45 と例題 47 で求めたように，$\tan^{-1} \dfrac{y}{x}$ の 2 階までの偏導関数は

$$\frac{\partial f}{\partial x} = \frac{-y}{x^2 + y^2}, \quad \frac{\partial f}{\partial y} = \frac{x}{x^2 + y^2},$$

$$\frac{\partial^2 f}{\partial x^2} = \frac{2xy}{(x^2 + y^2)^2}, \quad \frac{\partial^2 f}{\partial x \partial y} = \frac{-x^2 + y^2}{(x^2 + y^2)^2}, \quad \frac{\partial^2 f}{\partial y^2} = \frac{-2xy}{(x^2 + y^2)^2}$$

で与えられる．よって，

$$f(1, 0) = 0, \quad \frac{\partial f}{\partial x}(1, 0) = 0, \quad \frac{\partial f}{\partial y}(1, 0) = 1,$$

$$\frac{\partial^2 f}{\partial x^2}(1, 0) = 0, \quad \frac{\partial^2 f}{\partial x \partial y}(1, 0) = -1, \quad \frac{\partial^2 f}{\partial y^2}(1, 0) = 0$$

である．したがって，

$$P_2(x - 1, y) = f(1, 0) + \frac{\partial f}{\partial x}(1, 0)(x - 1) + \frac{\partial f}{\partial y}(1, 0)y$$
$$+ \frac{1}{2} \left(\frac{\partial^2 f}{\partial x^2}(1, 0)(x - 1)^2 + 2\frac{\partial^2 f}{\partial x \partial y}(1, 0)(x - 1)y + \frac{\partial^2 f}{\partial y^2}(1, 0)y^2 \right)$$
$$= y - (x - 1)y$$

が $(1, 0)$ において $\tan^{-1} \dfrac{y}{x}$ を近似する x, y の 2 次多項式である．

(2) $(x - y) \cos x$ の 2 階までの偏導関数は

$$\frac{\partial f}{\partial x} = \cos x - (x - y) \sin x, \quad \frac{\partial f}{\partial y} = -\cos x,$$

$$\frac{\partial^2 f}{\partial x^2} = -2 \sin x - (x - y) \cos x, \quad \frac{\partial^2 f}{\partial x \partial y} = \sin x, \quad \frac{\partial^2 f}{\partial y^2} = 0$$

で与えられる．よって，$f(0, 0) = \dfrac{\partial^2 f}{\partial x^2}(0, 0) = \dfrac{\partial^2 f}{\partial x \partial y}(0, 0) = \dfrac{\partial^2 f}{\partial y^2}(0, 0) = 0$ であり，$\dfrac{\partial f}{\partial x}(0, 0) = 1, \dfrac{\partial f}{\partial y}(0, 0) = -1$ が得られるので

$$P_2(x, y) = f(0, 0) + \frac{\partial f}{\partial x}(0, 0)x + \frac{\partial f}{\partial y}(0, 0)y$$
$$+ \frac{1}{2} \left(\frac{\partial^2 f}{\partial x^2}(0, 0)x^2 + 2\frac{\partial^2 f}{\partial x \partial y}(0, 0)xy + \frac{\partial^2 f}{\partial y^2}(0, 0)y^2 \right) = x - y$$

が $(0, 0)$ において $(x - y) \cos x$ を近似する x, y の 2 次以下の多項式である． //

◆**問題 50.1** テイラーの定理を用いて，以下で与えられる関数 f と与えられた点において，f を近似する x, y の 2 次多項式を求めよ．
(1) $f(x, y) = \tan^{-1} \dfrac{y}{x}$，$(1, 1)$　　(2) $f(x, y) = x^y$，$(1, 0)$

◆**問題 50.2** $f(x, y) = \sin(x + y^2)$ で与えられる関数 f に対し，テイラーの定理を用いて，$(0, 0)$ において f を近似する x, y の 3 次多項式を求めよ．

51. 2変数関数の極値を求める

例題 51 以下で与えられる $\mathbf{R}^2$ 上の関数 f の極値を求めよ．
$$f(x,y) = x^3 + 3xy^2 - 6xy - 9x$$

ポイント 2変数関数の極値の求め方．
- 「極値をとるための必要条件」(p.82) より，f の極値は f の停留点の中にあるので，$\dfrac{\partial f}{\partial x}(x,y) = \dfrac{\partial f}{\partial y}(x,y) = 0$ の解を求め，f の停留点をすべて求める．
- 「極値をとるための十分条件」(p.83) より，各停留点でのヘッシアンの符号を調べて，実際に f が極値をとるかどうかを判定する．

解 (1) $\dfrac{\partial f}{\partial x} = 3x^2 + 3y^2 - 6y - 9$, $\dfrac{\partial f}{\partial y} = 6xy - 6x$ より $\dfrac{\partial f}{\partial x} = \dfrac{\partial f}{\partial y} = 0$ とおくと

$$\begin{cases} x^2 + y^2 - 2y - 3 = 0 & \cdots \text{(i)} \\ xy - x = 0 & \cdots \text{(ii)} \end{cases}$$

(ii) より $x = 0$ または $y = 1$ である．$x = 0$ ならば (i) より $(y+1)(y-3) = 0$ だから，$y = -1, 3$ である．$y = 1$ ならば (i) より $x^2 = 4$ だから $x = \pm 2$ である．よって，f の停留点は $(0,-1), (0,3), (-2,1), (2,1)$ である．

$\dfrac{\partial^2 f}{\partial x^2} = 6x$, $\dfrac{\partial^2 f}{\partial x \partial y} = 6y - 6$, $\dfrac{\partial^2 f}{\partial y^2} = 6x$ だから，ヘッシアンを計算すると，

$$H_f(x,y) = \begin{vmatrix} 6x & 6(y-1) \\ 6(y-1) & 6x \end{vmatrix} = 6^2(x^2 - (y-1)^2)$$

となり，これに $(x,y) = (0,-1), (0,3), (-2,1), (2,1)$ を代入すると，

$$H_f(0,-1) = 6^2(0^2 - (-2)^2) = -6^2 \cdot 2^2 < 0,$$
$$H_f(0,3) = 6^2(0^2 - (2)^2) = -6^2 \cdot 2^2 < 0,$$
$$H_f(\pm 2, 1) = 6^2((\pm 2)^2 - 0^2) = 6^2 \cdot 2^2 > 0$$

となる．f は $(0,-1), (0,3)$ では極値をとらず，$(\pm 2, 1)$ において極値をとる．さらに，$\dfrac{\partial^2 f}{\partial x^2}(\pm 2, 1) = \pm 12$ (複号同順) だから，$(2,1)$ で f は極小値 $f(2,1) = -16$ をとり，$(-2, 1)$ で f は極大値 $f(-2, 1) = 16$ をとる． ∥

補足 $f(x,y) = x^4 + y^4$, $g(x,y) = x^3 + y^3$, $h(x,y) = (x-y)^4$ で与えられる $\mathbf{R}^2$ 上の関数 f, g, h を考えれば，原点 $(0,0)$ はこれらの関数の停留点である．また，原点における f, g, h のヘッシアンの値はすべて 0 であるため，「極値をとるための十分条件」(p.83) で述べた方法では，これらの関数が原点において極値をとるかどうかは判定できない．したがって，このような場合に極値をとるかどうかの判定は，以下のように個々の状況に応じて考える必要がある．

f, h の定義から f と h はつねに 0 以上の値をとり，$f(0,0) = h(0,0) = 0$ だから f と h はともに原点で最小値 0 をとる．また，$(x,y) \neq (0,0)$ ならば $f(x,y) > 0$ だから f は原点において極小値をとるが，h は直線 $y = x$ 上のすべての点で最小値 0 をとるため，「2変数関数の極値の定義」(p.82) の意味では，h は原点で極値をとらない．一方，$g(t,0) = t^3$ だから x 軸上の点 $(t,0)$ が原点を通過する前後で $g(t,0)$ の符号が変わるため，g は原点で極値をとらない．

♦問題 51 以下で与えられる $\mathbf{R}^2$ 上の関数 f の極値を求めよ．
(1) $f(x,y) = 4x^2 e^y - 2x^4 - e^{4y}$
(2) $f(x,y) = x^2 y + xy^2 + 3xy$
(3) $f(x,y) = 3xe^y - x^3 - e^{3y}$
(4) $f(x,y) = 12x^3 + xy^2 + 2xy$

52. 陰関数の導関数・偏導関数を求める

例題 52.1 以下で与えられる関係式で定まる x の関数 y について $\dfrac{dy}{dx}$, $\dfrac{d^2y}{dx^2}$ を求めよ.

(1) $x^2 + y^2 + 2xy - 2x = 5$ (2) $x^3 + y^3 - 3xy = c$ （c は定数）

ポイント

・関係式 $F(x,y) = c$ が与えられたとき，y を x の関数とみて，この関係式の両辺を x で微分すると次の等式が得られる．
$$\frac{\partial F}{\partial x}(x,y) + \frac{\partial F}{\partial y}(x,y)\frac{dy}{dx} = 0 \cdots (*)$$
・$(*)$ を $\dfrac{dy}{dx}$ について解く．

・$(*)$ の両辺をもう一度 x で微分して得られる等式
$$\frac{\partial^2 F}{\partial x^2}(x,y) + 2\frac{\partial^2 F}{\partial x \partial y}(x,y)\frac{dy}{dx} + \frac{\partial^2 F}{\partial y^2}(x,y)\left(\frac{dy}{dx}\right)^2 + \frac{\partial F}{\partial y}(x,y)\frac{d^2y}{dx^2} = 0$$
の $\dfrac{dy}{dx}$ に，上で得た $\dfrac{dy}{dx}$ の式を代入し，$\dfrac{d^2y}{dx^2}$ について解く．

* $\dfrac{dy}{dx}$ を直接微分すると計算が困難になることが多い．

解 (1) y を x の関数とみて，与えられた関係式の両辺を x で微分すると，
$$2x + 2y\frac{dy}{dx} + 2y + 2x\frac{dy}{dx} - 2 = 0 \cdots (\text{i})$$
となるため，$\dfrac{dy}{dx} = -\dfrac{x+y-1}{x+y} = \dfrac{1}{x+y} - 1 \cdots$ (ii) が得られる．さらに，(i) の両辺を x で微分すると，
$$2 + 2\left(\frac{dy}{dx}\right)^2 + 2y\frac{d^2y}{dx^2} + 2\frac{dy}{dx} + 2\frac{dy}{dx} + 2x\frac{d^2y}{dx^2} = 0$$
となり，$\dfrac{d^2y}{dx^2} = -\dfrac{\left(\frac{dy}{dx}\right)^2 + 2\frac{dy}{dx} + 1}{x+y}$ が得られる．この等式の右辺の $\dfrac{dy}{dx}$ に (ii) を代入して，$\dfrac{d^2y}{dx^2} = -\dfrac{1}{(x+y)^3}$ を得る．

(2) y を x の関数とみて，与えられた関係式の両辺を x で微分すると，
$$3x^2 + 3y^2\frac{dy}{dx} - 3y - 3x\frac{dy}{dx} = 0 \cdots (\text{i})$$
となるため，$\dfrac{dy}{dx} = \dfrac{x^2 - y}{x - y^2} \cdots$ (ii) が得られる．さらに，(i) の両辺を x で微分すると，
$$6x + 6y\left(\frac{dy}{dx}\right)^2 + 3y^2\frac{d^2y}{dx^2} - 3\frac{dy}{dx} - 3\frac{dy}{dx} - 3x\frac{d^2y}{dx^2} = 0$$
となり，$\dfrac{d^2y}{dx^2} = \dfrac{2y\left(\frac{dy}{dx}\right)^2 - 2\frac{dy}{dx} + 2x}{x - y^2}$ が得られる．この等式の右辺の $\dfrac{dy}{dx}$ に (ii) を代入して，$\dfrac{d^2y}{dx^2} = \dfrac{2xy(x^3 + y^3 - 3xy + 1)}{(x - y^2)^3}$ を得る．（x, y は関係式 $x^3 + y^3 - 3xy = c$ をみたすので，$\dfrac{d^2y}{dx^2} = \dfrac{2(c+1)xy}{(x - y^2)^3}$ としてもよい.） //

♦ **問題 52.1** 以下で与えられる関係式で定まる x の関数 y について $\dfrac{dy}{dx}, \dfrac{d^2y}{dx^2}$ を求めよ．

(1) $x^3 y^3 - x + y = 0$ (2) $3xe^y - x^3 - e^{3y} = c$ （c は定数）

偏微分の応用

例題 52.2 関係式 $x^3 + y^3 + z^3 - 3xyz = c$ (c は定数) で定まる x, y の関数 z について $\dfrac{\partial z}{\partial x}, \dfrac{\partial z}{\partial y}, \dfrac{\partial^2 z}{\partial x^2}, \dfrac{\partial^2 z}{\partial x \partial y}, \dfrac{\partial^2 z}{\partial y^2}$ を求めよ.

ポイント
- y を定数とみなして関係式 $F(x, y, z) = c$ の両辺を x で偏微分すれば,次の等式 (i) が得られ,x を定数とみなして両辺を y で偏微分すれば等式 (ii) が得られる.

$$\dfrac{\partial F}{\partial x}(x, y, z) + \dfrac{\partial F}{\partial z}(x, y, z) \dfrac{\partial z}{\partial x} = 0 \quad \cdots \text{(i)}$$
$$\dfrac{\partial F}{\partial y}(x, y, z) + \dfrac{\partial F}{\partial z}(x, y, z) \dfrac{\partial z}{\partial y} = 0 \quad \cdots \text{(ii)}$$

- (i) から $\dfrac{\partial z}{\partial x}$ が得られ,(ii) から $\dfrac{\partial z}{\partial y}$ が得られる.
- 例題 52.1 と同様に,y を定数とみなして (i) の両辺を x で偏微分して得られる等式を用いれば $\dfrac{\partial^2 z}{\partial x^2}$ が求められ,x を定数とみなして (ii) の両辺を y で偏微分して得られる等式を用いれば $\dfrac{\partial^2 z}{\partial y^2}$ が求められる.
- x を定数とみなして (i) の両辺を y で偏微分した等式,または y を定数とみなして (ii) の両辺を x で偏微分して得られる等式を用いれば $\dfrac{\partial^2 z}{\partial x \partial y}$ が求められる.

解 z を x の関数とみなして与えられた関係式の両辺を x で微分すれば,

$$3x^2 - 3yz + 3(z^2 - xy) \dfrac{\partial z}{\partial x} = 0 \quad \cdots \text{(i)}$$

となるので,$\dfrac{\partial z}{\partial x} = -\dfrac{x^2 - yz}{z^2 - xy}$ が得られる.同様に,z を y の関数とみなして与えられた関係式の両辺を y で微分すれば,

$$3y^2 - 3xz + 3(z^2 - xy) \dfrac{\partial z}{\partial y} = 0 \quad \cdots \text{(ii)}$$

となるので,$\dfrac{\partial z}{\partial y} = -\dfrac{y^2 - xz}{z^2 - xy}$ が得られる.(i) の両辺を x で微分すれば

$$6x - 6y \dfrac{\partial z}{\partial x} + 6z \left(\dfrac{\partial z}{\partial x} \right)^2 + 3(z^2 - xy) \dfrac{\partial^2 z}{\partial x^2} = 0$$

が得られ,この左辺の $\dfrac{\partial z}{\partial x}$ に $-\dfrac{x^2 - yz}{z^2 - xy}$ を代入して $\dfrac{\partial^2 z}{\partial x^2}$ について解けば,次の結果が得られる.

$$\dfrac{\partial^2 z}{\partial x^2} = -\dfrac{2xz(x^3 + y^3 + z^3 - 3xyz)}{(xy - z^2)^3} = -\dfrac{2cxz}{(xy - z^2)^3}$$

(ii) の両辺を y で微分し,上と同様に計算すれば,次の結果が得られる.

$$\dfrac{\partial^2 z}{\partial y^2} = -\dfrac{2yz(x^3 + y^3 + z^3 - 3xyz)}{(xy - z^2)^3} = -\dfrac{2cyz}{(xy - z^2)^3}$$

(i) の両辺を y で微分すれば,

$$-3z - 3y \dfrac{\partial z}{\partial y} + 6z \dfrac{\partial z}{\partial x} \dfrac{\partial z}{\partial y} - 3x \dfrac{\partial z}{\partial x} + 3(z^2 - xy) \dfrac{\partial^2 z}{\partial x \partial y} = 0$$

が得られ,この左辺の $\dfrac{\partial z}{\partial x}, \dfrac{\partial z}{\partial y}$ にそれぞれ $-\dfrac{x^2 - yz}{z^2 - xy}, -\dfrac{y^2 - xz}{z^2 - xy}$ を代入して $\dfrac{\partial^2 z}{\partial x \partial y}$ について解けば,次の結果が得られる.

$$\dfrac{\partial^2 z}{\partial x \partial y} = -\dfrac{(xy + z^2)(x^3 + y^3 + z^3 - 3xyz)}{(xy - z^2)^3} = -\dfrac{c(xy + z^2)}{(xy - z^2)^3} \qquad \text{//}$$

*この例題の場合,与えられた関係式が x と y を入れ替えても同じであることから,$\dfrac{\partial^2 z}{\partial y^2}$ は $\dfrac{\partial^2 z}{\partial x^2}$ の結果で,x と y を入れ替えたものである.

◆ **問題 52.2** 以下で与えられた関係式で定まる x, y の関数 z について $\dfrac{\partial z}{\partial x}, \dfrac{\partial z}{\partial y}, \dfrac{\partial^2 z}{\partial x^2}, \dfrac{\partial^2 z}{\partial x \partial y}, \dfrac{\partial^2 z}{\partial y^2}$ を求めよ.ただし,c は定数とする.

(1) $z^3 - 3xz - 3y = c$ \qquad (2) $\dfrac{x}{z} + \dfrac{y}{x} + \dfrac{z}{y} = c$

53. 陰関数の極値を求める

例題 53 関係式 $\left(\dfrac{x^2}{6} + \dfrac{y^2}{3}\right)^3 = x^4 + y^4$, $y > 0$ から定まる関数 $y = f(x)$ の極値を求めよ．

ポイント
① $F(x, y) = 0$ より定まる陰関数 $y = f(x)$ が極値をとる点 x と極値 y の候補は「陰関数定理」(p.83) の①で述べたことから，$F(x, y) = F_x(x, y) = 0$ をみたす点 (x, y) である．
② さらに，$F_x(x, y) = 0$ をみたす点においては，$f''(x) = -\dfrac{F_{xx}(x, y)}{F_y(x, y)}$ が成り立つ．$f''(x) > 0$ ならば f は x で極小，$f''(x) < 0$ ならば f は x で極大である．

解 $F(x, y) = \left(\dfrac{x^2}{6} + \dfrac{y^2}{3}\right)^3 - x^4 - y^4$ とおけば

$$F_x(x, y) = \dfrac{x((x^2 + 2y^2)^2 - 144x^2)}{36} = \dfrac{x(x^2 + 2y^2 - 12x)(x^2 + 2y^2 + 12x)}{36}$$

である．したがって $F(x, y) = F_x(x, y) = 0$ とおくと次の連立方程式が得られる．

$$\begin{cases} \left(\dfrac{x^2}{6} + \dfrac{y^2}{3}\right)^3 - x^4 - y^4 = 0 & \cdots \text{(i)} \\ x(x^2 + 2y^2 - 12x)(x^2 + 2y^2 + 12x) = 0 & \cdots \text{(ii)} \end{cases}$$

(ii) より，$x = 0$ または $y^2 = -\dfrac{x^2}{2} \pm 6x$ である．

$x = 0$ の場合は (i) と $y > 0$ から $(x, y) = (0, 3\sqrt{3})$ である．

$x \neq 0$, $y^2 = -\dfrac{x^2}{2} + 6x$ の場合，この式を (i) に代入して，$x^2(x - 4)(5x - 36) = 0$ より $x = 4, \dfrac{36}{5}$ であり，$y > 0$ から $(x, y) = (4, 4), \left(\dfrac{36}{5}, \dfrac{12\sqrt{3}}{5}\right)$ である．

$x \neq 0$, $y^2 = -\dfrac{x^2}{2} - 6x$ の場合，この式を (i) に代入して，$x^2(x + 4)(5x + 36) = 0$ より $x = -4, -\dfrac{36}{5}$ であり，$y > 0$ から $(x, y) = (-4, 4), \left(-\dfrac{36}{5}, \dfrac{12\sqrt{3}}{5}\right)$ である．

ここで，

$$F_y(x, y) = \dfrac{y(x^2 + 2y^2)^2 - 72y^2}{18}, \quad F_{xx}(x, y) = \dfrac{5x^4 + 12x^2y^2 + 4y^4 - 432x^2}{36}$$

だから，f'' の符号は以下のようになる．

$$f''(0) = -\dfrac{F_{xx}(0, 3\sqrt{3})}{F_y(0, 3\sqrt{3})} = -\dfrac{\sqrt{3}}{6} < 0, \quad f''(\pm 4) = -\dfrac{F_{xx}(\pm 4, 4)}{F_y(\pm 4, 4)} = \dfrac{1}{6} > 0,$$

$$f''\left(\pm \dfrac{36}{5}\right) = -\dfrac{F_{xx}\left(\pm \dfrac{36}{5}, \dfrac{12\sqrt{3}}{5}\right)}{F_y\left(\pm \dfrac{36}{5}, \dfrac{12\sqrt{3}}{5}\right)} = -\dfrac{\sqrt{3}}{30} < 0$$

ゆえに，f は 0 で極大値 $3\sqrt{3}$，$\pm \dfrac{36}{5}$ で極大値 $\dfrac{12\sqrt{3}}{5}$ をとり，± 4 で極小値 4 をとる． //

♦ **問題 53** 以下の各関係式から定まる関数 $y = f(x)$ の極値を求めよ．

(1) $\dfrac{x^2}{9} + \dfrac{y^2}{4} = 1$, $y > 0$ 　　　　(2) $y^2 - x^3 + 3x - 3 = 0$, $y > 0$

(3) $y^2 - x^3 + 12x = 0$, $y > 0$ 　　　(4) $x^2 + y^3 - 2x - 12y + 1 = 0$, $y < 0$

(5) $x^2y + 4xy^2 + 4y^3 + x^2 + 4xy + 3y^2 + 2y = 0$

54. 2変数関数の条件付最大値・最小値を求める

例題 54 条件 $x^4 + y^4 = 2$ のもとで, $f(x,y) = x^2 + 2y$ で定義される関数の最大値と最小値を求めよ.

ポイント 「ラグランジュの未定乗数法」(p.83) を用いて, 与えられた条件 $g(x,y) = 0$ のもとで関数 f の最大値と最小値を以下の手順で求めることができる.
① 最大値・最小値をとる点が存在するかを確認する. (例えば $g(x,y) = 0$ で定義される曲線が有界閉集合ならば, 最大値・最小値の定理が適用できる.)
② 曲線 $g(x,y) = 0$ 上には特異点がないことを確認する.
③ x, y, λ についての連立方程式 $\begin{cases} g(x,y) = 0 \\ f_x(x,y) + \lambda g_x(x,y) = 0 \\ f_y(x,y) + \lambda g_y(x,y) = 0 \end{cases}$ の解 x, y を求める.   *解 λ は求めなくてもよい.
④ ③の各解 $x = x_0, y = y_0$ に対し $f(x_0, y_0)$ を求め, その中で最大 (最小) のものが求めるものである.

解 関数 g を $g(x,y) = x^4 + y^4 - 2$ で定めれば g は連続関数である. (x,y) が $g(x,y) = 0$ をみたすとき, $x^4, y^4 \leqq x^4 + y^4 = 2$ だから $|x|, |y| \leqq \sqrt[4]{2}$ が成り立つ. よって, $g(x,y) = 0$ で定義される曲線は $\mathbf{R}^2$ の有界閉集合である. ゆえに最大値・最小値の定理から, f は条件 $x^4 + y^4 = 2$ のもとで最大値と最小値をとる.   *xy 平面において連続関数 g を用いて $g(x,y) = 0$ で定義される曲線は閉集合である.

$\dfrac{\partial g}{\partial x} = 4x^3, \dfrac{\partial g}{\partial y} = 4y^3$ だから, 条件 $x^4 + y^4 = 2$ のもとでは $\dfrac{\partial g}{\partial x}(x,y)$ か $\dfrac{\partial g}{\partial y}(x,y)$ のいずれかは 0 ではない. したがって, 曲線 $g(x,y) = 0$ 上には特異点がない.

$\dfrac{\partial f}{\partial x} = 2x, \dfrac{\partial f}{\partial y} = 2$ だから, 次の連立方程式の解 x, y を求める.

$$\begin{cases} x^4 + y^4 - 2 = 0 & \cdots \text{(i)} \\ 2x + 4\lambda x^3 = 0 & \cdots \text{(ii)} \\ 2 + 4\lambda y^3 = 0 & \cdots \text{(iii)} \end{cases}$$

(ii) より $x = 0$ または $2\lambda x^2 = -1$ である. $x = 0$ の場合は (i) から $y = \pm\sqrt[4]{2}$ である. $2\lambda x^2 = -1$ の場合, (iii) の両辺に x^2 をかけると $2x^2 - 2y^3 = 0$ だから, $y = x^{\frac{2}{3}}$ である. よって (i) から $x^4 + x^{\frac{8}{3}} = 2$ だから   *$x^4 + x^{\frac{8}{3}} = 2$ を $x^{\frac{4}{3}}$ に関する 3 次方程式とみなす.

$$(x^{\frac{4}{3}} - 1)(x^{\frac{8}{3}} + 2x^{\frac{4}{3}} + 2) = 0$$

が成り立つ. $x^{\frac{4}{3}} \geqq 0$ であるので, $x^{\frac{4}{3}} = 1$. よって $x = \pm 1$ である. ゆえに, 条件 $x^4 + y^4 = 2$ のもとで f が極値をとる候補の点は $(0, \pm\sqrt[4]{2}), (\pm 1, 1)$ の 4 つである.

最大値と最小値をとる点で f は極値をとるので, 条件 $x^4 + y^4 = 2$ のもとで f が最大値または最小値をとるのは, 上記の 4 つの点のいずれかである. 一方,

$$f(0, \sqrt[4]{2}) = 2\sqrt[4]{2}, \quad f(0, -\sqrt[4]{2}) = -2\sqrt[4]{2}, \quad f(\pm 1, 1) = 3$$

であり, $-2\sqrt[4]{2} < 2\sqrt[4]{2} < 3$ だから, $-2\sqrt[4]{2}$ が最小値で, 3 が最大値である. ゆえに f は条件 $x^4 + y^4 = 2$ のもとで, $(\pm 1, 1)$ において最大値 3 をとり, $(0, -\sqrt[4]{2})$ において最小値 $-2\sqrt[4]{2}$ をとる.   //

◆ **問題 54.1** 条件 $x^4 + y^4 = 1$ のもとで, $f(x,y) = x^2 + y^2$ で定義される関数の最大値と最小値を求めよ.

◆ **問題 54.2** 条件 $x^3 + y^3 - 6xy + 4 = 0$ のもとで, $f(x,y) = x^2 + y^2$ で定義される関数の最小値を求めよ.

重積分の性質と計算法

重積分の定義

$I = [a,b] \times [c,d] = \{(x,y) \mid a \leqq x \leqq b, c \leqq y \leqq d\}$ を $\boldsymbol{R}^2$ の**閉区間**という.

I で定義された有界な関数 f の **2 重積分** $\iint_I f(x,y)\,dx\,dy$ を以下のように定義する.

- $[a,b]$ の分割 $\Delta_1 = \{x_0, x_1, \ldots, x_m\}$ と $[c,d]$ の分割 $\Delta_2 = \{y_0, y_1, \ldots, y_n\}$ に対し, $\Delta = (\Delta_1, \Delta_2)$ とおき, これを I の**分割**という.

- $S = \{(j,k) \mid j = 1, 2, \ldots, m,\ k = 1, 2, \ldots, n\}$ とおき, 各 $(j,k) \in S$ に対して
$$\Delta x_j = x_j - x_{j-1},\quad \Delta y_k = y_k - y_{k-1},\quad \|\Delta\| = \max_{(j,k)\in S}\sqrt{(\Delta x_j)^2 + (\Delta y_k)^2}$$
とおく.

* $\|\Delta\|$ は分割 Δ の細かさを表す量で, この値が小さいほど分割 Δ は細かいという.

- 各 $(j,k) \in S$ に対して $[x_{j-1}, x_j] \times [y_{k-1}, y_k]$ から点 $(\xi_{j,k}, \eta_{j,k})$ を選び, $\Xi = \{(\xi_{j,k}, \eta_{j,k}) \mid (j,k) \in S\}$ とおく. Ξ を Δ の**代表点の集合**という.

- $R_{\Delta,\Xi}(f) = \sum\limits_{(j,k)\in S} f(\xi_{j,k}, \eta_{j,k})\Delta x_j \Delta y_k$ とおき, これを f の**リーマン和**という.

- $\|\Delta\|$ を 0 に近づけたときの極限値 $\lim\limits_{\|\Delta\|\to 0} R_{\Delta,\Xi}(f)$ が存在するとき, f は**積分可能**であるといい, この極限値を $\iint_I f(x,y)\,dx\,dy$ で表す.

* ε-δ 論法による $\lim\limits_{\|\Delta\|\to 0} R_{\Delta,\Xi}(f)$ の定義: $L \in \boldsymbol{R}$ とする. 任意の $\varepsilon > 0$ に対して $\delta > 0$ で, 次の条件 $(*)$ をみたすものが存在するとき, L を $\lim\limits_{\|\Delta\|\to 0} R_{\Delta,\Xi}(f)$ で表す.

$(*)$　$\|\Delta\| < \delta$ をみたす I の任意の分割 Δ と Δ の任意の代表点の集合 Ξ に対して $|R_{\Delta,\Xi}(f) - L| < \varepsilon$ が成り立つ.

* 1 変数関数の場合の「積分の基本性質」(p.42) と同様である.

重積分の性質　f, g を $\boldsymbol{R}^2$ の閉区間 I 上の積分可能な関数とする.

(1) $\alpha, \beta \in \boldsymbol{R}$ とする. $\alpha f(x,y) + \beta g(x,y)$ も積分可能であり,
$$\iint_I (\alpha f(x,y) + \beta g(x,y))\,dx\,dy = \alpha \iint_I f(x,y)\,dx\,dy + \beta \iint_I g(x,y)\,dx\,dy.$$

(2) $(x,y) \in I$ に対して $f(x,y) \leqq g(x,y)$ ならば
$$\iint_I f(x,y)\,dx\,dy \leqq \iint_I g(x,y)\,dx\,dy.$$

(3) $(x,y) \in I$ を $|f(x,y)|$ に対応させる関数も積分可能で,
$$\left|\iint_I f(x,y)\,dx\,dy\right| \leqq \iint_I |f(x,y)|\,dx\,dy.$$

累次積分　f を閉区間 $[a,b] \times [c,d]$ 上の積分可能な関数とする.

区間 $[a,b]$ 上の関数 $x \mapsto f(x,y)$ ($y \in [c,d]$ を固定) と $[c,d]$ 上の関数 $y \mapsto f(x,y)$ ($x \in [a,b]$ を固定) がともに積分可能ならば, f の重積分は, 次のように 1 変数関数の積分の繰り返し (累次積分) により求めることができる.

* 閉区間上の累次積分は, どちらの変数から先に積分を行っても同じ値になる.

$$\iint_{[a,b]\times[c,d]} f(x,y)\,dx\,dy = \int_c^d \left\{\int_a^b f(x,y)\,dx\right\}dy = \int_a^b \left\{\int_c^d f(x,y)\,dy\right\}dx$$

とくに $f(x,y) = g(x)h(y)$ の形の場合は, 次の等式が成り立つ.

$$\iint_{[a,b]\times[c,d]} g(x)h(y)\,dx\,dy = \left(\int_a^b g(x)\,dx\right)\left(\int_c^d h(y)\,dy\right)$$

重積分の性質と計算法

有界な集合上の 2 重積分　f を $\boldsymbol{R}^2$ の有界な部分集合 D 上の関数とする．D を含む $\boldsymbol{R}^2$ の閉区間 I を選び，I 上の関数 f^* を次で定義する．

$$f^*(x,y) = \begin{cases} f(x,y) & ((x,y) \in D) \\ 0 & ((x,y) \notin D) \end{cases}$$

f^* が積分可能であるとき，f は**積分可能**であるといい，$\iint_D f(x,y)\,dx\,dy$ を

$$\iint_D f(x,y)\,dx\,dy = \iint_I f^*(x,y)\,dx\,dy$$

によって定義する．

* $\iint_I f^*(x,y)\,dx\,dy$ の値は D を含む $\boldsymbol{R}^2$ の閉区間 I の選び方に依存しない．

面積をもつ集合

$\boldsymbol{R}^2$ の有界な部分集合 D に対し，つねに値が 1 である定数値関数 1 が D で積分可能であるとき，D は**面積確定**であるといい，$\iint_D 1\,dx\,dy$ を D の**面積**という．面積確定である有界閉集合を**積分領域**という．

重積分の加法性

$\boldsymbol{R}^2$ の積分領域 D が 2 つの積分領域 D_1, D_2 の合併集合であり，共通部分 $D_1 \cap D_2$ の面積が 0 である場合，積分可能な D 上の関数 f に対して次の等式が成り立つ．

$$\iint_D f(x,y)\,dx\,dy = \iint_{D_1} f(x,y)\,dx\,dy + \iint_{D_2} f(x,y)\,dx\,dy$$

縦線集合上の関数の重積分

$\varphi_1(x) \leqq \varphi_2(x)$ $(x \in [a,b])$ をみたす閉区間 $[a,b]$ 上の連続関数 φ_1, φ_2 に対し，$\boldsymbol{R}^2$ の部分集合

$$D = \{(x,y)\,|\,a \leqq x \leqq b,\ \varphi_1(x) \leqq y \leqq \varphi_2(x)\}$$

を $\boldsymbol{y}$ **方向の縦線集合**という．f が D 上の連続関数ならば，f は D で積分可能であり，次の等式が成り立つ．

$$\iint_D f(x,y)\,dx\,dy = \int_a^b \left\{ \int_{\varphi_1(x)}^{\varphi_2(x)} f(x,y)\,dy \right\} dx$$

* $\int_a^b dx \int_{\varphi_1(y)}^{\varphi_2(y)} f(x,y)\,dy$ とも書く．

また，$\psi_1(y) \leqq \psi_2(y)$ $(y \in [c,d])$ をみたす閉区間 $[c,d]$ 上の連続関数 ψ_1, ψ_2 に対し，$\boldsymbol{R}^2$ の部分集合

$$D = \{(x,y)\,|\,c \leqq y \leqq d,\ \psi_1(y) \leqq x \leqq \psi_2(y)\}$$

を $\boldsymbol{x}$ **方向の縦線集合**という．f が D 上の連続関数ならば，f は D で積分可能であり，次の等式が成り立つ．

$$\iint_D f(x,y)\,dx\,dy = \int_c^d \left\{ \int_{\psi_1(y)}^{\psi_2(y)} f(x,y)\,dx \right\} dy$$

* $\int_c^d dy \int_{\psi_1(y)}^{\psi_2(y)} f(x,y)\,dx$ とも書く．

積分順序の変更

$\boldsymbol{R}^2$ の部分集合 D がとくに

$$\begin{aligned} D &= \{(x,y)\,|\,a \leqq x \leqq b,\ \varphi_1(x) \leqq y \leqq \varphi_2(x)\} \\ &= \{(x,y)\,|\,c \leqq y \leqq d,\ \psi_1(y) \leqq x \leqq \psi_2(y)\} \end{aligned}$$

という形に表されるとき，次の等式が成り立つ．

$$\int_a^b \left\{ \int_{\varphi_1(x)}^{\varphi_2(x)} f(x,y)\,dy \right\} dx = \int_c^d \left\{ \int_{\psi_1(y)}^{\psi_2(y)} f(x,y)\,dx \right\} dy$$

上式の左辺を右辺，または右辺を左辺で書き直すことを**積分順序の変更**という．

3重積分　3変数関数の3重積分も同様に定義できる.
$$I = [a_1, b_1] \times [a_2, b_2] \times [a_3, b_3] = \{(x, y, z) \mid a_1 \leqq x \leqq b_1, a_2 \leqq y \leqq b_2, a_3 \leqq z \leqq b_3\}$$
上の積分可能な関数 f に対して次の等式が成り立つ.

$$\iiint_I f(x, y, z) \, dx \, dy \, dz = \int_{a_3}^{b_3} \left\{ \int_{a_2}^{b_2} \left\{ \int_{a_1}^{b_1} f(x, y, z) \, dx \right\} dy \right\} dz$$

*右の I を $\boldsymbol{R}^3$ の閉区間という.

*閉区間上の累次積分は積分する変数の順序によらない.

♣ $\boldsymbol{R}^2$ の部分集合 D 上の連続関数 φ_1, φ_2 に対して, $\boldsymbol{R}^3$ の部分集合
$$\Omega = \{(x, y, z) \mid (x, y) \in D, \varphi_1(x, y) \leqq z \leqq \varphi_2(x, y)\}$$
を z 方向の縦線集合という. f が Ω 上の連続関数ならば, f は Ω で積分可能であり, 次の等式が成り立つ.

$$\iiint_\Omega f(x, y, z) \, dx \, dy \, dz = \iint_D \left\{ \int_{\varphi_1(x,y)}^{\varphi_2(x,y)} f(x, y, z) \, dz \right\} dx \, dy$$

とくに D が y 方向の縦線集合 $\{(x, y) \mid a \leqq x \leqq b, \psi_1(x) \leqq y \leqq \psi_2(x)\}$ ならば
$$\Omega = \{(x, y, z) \mid a \leqq x \leqq b, \psi_1(x) \leqq y \leqq \psi_2(x), \varphi_1(x, y) \leqq z \leqq \varphi_2(x, y)\}$$
となり, 次の等式が成り立つ.

$$\iiint_\Omega f(x, y, z) \, dx \, dy \, dz = \int_a^b \left\{ \int_{\psi_1(x)}^{\psi_2(x)} \left\{ \int_{\varphi_1(x,y)}^{\varphi_2(x,y)} f(x, y, z) \, dz \right\} dy \right\} dx$$

♣ $\boldsymbol{R}^3$ の部分集合 Ω が
$$\Omega = \{(x, y, z) \mid a \leqq x \leqq b, (y, z) \in D_x\} \quad (\text{ただし } D_x = \{(y, z) \mid (x, y, z) \in \Omega\})$$
のように表される場合, 次の等式が成り立つ.

$$\iiint_\Omega f(x, y, z) = \int_a^b \left\{ \iint_{D_x} f(x, y, z) \, dy \, dz \right\} dx$$

体積をもつ集合

$\boldsymbol{R}^3$ の有界な部分集合 Ω に対し, つねに値が1である定数値関数1が Ω で積分可能であるとき, Ω は**体積確定**であるといい, $\iiint_\Omega 1 \, dx \, dy$ を Ω の**体積**という. 体積確定である有界閉集合を**積分領域**という.

重積分の変数変換

♣ C^1 級関数による変換 $x = \varphi(s, t), y = \psi(s, t)$ により xy 平面の積分領域 D と st 平面の積分領域 E が, 面積0の部分を除いて一対一に対応し, E の面積0の部分を除いて, この変換のヤコビアン (☞「ヤコビアン」(p.75))
$$J(s, t) = \frac{\partial(\varphi, \psi)}{\partial(s, t)}$$
の値が0にならないとき, D 上の連続関数 f に対して次の等式が成り立つ.

$$\iint_D f(x, y) \, dx \, dy = \iint_E f(\varphi(s, t), \psi(s, t)) |J(s, t)| \, ds \, dt$$

*ヤコビアンの絶対値をとった $|J(s, t)|$ が用いられていることに注意する.

♣ 3重積分の場合も同様に, C^1 級関数による変換 $x = \varphi(s, t, u), y = \psi(s, t, u), z = \chi(s, t, u)$ により xyz 空間の積分領域 Ω と stu 空間の積分領域 Γ が, 体積0の部分を除いて一対一に対応し, Γ の体積0の部分を除いて, この変換のヤコビアン
$$J(s, t, u) = \frac{\partial(\varphi, \psi, \chi)}{\partial(s, t, u)}$$
の値が0にならないとき, Ω 上の連続関数 f に対して次の等式が成り立つ.

$$\iiint_\Omega f(x, y, z) \, dx \, dy \, dz = \iiint_\Gamma f(\varphi(s, t, u), \psi(s, t, u), \chi(s, t, u)) |J(s, t, u)| \, ds \, dt \, du$$

*ここもヤコビアンの絶対値をとった $|J(s, t, u)|$ が用いられていることに注意する.

重積分の性質と計算法

極座標変換

✱ 極座標変換 $x = r\cos\theta, y = r\sin\theta$ により $r\theta$ 平面の積分領域 E と xy 平面の積分領域 D が，面積 0 の部分を除いて一対一に対応するとき，D 上の連続関数 f に対して次の等式が成り立つ．

$$\iint_D f(x,y)\,dx\,dy = \iint_E f(r\cos\theta, r\sin\theta)\,r\,dr\,d\theta$$

＊この場合は極座標の定義より，つねに $r \geqq 0$ だから，ヤコビアンにつける絶対値の記号は不要である．

・極座標の中心を (a,b) にした変換 $x = a + r\cos\theta, y = b + r\sin\theta$ のヤコビアンも $J(r,\theta) = r$ である．

✱ 3 変数の極座標変換 $x = r\sin\theta\cos\varphi$, $y = r\sin\theta\sin\varphi$, $z = r\cos\theta$ により xyz 空間の積分領域 Ω と $r\theta\varphi$ 空間の積分領域 Γ が，体積 0 の部分を除いて一対一に対応しているとする．この変換のヤコビアンは $J(r,\theta,\varphi) = r^2\sin\theta$ (☞ 例題 48(2)) だから，Ω 上の連続関数 f に対して次の等式が成り立つ．

$$\iiint_\Omega f(x,y,z)\,dx\,dy\,dz$$
$$= \iiint_\Gamma f(r\sin\theta\cos\varphi, r\sin\theta\sin\varphi, r\cos\theta)\,r^2\sin\theta\,dr\,d\theta\,d\varphi$$

＊この場合は空間の極座標の定義より $0 \leqq \theta \leqq \pi$ だから $r^2\sin\theta \geqq 0$ がつねに成り立つので，ヤコビアンにつける絶対値の記号は不要である．

1 次変換

正則な 1 次変換 $x = pu + qv, y = ru + sv\ (ps - qr \neq 0)$ により uv 平面の積分領域 E と xy 平面の積分領域 D が一対一に対応するとき，D 上の連続関数 f に対して次の等式が成り立つ．

$$\iint_D f(x,y)\,dx\,dy = \iint_E f(pu+qv, ru+sv)\,|ps-qr|\,du\,dv$$

＊ヤコビアンに絶対値をつけることを忘れないようにする．

円柱座標変換

変換 $x = r\cos\theta, y = r\sin\theta, z = z$ により $r\theta z$ 空間の積分領域 Γ と xyz 空間の積分領域 Ω が，体積 0 の部分を除いて一対一に対応するとき，Ω 上の連続関数 f に対して次の等式が成り立つ．

$$\iint_D f(x,y,z)\,dx\,dy\,dz = \iint_E f(r\cos\theta, r\sin\theta, z)\,r\,dr\,d\theta\,dz$$

その他の変換

・閉区間 $I = [0,a] \times [0,u]$ と二角形の領域 $D = \{(x,y) \mid x \geqq 0, y \geqq 0, x + y \leqq a\}$ は変換 $x = s - st, y = st$ により面積 0 の部分を除いて一対一に対応する．D 上の連続関数 f に対して次の等式が成り立つ．

$$\iint_D f(x,y)\,dx\,dy = \iint_I f(s-st, st)\,s\,ds\,dt$$

＊問題 48.1 (1) 参照．

・閉区間 $J = [0,a] \times [0,a] \times [0,a]$ と三角錐の領域
$$\Omega = \{(x,y,z) \mid x \geqq 0, y \geqq 0, z \geqq 0, x + y + z \leqq a\}$$
は変換 $x = s - st, y = st - stu, z = stu$ により体積 0 の部分を除いて一対一に対応する．Ω 上の連続関数 f に対して次の等式が成り立つ．

$$\iiint_\Omega f(x,y,z)\,dx\,dy\,dz = \iiint_J f(s-st, st-stu, stu)\,s^2 t\,ds\,dt\,du$$

＊問題 48.1 (2) 参照．

55. 長方形や直方体上の関数の重積分を求める

例題 55.1 以下の重積分の値を求めよ．

(1) $\iint_{[0,1]\times[0,2]} xy^2 \, dx \, dy$ 　　　(2) $\iint_{[0,1]\times[0,e-1]} \dfrac{y}{xy+1} \, dx \, dy$

ポイント x と y のどちらで先に積分するかを考えて，累次積分を行う．

*積分を行う順番によっては計算が困難になる場合もある．

*x のほうから先に積分するほうが簡単である．

解 (1) $\displaystyle\iint_{[0,1]\times[0,2]} xy^2 \, dx \, dy = \left(\int_0^1 x \, dx\right)\left(\int_0^2 y^2 \, dy\right) = \dfrac{1}{2}\cdot\dfrac{8}{3} = \dfrac{4}{3}$

(2) $\displaystyle\iint_{[0,1]\times[0,e-1]} \dfrac{y}{xy+1} \, dx \, dy = \int_0^{e-1}\left\{\int_0^1 \dfrac{y}{xy+1}\, dx\right\} dy = \int_0^{e-1}\Big[\log(xy+1)\Big]_{x=0}^{x=1} dy$

$\displaystyle = \int_0^{e-1} \log(y+1) \, dy = \Big[(y+1)\log(y+1) - y\Big]_0^{e-1} = 1$ 　　//

◆ **問題 55.1** 以下の重積分の値を求めよ．

(1) $\displaystyle\iint_{[0,1]\times[0,1]} xe^{xy} \, dx \, dy$ 　　　(2) $\displaystyle\iint_{[0,1]\times[0,\frac{\pi}{4}]} \dfrac{x}{\cos^2(xy)} \, dx \, dy$

例題 55.2 以下の3重積分の値を求めよ．

(1) $\displaystyle\iiint_I \dfrac{1}{(x+y+z+1)^3} \, dx \, dy \, dz, \quad I = [0,1]\times[0,1]\times[0,1].$

(2) $\displaystyle\iiint_I \dfrac{2yz^2}{(xyz+1)^2} \, dx \, dy \, dz, \quad I = [0,1]\times[0,2]\times[0,3].$

ポイント
- 3重積分では3回積分を行う累次積分を計算する必要がある．
- 2重積分の場合と同様に，どの変数から先に積分を行えばよいのかを考える．

解 (1) $\displaystyle\iiint_I \dfrac{1}{(x+y+z+1)^3} \, dx \, dy \, dz = \int_0^1\left\{\int_0^1\left\{\int_0^1 \dfrac{1}{(x+y+z+1)^3} \, dx\right\} dy\right\} dz$

$\displaystyle = \int_0^1\left\{\int_0^1 \dfrac{1}{2}\left(\dfrac{1}{(y+z+1)^2} - \dfrac{1}{(y+z+2)^2}\right) dy\right\} dz$

$\displaystyle = \int_0^1 \dfrac{1}{2}\left(\dfrac{1}{z+3} - \dfrac{2}{z+2} + \dfrac{1}{z+1}\right) dz = \dfrac{5}{2}\log 2 - \dfrac{3}{2}\log 3$

*x, y, z の順に積分を行うのが簡単である．

(2) $\displaystyle\iiint_I \dfrac{2yz^2}{(xyz+1)^2} \, dx \, dy \, dz = \int_0^3\left\{\int_0^2\left\{\int_0^1 \dfrac{2yz^2}{(xyz+1)^2} \, dx\right\} dy\right\} dz$

$\displaystyle = \int_0^3\left\{\int_0^2 \left[-\dfrac{2z}{xyz+1}\right]_{x=0}^{x=1} dy\right\} dz = \int_0^3\left\{\int_0^2 \left(2z - \dfrac{2z}{yz+1}\right) dy\right\} dz$

*$\int \log x \, dx = x\log x - x$

$\displaystyle = \int_0^3 \Big[2yz - 2\log(yz+1)\Big]_{y=0}^{y=2} dz = \int_0^3 (4z - 2\log(2z+1)) \, dz$

$\displaystyle = \Big[2z^2 - (2z+1)\log(2z+1) + 2z\Big]_0^3 = 24 - 7\log 7$ 　　//

◆ **問題 55.2** $I = [0,1]\times[0,1]\times[0,1]$ のとき次の3重積分の値を求めよ．

(1) $\displaystyle\iiint_I \dfrac{1}{(x+y+z+1)^2} \, dx \, dy \, dz$ 　　　(2) $\displaystyle\iiint_I 6x^8 y^3 \sin(x^3 y^2 z) \, dx \, dy \, dz$

56. 縦線集合上の関数の重積分を求める

例題 56 以下の重積分の値を求めよ.

(1) $\iint_D (xy+y)\,dx\,dy$, $D = \{(x,y) \mid x \geqq y^2,\ y \geqq x^3\}$.

(2) $\iint_D x\cos\left(\dfrac{\pi}{2}y^2\right)dx\,dy$, $D = \{(x,y) \mid 0 \leqq x \leqq 1,\ x^2 \leqq y \leqq 1\}$.

> **ポイント** D を図示し, x 軸方向の縦線集合か y 軸方向の縦線集合のいずれで表すかを考える.
> ・D を y 軸方向の縦線集合として表す場合.
>   ① D が存在する x の範囲を求める.
>   ② 上の範囲で x を固定して, y の範囲を $\varphi_1(x) \leqq y \leqq \varphi_2(x)$ と表す.
> ・D を x 軸方向の縦線集合として表す場合.
>   ① D が存在する y の範囲を求める.
>   ② 上の範囲で y を固定して, x の範囲を $\psi_1(y) \leqq y \leqq \psi_2(y)$ と表す.

解 (1) 与えられた領域 D を図示すれば右図のようになるので, D を y 軸方向の縦線集合の形に表せば,
$$D = \left\{(x,y) \,\middle|\, 0 \leqq x \leqq 1,\ x^3 \leqq y \leqq \sqrt{x}\right\}$$
となる. ゆえに
$$\iint_D (xy+y)\,dx\,dy = \int_0^1 \left\{\int_{x^3}^{\sqrt{x}} (xy+y)\,dy\right\}dx = \int_0^1 \left[\frac{xy^2}{2} + \frac{y^2}{2}\right]_{y=x^3}^{y=\sqrt{x}} dx$$
$$= \int_0^1 \left(\frac{x^2}{2} + \frac{x}{2} - \frac{x^7}{2} - \frac{x^6}{2}\right)dx = \left[\frac{x^3}{6} + \frac{x^2}{4} - \frac{x^8}{16} - \frac{x^7}{14}\right]_0^1 = \frac{95}{336}.$$

(2) 与えられた領域 D を図示すれば右図のようになるので, D を x 軸方向の縦線集合として表せば,
$$D = \left\{(x,y) \,\middle|\, 0 \leqq y \leqq 1,\ 0 \leqq x \leqq \sqrt{y}\right\}$$
となる. ゆえに
$$\iint_D x\cos\left(\frac{\pi}{2}y^2\right)dx\,dy = \int_0^1 \left\{\int_0^{\sqrt{y}} x\cos\left(\frac{\pi}{2}y^2\right)dx\right\}dy$$
$$= \int_0^1 \frac{y}{2}\cos\left(\frac{\pi}{2}y^2\right)dy = \left[\frac{1}{2\pi}\sin\left(\frac{\pi}{2}y^2\right)\right]_0^1 = \frac{1}{2\pi}. \qquad /\!/$$

* D を y 軸方向の縦線集合と考えて, y から先に積分を行うのは困難なので, D を x 軸方向の縦線集合とみる.

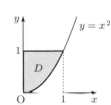

♦ **問題 56** 以下の重積分の値を求めよ.

(1) $\iint_D 12x^2 y\,dx\,dy$, $D = \{(x,y) \mid x \leqq y \leqq 2x - x^2\}$.

(2) $\iint_D \dfrac{4x}{1+y^4}\,dx\,dy$, $D = \{(x,y) \mid 0 \leqq x \leqq 1,\ x^2 \leqq y \leqq 1\}$.

57. 積分の順序を変更する

例題 57 積分の順序の変更によって，以下の積分の値を求めよ．

(1) $\displaystyle\int_0^1 \left\{\int_{x^2}^1 xe^{y^2}\,dy\right\}dx$ (2) $\displaystyle\int_0^1 \left\{\int_{\sqrt[3]{y}}^1 \sqrt{1+x^4}\,dx\right\}dy$

<u>ポイント</u>
・y から先に積分を行う累次積分は y 軸方向の縦線集合の重積分に等しく，x から先に積分を行う累次積分は x 軸方向の縦線集合の重積分に等しい．
・前者の場合，重積分を行う領域を x 軸方向の縦線集合として表して，重積分を x から先に積分を行う形の累次積分に書き直して計算する．
・同様に，後者の場合は，重積分を行う領域を y 軸方向の縦線集合として表して，重積分を y から先に積分を行う形の累次積分に書き直して計算する．

解 (1) 与えられた累次積分は，y について $x^2 \leqq y \leqq 1$ の範囲で積分を行ってから x について $0 \leqq x \leqq 1$ の範囲で積分を行うので，y 軸方向の縦線集合
$$D = \{(x,y)\,|\,0 \leqq x \leqq 1,\, x^2 \leqq y \leqq 1\}$$

を考えれば，与えられた積分は $\iint_D xe^{y^2}\,dx\,dy$ に等しい．D を x 軸方向の縦線集合として書き直すと
$$D = \{(x,y)\,|\,0 \leqq y \leqq 1,\, 0 \leqq x \leqq \sqrt{y}\}$$
となるので，
$$\int_0^1 \left\{\int_{x^2}^1 xe^{y^2}\,dy\right\}dx = \iint_D xe^{y^2}\,dx\,dy = \int_0^1 \left\{\int_0^{\sqrt{y}} xe^{y^2}\,dx\right\}dy$$
$$= \int_0^1 \left[\frac{x^2}{2}e^{y^2}\right]_{x=0}^{x=\sqrt{y}}dy = \int_0^1 \frac{y}{2}e^{y^2}\,dy = \left[\frac{1}{4}e^{y^2}\right]_0^1 = \frac{e-1}{4}.$$

(2) 与えられた累次積分は，x について $\sqrt[3]{y} \leqq x \leqq 1$ の範囲で積分を行ってから y について $0 \leqq y \leqq 1$ の範囲で積分を行うので，x 軸方向の縦線集合
$$D = \{(x,y)\,|\,0 \leqq y \leqq 1,\, \sqrt[3]{y} \leqq x \leqq 1\}$$

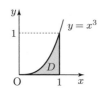

を考えれば，与えられた積分は $\iint_D \sqrt{1+x^4}\,dx\,dy$ に等しい．D を y 軸方向の縦線集合として書き直すと
$$D = \{(x,y)\,|\,0 \leqq x \leqq 1,\, 0 \leqq y \leqq x^3\}$$
となるので，
$$\int_0^1 \left\{\int_{\sqrt[3]{y}}^1 \sqrt{1+x^4}\,dx\right\}dy = \iint_D \sqrt{1+x^4}\,dx\,dy = \int_0^1 \left\{\int_0^{x^3} \sqrt{1+x^4}\,dy\right\}dx$$
$$= \int_0^1 x^3\sqrt{1+x^4}\,dy = \left[\frac{1}{6}(1+x^4)^{\frac{3}{2}}\right]_0^1 = \frac{2\sqrt{2}-1}{6}. \qquad /\!/$$

◆ **問題 57** 以下で与えられる累次積分の順序を変更することによって，積分の値を求めよ．

(1) $\displaystyle\int_0^1 \left\{\int_{1-x}^1 e^{y^2}\,dy\right\}dx$ (2) $\displaystyle\int_0^{\frac{1}{\sqrt[3]{2}}} \left\{\int_{y^2}^{\frac{1}{\sqrt{2}}} y\tan\left(\frac{\pi}{2}x^2\right)dx\right\}dy$

58. 変数変換によって重積分を計算する

例題 58 以下の重積分の値を求めよ．

(1) $\iint_D \sin(x^2+y^2)\,dx\,dy$, $D = \{(x,y) \mid x^2+y^2 \leqq \pi,\ x \geqq 0\}$.

(2) $\iint_D e^{(x-3)^2+y^2}\,dx\,dy$, $D = \{(x,y) \mid (x-3)^2+y^2 \leqq 2\}$.

(3) $\iint_D (x+2y)^2(3x-y)^2\,dx\,dy$,
$\qquad D = \{(x,y) \mid 0 \leqq x+y \leqq 1,\ 0 \leqq 3x-y \leqq 1\}$.

・積分領域 D が原点を中心とした円板や扇形など，境界に円周を含む場合は極座標変換を試みる．その際，D を定義する x, y の不等式に $x = r\cos\theta, y = r\sin\theta$ を代入して，$(r\cos\theta, r\sin\theta) \in D$ が成り立つための $r \geqq 0$ と θ の条件を求める．
・積分領域が原点を頂点にもつ平行四辺形の場合は，座標軸の一部を平行四辺形の 2 辺にうつす 1 次変換を試みる．

解 (1) 極座標変換 $x = r\cos\theta, y = r\sin\theta$ を行う．xy 平面の領域 D に対応する $r\theta$ 平面の領域は閉区間 $I = [0, \sqrt{\pi}] \times \left[-\frac{\pi}{2}, \frac{\pi}{2}\right]$ だから

$$\iint_D \sin(x^2+y^2)\,dx\,dy = \iint_I \sin(r^2) r\,dr\,d\theta = \int_0^{\sqrt{\pi}} \left\{\int_{-\frac{\pi}{2}}^{\frac{\pi}{2}} r\sin(r^2)\,d\theta\right\} dr$$
$$= \int_0^{\sqrt{\pi}} \pi r\sin(r^2)\,dr = \left[-\frac{\pi\cos(r^2)}{2}\right]_0^{\sqrt{\pi}} = \pi.$$

* $(r\cos\theta, r\sin\theta) \in D$ であるための θ の条件は $\cos\theta \geqq 0$ であるが，$r\theta$ 平面から xy 平面への対応が面積 0 の部分を除いて一対一になるように，左の解答では θ の範囲を区間 $\left[-\frac{\pi}{2}, \frac{\pi}{2}\right]$ とした．

(2) $(3, 0)$ を中心とする極座標変換 $x = 3 + r\cos\theta, y = r\cos\theta$ を行う．xy 平面の領域 D に対応する $r\theta$ 平面の領域は閉区間 $I = [0, \sqrt{2}] \times [0, 2\pi]$ だから

$$\iint_D e^{(x-3)^2+y^2}\,dx\,dy = \iint_I e^{r^2} r\,dr\,d\theta = \int_0^{\sqrt{2}} \left\{\int_0^{2\pi} re^{r^2}\,d\theta\right\} dr$$
$$= \int_0^{\sqrt{2}} 2\pi re^{r^2}\,dr = \left[\pi e^{r^2}\right]_0^{\sqrt{2}} = \pi(e^2-1).$$

(3) $s = x+y, t = 3x-y$ とおいて，x, y について解けば $x = \frac{s}{4} + \frac{t}{4}, y = \frac{3s}{4} - \frac{t}{4}$ となるので，ヤコビアン $\frac{\partial(x,y)}{\partial(s,t)}$ は $\frac{1}{4}\left(-\frac{1}{4}\right) - \frac{1}{4}\cdot\frac{3}{4} = -\frac{1}{4}$ である．また，xy 平面の領域 D に対応する st 平面の領域は閉区間 $I = [0, 1] \times [0, 1]$ だから

$$\iint_D (x+2y)^2(3x-y)^2\,dx\,dy = \iint_I \left(\frac{7s}{4} - \frac{t}{4}\right)^2 t^2 \left|-\frac{1}{4}\right| ds\,dt$$
$$= \frac{1}{64}\int_0^1 \left\{\int_0^1 (49s^2 - 14st + t^2)t^2\,ds\right\} dt$$
$$= \frac{1}{64}\int_0^1 \left(\frac{49}{3}t^2 - 7t^3 + t^4\right) dt = \frac{701}{11520}. \quad \text{//}$$

* D が $\alpha \leqq lx + my \leqq \beta$, $\gamma \leqq px + qy \leqq \delta$ の形の不等式で定義されている場合は $s = lx + my$, $t = px + qy$ とおいて，x, y について解く．

* ヤコビアンに絶対値の記号をつけることを忘れないように注意．

◆ **問題 58** 以下の重積分の値を求めよ．

(1) $\iint_D (x-2y)^2 \sin(x^2-4y^2)\,dx\,dy$,
$\qquad D = \{(x,y) \mid 0 \leqq x-2y \leqq \pi,\ 0 \leqq x+2y \leqq 1\}$.

(2) $\iint_D \frac{(x-y)^2}{(x+y)^2+1}\,dx\,dy$, $D = \{(x,y) \mid 0 \leqq y \leqq 1,\ 0 \leqq x \leqq 1-y\}$.

(3) $\iint_D \cos\left(\frac{\pi}{2}(x^2+y^2)\right) dx\,dy$,
$\qquad D = \left\{(x,y) \mid y \leqq \frac{x}{\sqrt{3}},\ y \geqq -\sqrt{3}x,\ x^2+y^2 \leqq 1\right\}$.

(4) $\iint_D \sqrt{x^2+y^2}\,dx\,dy$, $D = \{(x,y) \mid x^2+y^2 \leqq 2(x+y),\ x \leqq y\}$.

59. 3重積分の計算

例題 59 以下の 3 重積分の値を求めよ．

(1) $\iiint_\Omega \dfrac{2}{(x+y+z+1)^3}\,dx\,dy\,dz$,
$\Omega = \{(x,y,z)\,|\,x \geqq 0,\, y \geqq 0,\, z \geqq 0,\, x+y+z \leqq 1\}$.

(2) $\iiint_\Omega z\sqrt{x^2+y^2}\,dx\,dy\,dz$,
$\Omega = \{(x,y,z)\,|\,z \geqq 0,\, x^2+y^2 \leqq z^2,\, x^2+y^2+z^2 \leqq 1\}$.

ポイント
- 3 重積分の計算も 2 重積分の場合と同様に，積分領域が縦線集合の場合はその形状を把握して「**3 重積分**」(p.92) で述べた方法で計算する．
- 積分領域が縦線集合であっても，そのままでは計算が困難な場合は，適切な変数変換を行って，計算しやすい縦線集合上の関数の積分に帰着させる．

解 (1) $D = \{(x,y)\,|\,0 \leqq x \leqq 1,\, 0 \leqq y \leqq 1-x\}$ とおけば
$\Omega = \{(x,y,z)\,|\,(x,y) \in D,\, 0 \leqq z \leqq 1-x-y\}$ だから，

$$\iiint_\Omega \dfrac{2}{(x+y+z+1)^3}\,dx\,dy\,dz = \iint_D \left\{\int_0^{1-x-y} \dfrac{2}{(x+y+z+1)^3}\,dz\right\}dx\,dy$$
$$= \iint_D \left[-\dfrac{1}{(x+y+z+1)^2}\right]_{z=0}^{z=1-x-y}dx\,dy = \iint_D \left(\dfrac{1}{(x+y+1)^2} - \dfrac{1}{4}\right)dx\,dy$$
$$= \int_0^1\left\{\int_0^{1-x}\left(\dfrac{1}{(x+y+1)^2} - \dfrac{1}{4}\right)dy\right\}dx = \int_0^1\left[-\dfrac{1}{x+y+1} - \dfrac{y}{4}\right]_{y=0}^{y=1-x}dx$$
$$= \int_0^1\left(\dfrac{1}{x+1} - \dfrac{1}{2} - \dfrac{1-x}{4}\right)dx = \left[\log(x+1) - \dfrac{x}{2} - \dfrac{2x-x^2}{8}\right]_0^1 = \log 2 - \dfrac{5}{8}.$$

別解　「その他の変換」(p.93) で紹介した変数変換 $x=s-st,\, y=st-stu,\, z=stu$ を行えば，Ω は $I=[0,1]\times[0,1]\times[0,1]$ に対応するので，求める 3 重積分の値は以下の値に等しい．

*$v=s+1$ とおいた．

$$\iiint_I \dfrac{2s^2t}{(s+1)^3}\,ds\,dt\,du = \left(\int_0^1 du\right)\left(\int_0^1 2t\,dt\right)\left(\int_0^1 \dfrac{s^2}{(s+1)^3}\,ds\right) = \int_1^2 \dfrac{v^2-2v+1}{v^3}\,dv$$
$$= \left[\log v + \dfrac{2}{v} - \dfrac{1}{2v^2}\right]_1^2 = \log 2 - \dfrac{5}{8}.$$

(2) $r \geqq 0,\, 0 \leqq \theta \leqq \pi,\, 0 \leqq \varphi \leqq 2\pi$ に対し，$(r\sin\theta\cos\varphi, r\sin\theta\sin\varphi, r\cos\theta) \in \Omega$ であるためには $\cos\theta \geqq 0$ かつ $\sin\theta \leqq \cos\theta$ かつ $r \leqq 1$ であることが必要十分である．1 番目と 2 番目の不等式から $0 \leqq \theta \leqq \dfrac{\pi}{4}$ だから，$J = [0,1] \times \left[0, \dfrac{\pi}{4}\right] \times [0, 2\pi]$ とおけば極座標変換により J は Ω に対応する領域である．ゆえに

$$\iiint_\Omega z\sqrt{x^2+y^2}\,dx\,dy\,dz = \iiint_J r^4\sin^2\theta\cos\theta\,dr\,d\theta\,d\varphi$$
$$= \int_0^1\left\{\int_0^{\frac{\pi}{4}}\left\{\int_0^{2\pi}r^4\sin^2\theta\cos\theta\,d\varphi\right\}d\theta\right\}dr = \int_0^1\left\{\int_0^{\frac{\pi}{4}}2\pi r^4\sin^2\theta\cos\theta\,d\theta\right\}dr$$
$$= \int_0^1\left[\dfrac{2\pi}{3}r^4\sin^3\theta\right]_{\theta=0}^{\theta=\frac{\pi}{4}}dr = \int_0^1 \dfrac{\pi}{3\sqrt{2}}r^4\,dr = \dfrac{\pi}{15\sqrt{2}}. \qquad \text{//}$$

♦ **問題 59** 以下の 3 重積分の値を求めよ．

(1) $\iiint_\Omega z\,dx\,dy\,dz$, $\Omega = \{(x,y,z)\,|\,0 \leqq z \leqq 1-x^2-y^2\}$.

(2) $\iiint_\Omega x\sqrt{y^2+z^2}\,dx\,dy\,dz$, $\Omega = \{(x,y,z)\,|\,0 \leqq x \leqq 1,\, y^2+z^2 \leqq x\}$.

(3) $\iiint_\Omega x(1+y^2+z^2)\,dx\,dy\,dz$, $\Omega = \{(x,y,z)\,|\,0 \leqq x \leqq 1,\, y^2+z^2 \leqq (1-x^2)^2\}$.

(4) $\iiint_\Omega \dfrac{1}{\sqrt{x^2+y^2+(z-2)^2}}\,dx\,dy\,dz$, $\Omega = \{(x,y,z)\,|\,x^2+y^2+z^2 \leqq 1\}$.

◆◆◆◆◆◆◆◆◆◆ **コラム**「重積分の平均値の定理と密度・質量」◆◆◆◆◆◆◆◆◆◆

$\boldsymbol{R}^2$ または $\boldsymbol{R}^3$ の部分集合 D に対し,開集合 U, V で次の4つの条件をすべてみたすものが存在しないとき,D は連結であるといいます.　　　　　＊D が2つの「離れた」部分集合の合併集合ではないことを,数学的にきちんと表現したものが左の「連結」の定義です.
$$D \subset U \cup V, \quad D \cap U \cap V = \emptyset, \quad D \cap U \neq \emptyset, \quad D \cap V \neq \emptyset$$

1変数関数の「**中間値の定理**」(p.32) と同様に,連結な集合 D で定義された連続関数 f に対して,次の中間値の定理が成り立ちます.

「$\boldsymbol{a}, \boldsymbol{b} \in D$ かつ $f(\boldsymbol{a}) < c < f(\boldsymbol{b})$ ならば $f(\boldsymbol{p}) = c$ となる $\boldsymbol{p} \in D$ が存在する.」

この定理と最大値・最小値の定理を用いて1変数関数の「**積分の平均値の定理**」(p.42) と同様に,多変数関数の積分についても以下のような平均値の定理が示されます.

<u>2重積分の場合</u>　　D を $\boldsymbol{R}^2$ の連結な積分領域とし,D の面積を $a(D)$ で表す.D 上の連続関数 f に対し,次の等式をみたす $\boldsymbol{p} \in D$ が存在する.
$$\iint_D f(x, y) \, dx \, dy = f(\boldsymbol{p}) a(D)$$

<u>3重積分の場合</u>　　D を $\boldsymbol{R}^3$ の連結な積分領域とし,D の体積を $v(D)$ で表す.D 上の連続関数 f に対し,次の等式をみたす $\boldsymbol{p} \in D$ が存在する.
$$\iiint_D f(x, y, z) \, dx \, dy \, dz = f(\boldsymbol{p}) v(D)$$

実際,f が $\boldsymbol{a}, \boldsymbol{b} \in D$ でそれぞれ最小値,最大値をとるならば,すべての $\boldsymbol{x} \in D$ に対して $f(\boldsymbol{a}) \leqq f(\boldsymbol{x}) \leqq f(\boldsymbol{b})$ ですから,重積分の性質より次の不等式が成り立ちます.
$$f(\boldsymbol{a}) a(D) = \iint_D f(\boldsymbol{a}) \, dx \, dy \leqq \iint_D f(x, y) \, dx \, dy \leqq \iint_D f(\boldsymbol{b}) \, dx \, dy = f(\boldsymbol{b}) a(D)$$

したがって,$f(\boldsymbol{a}) \leqq \dfrac{1}{a(D)} \iint_D f(x, y) \, dx \, dy \leqq f(\boldsymbol{b})$ となり,中間値の定理によって $f(\boldsymbol{p}) = \dfrac{1}{a(D)} \iint_D f(x, y) \, dx \, dy$ をみたす $\boldsymbol{p} \in D$ の存在がわかります.一般の n 重積分に関する平均値の定理の証明もまったく同様です.

$\boldsymbol{R}^3$ の有界閉集合かつ体積確定な集合 D 上の連続関数 ρ で,つねに0以上の値をとるものを D の**密度関数**といいます.この関数 ρ に対して $\iiint_D \rho(x, y, z) \, dx \, dy \, dz$ を D の「質量」ということにすれば,$\dfrac{1}{v(D)} \iiint_D \rho(x, y, z) \, dx \, dy \, dz$ は D の「平均密度」です.

$\boldsymbol{p} = (p, q, r) \in \boldsymbol{R}^3$,$\varepsilon > 0$ に対し,$\left[p - \dfrac{\varepsilon}{2}, p + \dfrac{\varepsilon}{2}\right] \times \left[q - \dfrac{\varepsilon}{2}, q + \dfrac{\varepsilon}{2}\right] \times \left[r - \dfrac{\varepsilon}{2}, r + \dfrac{\varepsilon}{2}\right]$　＊$I(\boldsymbol{p}; \varepsilon)$ が連結であることの証明は,容易ではありません.
を $I(\boldsymbol{p}; \varepsilon)$ で表せば $I(\boldsymbol{p}; \varepsilon)$ は連結で,$v(I(\boldsymbol{p}; \varepsilon)) = \varepsilon^3$ です.ここで,$I(\boldsymbol{p}; \varepsilon) \subset D$ ならば重積分の平均値の定理によって等式 $\rho(\boldsymbol{q}_\varepsilon) = \dfrac{1}{\varepsilon^3} \iiint_{I(\boldsymbol{p}; \varepsilon)} \rho(x, y, z) \, dx \, dy \, dz$　＊$I(\boldsymbol{p}; \varepsilon) \subset D$ をみたす $\varepsilon > 0$ が存在することと,$\boldsymbol{p}$ が D の内部の点であることは同値です.
をみたす $\boldsymbol{q}_\varepsilon \in I(\boldsymbol{p}; \varepsilon)$ が存在します.そこで,ε を0に近づければ,$I(\boldsymbol{p}; \varepsilon)$ は $\boldsymbol{p}$ に向かって小さくなるので,$I(\boldsymbol{p}; \varepsilon)$ に含まれる $\boldsymbol{q}_\varepsilon$ は $\boldsymbol{p}$ に近づいていき,ρ の連続性から,次の等式が成り立つことがわかります.
$$\lim_{\varepsilon \to +0} \frac{1}{\varepsilon^3} \iiint_{I(\boldsymbol{p}; \varepsilon)} \rho(x, y, z) \, dx \, dy \, dz = \rho(\boldsymbol{p})$$

＊左の等式は ρ が連続関数であれば成り立ちます.

上の等式は,D の内部の任意の点 $\boldsymbol{p}$ における密度関数 ρ の値は $\boldsymbol{p}$ を「中心」とする立方体 $I(\boldsymbol{p}; \varepsilon)$ の平均密度の極限に一致することを示しています.このことは,1変数関数の平均変化率の極限を微分係数として定義したことに似ており,上の等式は「微積分学の基本定理」の多変数関数への一般化とみなすことができます.

◆◆◆

広義重積分と重積分の応用

定符号関数
つねに 0 以上の値をとる関数を**正値関数**といい，つねに 0 以下の値をとる関数を**負値関数**という．正値関数または負値関数を**定符号関数**という．

近似増加列 D を $\boldsymbol{R}^2$ または $\boldsymbol{R}^3$ の有界とは限らない部分集合とする．
次の条件をみたす D の部分集合の列 $\{D_n\}_{n=1}^{\infty}$ を D の**近似増加列**という．
 (1) 各 D_n は面積確定または体積確定である有界閉集合 (積分領域) である．
 (2) $D_1 \subset D_2 \subset \cdots \subset D_n \subset D_{n+1} \subset \cdots$
 (3) D に含まれる任意の有界閉集合 K に対して，$K \subset D_n$ となる n が存在する．

* 与えられた $\{D_n\}_{n=1}^{\infty}$ が (3) をみたすことを示すためには最大値・最小値の定理を用いる必要があることが多い．例題 60.1 の補足を参照．

正値関数の広義重積分 D を $\boldsymbol{R}^2$ の部分集合，f を D で連続な正値関数とする．
$\{D_n\}_{n=1}^{\infty}$ を D の任意の近似増加列とする．
$$\iint_D f(x,y)\,dx\,dy = \lim_{n\to\infty} \iint_{D_n} f(x,y)\,dx\,dy$$
を f の D における**広義の 2 重積分**という．

* $\left\{\iint_{D_n} f(x,y)\,dx\,dy\right\}_{n=1}^{\infty}$ は単調増加数列であり，有界ならば収束する．

 ・右辺の極限は D の近似増加列 $\{D_k\}_{k=1}^{\infty}$ のとり方には依存しない．
 ・右辺の極限が有限であるとき，広義の 2 重積分は**収束する**といい，正の無限大に発散するとき，広義の 2 重積分は**発散する**という．

* $D \subset \boldsymbol{R}^3$ の場合，D 上の連続な正値関数 f の広義の 3 重積分もまったく同様に定義される．

一般の関数の広義重積分 D 上の関数 f に対して，D 上の関数 f_+, f_- を次で定める．
$$f_+(x,y) = \frac{1}{2}(|f(x,y)| + f(x,y)) = \max\{f(x,y), 0\},$$
$$f_-(x,y) = \frac{1}{2}(|f(x,y)| - f(x,y)) = -\min\{f(x,y), 0\}.$$
このとき f_+ と f_- は正値関数で，任意の $(x,y) \in D$ に対して次の等式が成り立つ．
$$f(x,y) = f_+(x,y) - f_-(x,y), \qquad |f(x,y)| = f_+(x,y) + f_-(x,y)$$
$\iint_D f_+(x,y)\,dx\,dy$ と $\iint_D f_-(x,y)\,dx\,dy$ がともに収束するとき，$\iint_D f(x,y)\,dx\,dy$ を

* 広義重積分の収束は絶対収束を意味し，1 変数関数の広義積分のような「条件収束」という概念は定義されない．

$$\iint_D f(x,y)\,dx\,dy = \iint_D f_+(x,y)\,dx\,dy - \iint_D f_-(x,y)\,dx\,dy$$
で定義し，左辺の広義の 2 重積分は**収束する**という．
 ・$\iint_D f(x,y)\,dx\,dy$ が収束 $\iff$ $\iint_D |f(x,y)|\,dx\,dy$ が収束．
 ・$\iint_D f(x,y)\,dx\,dy$ が収束するとき，任意の近似増加列 $\{D_n\}_{n=1}^{\infty}$ に対し，
$$\iint_D f(x,y)\,dx\,dy = \lim_{n\to\infty} \iint_{D_n} f(x,y)\,dx\,dy.$$

* 等式 (i) と (ii) は「面積」(p.64) の ①，② ですでに述べているが，「面積をもつ集合」(p.91) で与えた面積の定義から，これらの結果が示されるので再掲した．

縦線集合の面積 φ, ψ を閉区間 $[a,b]$ 上の連続関数とする．
各 $x \in [a,b]$ に対して $\varphi(x) \leqq \psi(x)$ ならば，縦線集合
$$D = \{(x,y)\,|\,a \leqq x \leqq b,\, \varphi(x) \leqq y \leqq \psi(x)\}$$
の面積は次で与えられる．
$$\iint_D 1\,dx\,dy = \int_a^b \left\{\int_{\varphi(x)}^{\psi(x)} 1\,dy\right\}dx = \int_a^b (\psi(x) - \varphi(x))\,dx \cdots \text{(i)}$$

極座標で与えられる領域の面積 f を閉区間 $[\alpha, \beta]$ 上の正値連続関数とする．極座標表示 $r = f(\theta)$ で与えられる曲線と極座標表示 $\theta = \alpha, \theta = \beta$ で与えられる，原点を始点とする 2 本の半直線で囲まれた領域を D とする．このとき z 方向の縦線集合

$$E = \{(r, \theta) \mid \alpha \leqq \theta \leqq \beta, 0 \leqq r \leqq f(\theta)\}$$

は極座標変換によって D に対応するので，D の面積は次で与えられる．

$$\iint_D 1 \, dx \, dy = \iint_E r \, dr \, d\theta = \int_\alpha^\beta \left\{ \int_0^{f(\theta)} r \, dr \right\} d\theta = \frac{1}{2} \int_\alpha^\beta f(\theta)^2 \, d\theta \cdots \text{(ii)}$$

* ただし $\beta - \alpha \leqq 2\pi$ とする．

縦線集合の体積 φ, ψ を $\boldsymbol{R}^2$ 積分領域 D 上の連続関数とする．各 $(x, y) \in D$ に対して $\varphi(x, y) \leqq \psi(x, y)$ ならば，z 方向の縦線集合

$$\Omega = \{(x, y, z) \mid (x, y) \in D, \varphi(x, y) \leqq z \leqq \psi(x, y)\}$$

の体積は次で与えられる．

$$\iiint_\Omega 1 \, dx \, dy \, dz = \iint_D \left\{ \int_{\varphi(x,y)}^{\psi(x,y)} 1 \, dz \right\} dx \, dy = \iint_D (\psi(x, y) - \varphi(x, y)) \, dx \, dy$$

*「体積をもつ集合」(p.92) で与えた体積の定義と「**3 重積分**」(p.92) で述べた結果を用いた．

断面の面積と体積 Ω を $\boldsymbol{R}^3$ の積分領域とする．x 軸上の点 $(x, 0, 0)$ を通り，x 軸に垂直な平面を H_x で表す．H_x による Ω の断面が空集合でない x の範囲が閉区間 $[a, b]$ ならば，$D_x = \{(y, z) \mid (x, y, z) \in \Omega\}$ とおくと，

$$\Omega = \{(x, y, z) \mid a \leqq x \leqq b, (y, z) \in D_x\}$$

が成り立つ．D_x の面積 $\iint_{D_x} 1 \, dy \, dz$ を $S(x)$ とおけば，$S(x)$ は Ω の平面 H_x による断面 $\Omega \cap H_x$ の面積であり，Ω の体積は次で与えられる．

$$\iiint_\Omega 1 \, dx \, dy \, dz = \int_a^b \left\{ \iint_{D_x} 1 \, dy \, dz \right\} dx = \int_a^b S(x) \, dx$$

* 各 $x \in [a, b]$ に対し，D_x は面積確定集合であるとする．

* 閉区間 $[a, b]$ 上の関数 $x \mapsto S(x)$ は積分可能であるとする．

・**回転体の体積** f を閉区間 $[a, b]$ 上の連続な正値関数とする．$\boldsymbol{R}^2$ の縦線集合

$$\{(x, y) \mid a \leqq x \leqq b, 0 \leqq y \leqq f(x)\}$$

を x 軸を軸にして 1 回転させて得られる回転体を Ω とする．上で考えた平面 H_x による Ω の断面の面積は $\pi f(x)^2$ だから，Ω の体積は $\int_a^b \pi f(x)^2 \, dx$ である．

曲面の面積 D を $\boldsymbol{R}^2$ の積分領域とする．

✿ D 上の C^1 級関数 f のグラフの曲面積は次で与えられる．

$$\iint_D \sqrt{1 + \left(\frac{\partial f}{\partial x}(x, y)\right)^2 + \left(\frac{\partial f}{\partial y}(x, y)\right)^2} \, dx \, dy$$

✿ より一般に，曲面 S が D 上の C^1 級関数 f, g, h を用いて，

$$(x, y, z) = (f(s, t), g(s, t), h(s, t))$$

によってパラメータ表示されるとき，S の面積は次の重積分で与えられる．

$$\iint_D \sqrt{\left(\frac{\partial g}{\partial s}\frac{\partial h}{\partial t} - \frac{\partial h}{\partial s}\frac{\partial g}{\partial t}\right)^2 + \left(\frac{\partial h}{\partial s}\frac{\partial f}{\partial t} - \frac{\partial f}{\partial s}\frac{\partial h}{\partial t}\right)^2 + \left(\frac{\partial f}{\partial s}\frac{\partial g}{\partial t} - \frac{\partial g}{\partial s}\frac{\partial f}{\partial t}\right)^2} \, ds \, dt$$

* 被積分関数はベクトル

$$\begin{pmatrix} \frac{\partial f}{\partial s}(s,t) \\ \frac{\partial g}{\partial s}(s,t) \\ \frac{\partial h}{\partial s}(s,t) \end{pmatrix}, \begin{pmatrix} \frac{\partial f}{\partial t}(s,t) \\ \frac{\partial g}{\partial t}(s,t) \\ \frac{\partial h}{\partial t}(s,t) \end{pmatrix}$$

の外積であるベクトルの長さを $(s, t) \in D$ に対応させる関数である．

・**回転体の表面積** φ, ψ を閉区間 $[a, b]$ 上の C^1 級関数とし，$(x, y) = (\varphi(t), \psi(t))$ によってパラメータ表示される曲線を，x 軸を軸にして 1 回転させて得られる曲面は

$$(x, y, z) = (\varphi(t), \psi(t)\cos\theta, \psi(t)\sin\theta) \quad (a \leqq t \leqq b, 0 \leqq \theta \leqq 2\pi)$$

によってパラメータ表示される．この曲面の面積は次で与えられる．

$$2\pi \int_a^b |\psi(t)| \sqrt{\varphi'(t)^2 + \psi'(t)^2} \, dt$$

* 左の公式は「回転体の体積と表面積」(p.65) で述べた公式の一般化である．

60. 広義重積分の計算

例題 60.1 次の広義重積分を計算せよ.

(1) $\iint_D x^2 e^{-(x^2+y^2)^2} \, dx\, dy$, $\quad D = \{(x,y) \mid x \geqq 0,\, y \geqq 0\}$.

(2) $\iint_D \dfrac{xy}{(x^2+y^2)^{\frac{3}{2}}} \, dx\, dy$,
$\qquad D = \{(x,y) \mid 0 \leqq x \leqq 1,\, 0 \leqq y \leqq 1,\, (x,y) \neq (0,0)\}$.

ポイント まず，与えられた領域 D の近似増加列 $\{D_n\}_{n=1}^\infty$ を求める．その際に，各 D_n 上での積分ができるだけ簡単に求められるように D_n の形状を工夫する．

解 (1) $D_n = \{(x,y) \mid x^2 + y^2 \leqq n^2,\, x \geqq 0,\, y \geqq 0\}$ とおけば，$\{D_n\}_{n=1}^\infty$ は D の近似増加列である．さらに，$r \geqq 0,\, 0 \leqq \theta \leqq 2\pi$ に対し，$(r\cos\theta, r\sin\theta) \in D_n$ であるためには，$r \leqq n$ かつ $0 \leqq \theta \leqq \dfrac{\pi}{2}$ であることが必要十分であり，極座標変換によって D_n は $E_n = \left\{(r,\theta) \,\middle|\, 0 \leqq r \leqq n,\, 0 \leqq \theta \leqq \dfrac{\pi}{2}\right\}$ に対応する．

$$\iint_{D_n} x^2 e^{-(x^2+y^2)^2} \, dx\, dy = \iint_{E_n} r^3 e^{-r^4} \cos^2\theta \, dr\, d\theta = \int_0^n \left\{\int_0^{\frac{\pi}{2}} r^3 e^{-r^4} \cos^2\theta \, d\theta\right\} dr$$

$$= \int_0^n \left\{\int_0^{\frac{\pi}{2}} \frac{r^3 e^{-r^4}(1+\cos 2\theta)}{2} \, d\theta\right\} dr = \int_0^n \left[\frac{r^3 e^{-r^2}(2\theta + \sin 2\theta)}{4}\right]_0^{\frac{\pi}{2}} dr$$

$$= \int_0^n \frac{\pi}{4} r^3 e^{-r^4} dr = \left[-\frac{\pi}{16} e^{-r^4}\right]_0^n = \frac{\pi}{16}\left(1 - e^{-n^4}\right)$$

よって，求める広義重積分は $\displaystyle\lim_{n\to\infty} \frac{\pi}{16}\left(1 - e^{-n^4}\right) = \frac{\pi}{16}$.

(2) $D_n = \left\{(x,y) \,\middle|\, \dfrac{1}{n} \leqq x \leqq 1,\, 0 \leqq y \leqq x\right\} \cup \left\{(x,y) \,\middle|\, \dfrac{1}{n} \leqq y \leqq 1,\, 0 \leqq x \leqq y\right\}$
とおけば，$\{D_n\}_{n=1}^\infty$ は D の近似増加列であり，

$$\iint_{D_n} \frac{xy}{(x^2+y^2)^{\frac{3}{2}}} \, dx\, dy = \int_{\frac{1}{n}}^1 \left\{\int_0^x \frac{xy}{(x^2+y^2)^{\frac{3}{2}}} dy\right\} dx + \int_{\frac{1}{n}}^1 \left\{\int_0^y \frac{xy}{(x^2+y^2)^{\frac{3}{2}}} dx\right\} dy$$

$$= \int_{\frac{1}{n}}^1 \left[\frac{-x}{\sqrt{x^2+y^2}}\right]_{y=0}^{y=x} dx + \int_{\frac{1}{n}}^1 \left[\frac{-y}{\sqrt{x^2+y^2}}\right]_{x=0}^{x=y} dy$$

$$= \int_{\frac{1}{n}}^1 \frac{2-\sqrt{2}}{2} dx + \int_{\frac{1}{n}}^1 \frac{2-\sqrt{2}}{2} dy = (2-\sqrt{2})\left(1 - \frac{1}{n}\right).$$

よって，求める広義重積分は $\displaystyle\lim_{n\to\infty} (2-\sqrt{2})\left(1 - \frac{1}{n}\right) = 2 - \sqrt{2}$. //

補足 上の解答の $\{D_n\}_{n=1}^\infty$ が「近似増加列」(p.100) の条件 (2) をみたすことと，各 D_n が有界な面積確定集合であることは明らかであるが，例えば (1) の解答の場合に条件 (3) をみたすことは次のように確かめられる．K が D に含まれる有界閉集合ならば，K 上の関数 ρ を $\rho(x,y) = \sqrt{x^2+y^2}$ で定めれば ρ は連続だから，最大値・最小値の定理により最大値をとる．ρ の最大値以上の自然数 n を選べば，$(x,y) \in K$ ならば $\sqrt{x^2+y^2} = \rho(x,y) \leqq n$ だから $x^2 + y^2 \leqq n^2$ である．さらに $K \subset D$ より $x \geqq 0,\, y \geqq 0$ だから，$(x,y) \in D_n$ である．ゆえに，$K \subset D_n$ をみたす自然数 n が存在する．また，境界の定義（「$\boldsymbol{R}^n$ の部分集合」(p.70)) から D_n は境界上のすべての点を含むことがわかるので，D_n は閉集合で，条件 (2) もみたされる．

◆ **問題 60.1** 次の広義重積分を計算せよ．ただし，(1) で α は $0 < \alpha < 1$ とする．

(1) $\iint_D \dfrac{1}{(x-y)^\alpha} \, dx\, dy$, $\quad D = \{(x,y) \mid 0 \leqq y < x \leqq 1\}$.

(2) $\iint_D \tan^{-1} \dfrac{y}{x} \, dx\, dy$, $\quad D = \{(x,y) \mid x^2+y^2 \leqq 1,\, x > 0,\, y \geqq 0\}$.

> **例題 60.2** 次の広義重積分を計算せよ．
> (1) $\iiint_D \dfrac{\log(x^2+y^2+z^2)}{x^2+y^2+z^2}\,dx\,dy\,dz,\ D=\{(x,y,z)\,|\,0<x^2+y^2+z^2\leqq 1\}$.
> (2) $\iiint_D \dfrac{e^{-x^2-y^2-z^2}}{\sqrt{x^2+y^2+z^2}}\,dx\,dy\,dz,\quad D=\boldsymbol{R}^3-\{(0,0,0)\}$.

ポイント 3重積分の場合は広義積分を行う領域を立体的に把握する必要があるので，2重積分の場合と比べて計算が複雑になるが，極座標変換などを利用できる形になるように広義積分を行う領域の近似増加列を定める．

解 (1) $D_n=\left\{(x,y,z)\,\left|\,\dfrac{1}{n^2}\leqq x^2+y^2+z^2\leqq 1\right.\right\}$ とおけば，$\{D_n\}_{n=1}^\infty$ は D の近似増加列である．

$r\geqq 0,\ 0\leqq\theta\leqq\pi,\ 0\leqq\varphi\leqq 2\pi$ に対し，$(r\sin\theta\cos\varphi, r\sin\theta\sin\varphi, r\cos\theta)\in D_n$ であるためには $\dfrac{1}{n}\leqq r\leqq 1$ であることが必要十分だから，$E_n=\left[\dfrac{1}{n},1\right]\times[0,\pi]\times[0,2\pi]$ とおけば，極座標変換により E_n は D_n に対応する領域である．ゆえに，

$$\iiint_{D_n} \dfrac{\log(x^2+y^2+z^2)}{x^2+y^2+z^2}\,dx\,dy\,dz = \iiint_{E_n} 2\log r \sin\theta\,dr\,d\theta\,d\varphi$$
$$= \int_{\frac{1}{n}}^1 \left\{\int_0^\pi \left\{\int_0^{2\pi} 2\log r\sin\theta\,d\varphi\right\}d\theta\right\}dr = \int_{\frac{1}{n}}^1 \left\{\int_0^\pi 4\pi\log r\sin\theta\,d\theta\right\}dr$$
$$= \int_{\frac{1}{n}}^1 8\pi\log r\,dr = 8\pi\left(\dfrac{1}{n} - \dfrac{\log n}{n} - 1\right)$$

だから，$\iiint_D \dfrac{\log(x^2+y^2+z^2)}{x^2+y^2+z^2}\,dx\,dy\,dz = \lim_{n\to\infty} 8\pi\left(\dfrac{1}{n} - \dfrac{\log n}{n} - 1\right) = -8\pi$.

* 被積分関数は負値関数だから，広義重積分の定義に忠実に従うならば，被積分関数に (-1) をかけて正値関数にしてから広義重積分を計算するべきであるが，正値関数の場合と同様に計算できる．

(2) $D_n=\left\{(x,y,z)\,\left|\,\dfrac{1}{n^2}\leqq x^2+y^2+z^2\leqq n^2\right.\right\}$ とおけば $\{D_n\}_{n=1}^\infty$ は D の近似増加列である．

$r\geqq 0,\ 0\leqq\theta\leqq\pi,\ 0\leqq\varphi\leqq 2\pi$ に対し，$(r\sin\theta\cos\varphi, r\sin\theta\sin\varphi, r\cos\theta)\in D_n$ であるためには $\dfrac{1}{n}\leqq r\leqq n$ であることが必要十分だから，$E_n=\left[\dfrac{1}{n},n\right]\times[0,\pi]\times[0,2\pi]$ とおけば，極座標変換により E_n は D_n に対応する領域である．ゆえに，

$$\iiint_{D_n} \dfrac{e^{-x^2-y^2-z^2}}{\sqrt{x^2+y^2+z^2}}\,dx\,dy\,dz = \iiint_{E_n} re^{-r^2}\sin\theta\,dr\,d\theta\,d\varphi$$
$$= \int_{\frac{1}{n}}^n \left\{\int_0^\pi \left\{\int_0^{2\pi} re^{-r^2}\sin\theta\,d\varphi\right\}d\theta\right\}dr = \int_{\frac{1}{n}}^n \left\{\int_0^\pi 2\pi re^{-r^2}\sin\theta\,d\theta\right\}dr$$
$$= \int_{\frac{1}{n}}^n 4\pi re^{-r^2}\,dr = 2\pi\left(e^{-\frac{1}{n^2}} - e^{-n^2}\right)$$

だから，$\iiint_D \dfrac{e^{-x^2-y^2-z^2}}{\sqrt{x^2+y^2+z^2}}\,dx\,dy\,dz = \lim_{n\to\infty} 2\pi\left(e^{-\frac{1}{n^2}} - e^{-n^2}\right) = 2\pi$. //

♦ **問題 60.2** 次の広義重積分を計算せよ．

(1) $\iiint_D \dfrac{xyz}{(x^2+y^2+z^2)^2}\,dx\,dy\,dz$,
  $D=\{(x,y,z)\,|\,0<x^2+y^2+z^2\leqq 1,\ x\geqq 0,\ y\geqq 0,\ z\geqq 0\}$.

(2) $\iiint_D \dfrac{\log(x^2+y^2+z^2)}{(x^2+y^2+z^2)^2}\,dx\,dy\,dz,\ D=\{(x,y,z)\,|\,x^2+y^2+z^2\geqq 1\}$.

(3) $\iiint_D \dfrac{x^2+y^2+z^2}{(1+x^2+y^2+z^2)^3}\,dx\,dy\,dz,\quad D=\{(x,y,z)\,|\,x\geqq 0,\ y\geqq 0,\ z\geqq 0\}$.

61. 平面の領域の面積を求める

例題 61 次の曲線によって囲まれた領域の面積を求めよ．

(1) $\left(\dfrac{x^2}{a^2}+\dfrac{y^2}{b^2}\right)^2 = x^2+y^2$ $(a,b>0)$　　(2) $(x+y)^4 = xy$

> **ポイント**
> ・座標変換によって，与えられた曲線で囲まれた領域がどのような領域に対応するかを把握すれば，あとは積分の計算を正しく行うだけである．
> ・曲線の方程式が $\left(\dfrac{x^2}{a^2}+\dfrac{y^2}{b^2}\right)^n = (x,y\text{ の同次多項式})$ $(a^2 \neq b^2)$ の形の場合など，極座標変換ではうまくいかない場合は，極座標変換と $(u,v) = (au,bv)$ に対応させる変換を合成して得られる変換 $x = ar\cos\theta, y = br\sin\theta$ を試みる．
> ・曲線の方程式が $(x+y)^n = (x,y\text{ の同次多項式})$ の形の場合は，「その他の変換」(p.93) で述べた変換 $x = s-st, y = st$ を試してみる．

*原点も与えられた曲線上の点であるが，孤立した特異点なので除外した．

解 (1) 与えられた曲線で囲まれた領域を D とする．$x = ar\cos\theta, y = br\sin\theta$ を与えられた曲線の方程式に代入すれば $r^2 = a^2\cos^2\theta + b^2\sin^2\theta$ が得られるので，$(ar\cos\theta, br\sin\theta)$ $(r\geq 0, 0\leq\theta\leq 2\pi)$ が D に属するためには
$$r^2 \leq a^2\cos^2\theta + b^2\sin^2\theta$$
であることが必要十分である．したがって
$$E = \left\{(r,\theta)\,\middle|\, 0\leq\theta\leq 2\pi,\ 0\leq r\leq\sqrt{a^2\cos^2\theta+b^2\sin^2\theta}\right\}$$

*例題 48 参照．

とおけば，E は $\varphi(r,\theta) = (ar\cos\theta, br\sin\theta)$ で定義される写像 $\varphi: E\to D$ による変数変換で D に対応する．φ のヤコビアンは abr だから，D の面積は
$$\iint_D 1\,dx\,dy = \iint_E abr\,dr\,d\theta = \int_0^{2\pi}\left\{\int_0^{\sqrt{a^2\cos^2\theta+b^2\sin^2\theta}} abr\,dr\right\}d\theta$$
$$= \int_0^{2\pi}\dfrac{ab(a^2\cos^2\theta+b^2\sin^2\theta)}{2}\,d\theta = \pi ab(a^2+b^2).$$

(2) 与えられた曲線で囲まれた領域を D とする．$x = s-st, y = st$ を与えられた曲線の方程式に代入すれば $s^4 = (s-st)st$ が得られるので，$(s-st, st)$ が与えられた曲線上の点であるためには，$s = 0$ または $s^2 = t(1-t)$ であることが必要十分である．後者の方程式は $s^2 + \left(t-\dfrac{1}{2}\right)^2 = \dfrac{1}{4}$ と変形され，st 平面上の直線 $s = 0$ は変換 $x = s-st, y = st$ によって原点にうつされる．したがって，
$$E = \left\{(s,t)\,\middle|\, s^2 + \left(t-\dfrac{1}{2}\right)^2 \leq \dfrac{1}{4}\right\}$$

*問題 48 参照．

とおけば，E は $\varphi(s,t) = (s-st, st)$ で定義される写像 $\varphi: E\to D$ による変数変換で D に対応する．φ のヤコビアンは s であり，$\left(0, \dfrac{1}{2}\right)$ を中心とする極座標変換で E は $\left[0, \dfrac{1}{2}\right] \times [0, 2\pi]$ に対応するので，D の面積は以下で与えられる．
$$\iint_D 1\,dx\,dy = \iint_E |s|\,ds\,dt = \iint_{[0,\frac{1}{2}]\times[0,2\pi]} r^2|\cos\theta|\,dr\,d\theta$$
$$= \left(\int_0^{\frac{1}{2}} r^2\,dr\right)\left(\int_0^{2\pi}|\cos\theta|\,d\theta\right) = \dfrac{1}{6} \qquad\qquad //$$

♦ **問題 61** 次の曲線によって囲まれた領域の面積を求めよ．
(1) $\left(\dfrac{x^2}{9}+\dfrac{y^2}{4}\right)^3 = x^4+y^4$　　(2) $(x+y)^4 = xy^2$

62. 体積を求める

例題 62 以下で与えられる領域の体積を求めよ.
(1) 領域 $\Omega = \{(x,y,z) \,|\, y \leqq 2-x^2,\, x^2 \leqq z \leqq y\}$.
(2) 曲面 $z = x^2+y^2$ の $D = \{(x,y) \,|\, x^2+y^2 \leqq 2x\}$ の上にある領域.
(3) 領域 $\Omega = \{(x,y,z) \,|\, 0 \leqq x \leqq 1,\, y^2+(x+1)^2 z^2 \leqq x^2\}$.

ポイント
- 与えられた領域が z 方向の縦線集合の形に表せる場合,「縦線集合の体積」(p.101) で述べた結果を用いて体積を求める. このとき, 与えられた領域を xy 平面に正射影した領域の形状によって, 必要に応じて適切な変数変換を行う.
- 与えられた領域の, ある座標軸に垂直な平面による断面の面積が求められる場合は,「断面の面積と体積」(p.101) で述べた方法を用いて体積を求める.

解 (1) $(x,y,z) \in \Omega$ をみたす z が存在するためには, $y \leqq 2-x^2$ かつ $x^2 \leqq y$ であることが必要十分である. したがって $D = \{(x,y) \,|\, y \leqq 2-x^2,\, x^2 \leqq y\}$ とおけば, Ω は z 軸方向の縦線集合 $\Omega = \{(x,y,z) \,|\, (x,y) \in D,\, x^2 \leqq z \leqq y\}$ の形に表される.

一方, $(x,y) \in D$ をみたす y が存在するためには $x^2 \leqq 2-x^2$, すなわち $|x| \leqq 1$ であることが必要十分だから, D は縦線集合 $\{(x,y) \,|\, |x| \leqq 1,\, x^2 \leqq y \leqq 2-x^2\}$ である. したがって, Ω の体積は次で与えられる.

$$\iiint_\Omega 1\,dx\,dy\,dz = \iint_D (y-x^2)\,dx\,dy = \int_{-1}^{1} \left\{ \int_{x^2}^{2-x^2} (y-x^2)\,dy \right\} dx$$
$$= \int_{-1}^{1} (2x^4 - 4x^2 + 2)\,dx = \frac{32}{15}$$

(2) $r \geqq 0,\, -\pi \leqq \theta \leqq \pi$ が $(r\cos\theta, r\sin\theta) \in D$ をみたすためには, $r \leqq 2\cos\theta$ かつ $-\frac{\pi}{2} \leqq \theta \leqq \frac{\pi}{2}$ であることが必要十分である. したがって, 極座標変換によって

$$E = \left\{ (x,y) \,\middle|\, -\frac{\pi}{2} \leqq \theta \leqq \frac{\pi}{2},\, 0 \leqq r \leqq 2\cos\theta \right\}$$

は D に対応するので, 与えられた領域の体積は

$$\iint_D (x^2+y^2)\,dx\,dy = \iint_E r^3\,dr\,d\theta = \int_{-\frac{\pi}{2}}^{\frac{\pi}{2}} \left\{ \int_0^{2\cos\theta} r^3\,dr \right\} d\theta = \int_{-\frac{\pi}{2}}^{\frac{\pi}{2}} 4\cos^4\theta\,d\theta$$
$$= 8\int_0^{\frac{\pi}{2}} \cos^4\theta\,d\theta = 8 \cdot \frac{3!!}{4!!} \frac{\pi}{2} = \frac{3\pi}{2}.$$

(3) $0 \leqq x \leqq 1$ に対し, $D_x = \{(y,z) \,|\, (x,y,z) \in \Omega\}$ とおくと $D_x = \{(y,z) \,|\, y^2 + (x+1)^2 z^2 \leqq x^2\}$ である. 変数変換 $y = (x+1)r\cos\theta,\, z = r\sin\theta\, (r \geqq 0,\, 0 \leqq \theta \leqq 2\pi)$ によって D_x は閉区間 $\left[0, \frac{x}{x+1}\right] \times [0, 2\pi]$ に対応し, この変数変換のヤコビアンは $r(x+1)$ だから, D_x の面積は以下で与えられる.

$$\iint_{D_x} 1\,dy\,dz = \iint_{\left[0, \frac{x}{x+1}\right] \times [0, 2\pi]} r(x+1)\,dr\,d\theta = \left(\int_0^{\frac{x}{x+1}} r(x+1)\,dr \right) \left(\int_0^{2\pi} 1\,d\theta \right)$$
$$= \frac{x^2}{2(x+1)} \cdot 2\pi = \frac{\pi x^2}{x+1}$$

ゆえに, Ω の体積は $\int_0^1 \frac{\pi x^2}{x+1}\,dx = \int_1^2 \frac{\pi(t^2-2t+1)}{t}\,dt = \pi\left(\log 2 - \frac{1}{2}\right).$ //

♦ **問題 62** 以下で与えられる領域 Ω の体積を求めよ. ただし, $a > 0$ とする.
(1) $\Omega = \{(x,y,z) \,|\, y \leqq 2-x^2,\, x^2 \leqq z \leqq y^3\}$
(2) $\Omega = \{(x,y,z) \,|\, y \geqq 0,\, x^2+y^2 \geqq |ax|,\, x^2+y^2+z^2 \leqq a^2\}$
(3) $\Omega = \{(x,y,z) \,|\, (x^2+y^2+z^2)^2 \leqq az(x^2+y^2)\}$

63. 回転体の体積を求める

> **例題 63** $\begin{cases} x = t + t^2 \\ y = (1+t)\sqrt{1-t^2} \end{cases}$ $(-1 \leqq t \leqq 1)$ によってパラメータ表示される曲線を x 軸を軸として 1 回転して得られる回転体の体積を求めよ.

ポイント
- 回転させる曲線がパラメータ表示されている場合，例題 40.2 の解答で行ったように，t に関する x と y の増減を調べて，x が t の関数として単調である閉区間に分割して，曲線を上側の部分と下側の部分に分ける.
- 曲線を上下関係を把握して，各部分に分けて回転させて得られる回転体の体積を求め，考えている領域外の部分の体積をひく.

解 $x = \left(t + \frac{1}{2}\right)^2 + \frac{1}{4}$ だから，x は閉区間 $\left[-1, -\frac{1}{2}\right]$ で 0 から $-\frac{1}{4}$ まで単調に減少し，$\left[-\frac{1}{2}, 1\right]$ で $-\frac{1}{4}$ から 2 まで単調に増加する. また，$\dfrac{dy}{dt} = \dfrac{(1-2t)(1+t)}{\sqrt{1-t^2}}$ だから，y は閉区間 $\left[-1, \frac{1}{2}\right]$ で 0 から $\dfrac{3\sqrt{3}}{4}$ まで単調に増加し，閉区間 $\left[\frac{1}{2}, 1\right]$ で $\dfrac{3\sqrt{3}}{4}$ から 0 まで単調に減少する.

t が閉区間 $\left[-1, -\frac{1}{2}\right]$ を動いて得られる曲線を C_1，閉区間 $\left[-\frac{1}{2}, 1\right]$ を動いて得られる曲線を C_2 とすれば，C_1 は第 2 象限の $-\frac{1}{4} \leqq x \leqq 0$ かつ $0 \leqq y \leqq \dfrac{\sqrt{3}}{4}$ の範囲に含まれ，C_2 と第 2 象限の共通部分は $y \geqq \dfrac{\sqrt{3}}{4}$ の範囲にあるので，C_2 は C_1 の上方にある.

したがって，与えられた曲線を x 軸のまわりに回転させて得られる回転体は，C_2 を x 軸のまわりに回転させて得られる回転体から C_1 を x 軸のまわりに回転させて得られる回転体を除いた部分である. C_2 を x 軸のまわりに回転させて得られる回転体の体積は $\displaystyle\int_{-\frac{1}{4}}^{2} \pi y^2 \, dx = \int_{-\frac{1}{2}}^{1} \pi y^2 \dfrac{dx}{dt} \, dt$ であり，C_1 を x 軸のまわりに回転させて得られる回転体の体積は $\displaystyle\int_{-\frac{1}{4}}^{0} \pi y^2 \, dx = \int_{-\frac{1}{2}}^{-1} \pi y^2 \dfrac{dx}{dt} \, dt$ だから，求める体積は

$$\int_{-\frac{1}{2}}^{1} \pi y^2 \dfrac{dx}{dt} \, dt - \int_{-\frac{1}{2}}^{-1} \pi y^2 \dfrac{dx}{dt} \, dt = \int_{-1}^{1} \pi (1+t)^2 (1-t^2)(1+2t) \, dt = \dfrac{8\pi}{3}. \quad /\!/$$

* 与えられた曲線の概形は下のようになり，カージオイド (心臓形) とよばれる曲線の上半分である.

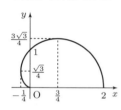

* 問題 63.2 の曲線は追跡線 (トラクトリックス) とよばれる. $a = 1$ の場合，曲線の概形は下のようになる.

◆ **問題 63.1** $\begin{cases} x = \sin\theta(1 + 2\cos^2\theta) \\ y = 2\cos^3\theta \end{cases}$ $(0 \leqq \theta \leqq \frac{\pi}{2})$ によってパラメータ表示される曲線と x 軸，y 軸で囲まれた部分を x 軸を軸として 1 回転して得られる回転体の体積を求めよ.

◆ **問題 63.2** 曲線 $x = a\log\left(\dfrac{a + \sqrt{a^2 - y^2}}{y}\right) - \sqrt{a^2 - y^2}$ $(a > 0)$，x 軸と y 軸，直線 $x = t$ で囲まれた部分を x 軸を軸として 1 回転して得られる回転体の体積を t とするとき，$\displaystyle\lim_{t \to \infty} V(t)$ を求めよ.

64. 曲面の面積を求める

例題 64 以下で与えられる曲面の面積を求めよ．

(1) 曲面 $z = \sqrt{2xy}$ のうち，$1 \leq x \leq 2$ かつ $1 \leq y \leq 2$ をみたす部分．

(2) $\begin{cases} x = \cos t(1 + \cos t) \\ y = \sin t(1 + \cos t) \end{cases}$ $(0 \leq t \leq \pi)$ によってパラメータ表示される xy 平面上の曲線を，x 軸を軸にして 1 回転させて得られる曲面．

(3) $\begin{cases} x = s \cos t \\ y = s \sin t \\ z = t \end{cases}$ $((s, t) \in [0, 1] \times [0, 2\pi])$ でパラメータ表示される曲面．

* (3) の曲面は**常螺線面**とよばれる曲面の一部．

ポイント 与えられた曲面が関数のグラフとして表されている場合，パラメータ表示されている場合，曲線を回転させて得られる場合，に応じて「曲面の面積」(p.101) で述べた公式を用いて，曲面の面積を求める．

解 (1) $\dfrac{\partial z}{\partial x} = \dfrac{\sqrt{y}}{\sqrt{2x}}, \dfrac{\partial z}{\partial y} = \dfrac{\sqrt{x}}{\sqrt{2y}}$ だから，求める面積は

$$\iint_{[1,2]\times[1,2]} \sqrt{\frac{y}{2x} + \frac{x}{2y} + 1}\, dx\, dy = \int_1^2 \left\{ \int_1^2 \frac{x+y}{\sqrt{2xy}}\, dx \right\} dy$$

$$= \int_1^2 \left\{ \int_1^2 \left(\frac{\sqrt{x}}{\sqrt{2y}} + \frac{\sqrt{y}}{\sqrt{2x}} \right) dx \right\} dy = \int_1^2 \left[\frac{x\sqrt{2x}}{3\sqrt{y}} + \sqrt{2xy} \right]_{x=1}^{x=2} dy$$

$$= \int_1^2 \left(\frac{4}{3\sqrt{y}} + 2\sqrt{y} - \frac{\sqrt{2}}{3\sqrt{y}} - \sqrt{2y} \right) dy = \frac{20\sqrt{2}}{3} - 8.$$

(2) $\varphi(t) = \cos t(1 + \cos t), \psi(t) = \sin t(1 + \cos t)$ によって $[0, \pi]$ 上の関数 φ, ψ を定義すれば，$\varphi'(t) = -\sin t(2\cos t + 1), \psi'(t) = (1 + \cos t)(2\cos t - 1)$ だから，$\varphi'(t)^2 + \psi'(t)^2 = 2(1 + \cos t)$ である．ゆえに，与えられた曲面の面積は

$$2\pi \int_0^\pi |\psi(t)| \sqrt{\varphi'(t)^2 + \psi'(t)^2}\, dt = 2\pi \int_0^\pi \sin t(1 + \cos t)\sqrt{2(1 + \cos t)}\, dt$$

$$= 2\pi \int_0^\pi \sqrt{2}(1 + \cos t)^{\frac{3}{2}} \sin t\, dt = 2\sqrt{2}\pi \left[-\frac{2}{5}(1 + \cos t)^{\frac{5}{2}} \right]_0^\pi = \frac{32\pi}{5}.$$

(3) $f(s, t) = s \cos t,\ g(s, t) = s \sin t,\ h(s, t) = t$ で関数 f, g, h を定めれば，
$\dfrac{\partial f}{\partial s} = \cos t, \dfrac{\partial g}{\partial s} = \sin t, \dfrac{\partial h}{\partial s} = 0, \dfrac{\partial f}{\partial t} = -s \sin t, \dfrac{\partial g}{\partial t} = s \cos t, \dfrac{\partial h}{\partial t} = 1$ だから

$$\sqrt{\left(\frac{\partial g}{\partial s}\frac{\partial h}{\partial t} - \frac{\partial h}{\partial s}\frac{\partial g}{\partial t} \right)^2 + \left(\frac{\partial h}{\partial s}\frac{\partial f}{\partial t} - \frac{\partial f}{\partial s}\frac{\partial h}{\partial t} \right)^2 + \left(\frac{\partial f}{\partial s}\frac{\partial g}{\partial t} - \frac{\partial g}{\partial s}\frac{\partial f}{\partial t} \right)^2} = \sqrt{s^2 + 1}$$

である．ゆえに，与えられた曲面の面積は

$$\iint_{[0,1]\times[0,2\pi]} \sqrt{s^2 + 1}\, ds\, dt = \int_0^1 \left\{ \int_0^{2\pi} \sqrt{s^2 + 1}\, dt \right\} ds = \int_0^1 2\pi\sqrt{s^2 + 1}\, ds$$

$$= \pi \left[s\sqrt{s^2 + 1} + \log\left(s + \sqrt{s^2 + 1}\right) \right]_0^1 = \pi\left(\sqrt{2} + \log(1 + \sqrt{2}) \right). \qquad /\!/$$

*「無理関数の積分」(p.45) ③ 参照．

♦ **問題 64.1** 以下で与えられる曲面の面積を求めよ．

(1) 領域 $\Omega = \{(x, y, z) \mid y \geq 0,\ x^2 + y^2 \geq |ax|,\ x^2 + y^2 + z^2 \leq a^2\}$ の表面．

(2) $\begin{cases} x = \sin t(1 + 2\cos^2 t) \\ y = 2\cos^3 t \end{cases}$ $(-\frac{\pi}{2} \leq t \leq \frac{\pi}{2})$ によってパラメータ表示される xy 平面上の曲線を，x 軸を軸にして 1 回転させて得られる曲面．

* (3) の曲面はエンネッパー曲面とよばれる曲面の一部.

(3) $\begin{cases} x = 3s - s^3 + 3st^2 \\ y = -3t + t^3 - 3s^2t \\ z = 3s^2 - 3t^2 \end{cases}$ $(s^2 + t^2 \leqq 3)$ でパラメータ表示される曲面.

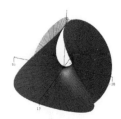

♦ **問題 64.2** 問題 63.2 の曲線の $0 \leqq x \leqq t$ の範囲の部分を, x 軸を軸にして1回転させて得られる曲面の面積を $A(t)$ とおくとき, $\lim_{t \to \infty} A(t)$ を求めよ.

❖❖❖❖❖❖❖❖❖❖ **コラム**「回転体の表面積の公式の証明」❖❖❖❖❖❖❖❖❖❖

閉区間 $[a,b]$ 上の C^1 級関数 φ, ψ に対し, $(x,y) = (\varphi(t), \psi(t))$ にパラメータ表示される曲線を, x 軸を軸にして1回転させて得られる曲面の面積が

$$2\pi \int_a^b |\psi(t)| \sqrt{\varphi'(t)^2 + \psi'(t)^2}\, dt$$

で与えられるという結果を「**曲面の面積**」(p.101) で述べましたが, これはその直前に述べた, パラメータ表示された曲面の面積の公式を用いれば以下のように証明されます.

x 軸を軸とした角度 θ の回転は, $\boldsymbol{x} \in \boldsymbol{R}^3$ に3次正方行列 $\begin{pmatrix} 1 & 0 & 0 \\ 0 & \cos\theta & -\sin\theta \\ 0 & \sin\theta & \cos\theta \end{pmatrix}$ を $\boldsymbol{x}$ の左からかけたベクトルに対応させる1次変換ですから, xy 平面にある与えられた曲線上の点 $(\varphi(t), \psi(t), 0)$ を x 軸のまわりに角度 θ だけ回転させた点の位置ベクトルは

$$\begin{pmatrix} \varphi(t) \\ \psi(t)\cos\theta \\ \psi(t)\sin\theta \end{pmatrix}$$

です. そこで, $[a,b] \times [0, 2\pi]$ 上の関数 f, g, h を

$$f(t, \theta) = \varphi(t), \quad g(t, \theta) = \psi(t)\cos\theta, \quad h(t, \theta) = \psi(t)\sin\theta$$

で定めれば, $(x, y, z) = (f(t, \theta), g(t, \theta), h(t, \theta))$ は x 軸を軸にして与えられた曲線を回転させて得られる曲面のパラメータ表示で, 以下の等式が成り立ちます.

$$\begin{pmatrix} f_t(t, \theta) \\ g_t(t, \theta) \\ h_t(t, \theta) \end{pmatrix} = \begin{pmatrix} \varphi'(t) \\ \psi'(t)\cos\theta \\ \psi'(t)\sin\theta \end{pmatrix}, \quad \begin{pmatrix} f_\theta(t, \theta) \\ g_\theta(t, \theta) \\ h_\theta(t, \theta) \end{pmatrix} = \begin{pmatrix} 0 \\ -\psi(t)\sin\theta \\ \psi(t)\cos\theta \end{pmatrix}$$

したがって, 上の2つのベクトルの外積は, 次のようなベクトルになります.

$$\begin{pmatrix} f_t(t, \theta) \\ g_t(t, \theta) \\ h_t(t, \theta) \end{pmatrix} \times \begin{pmatrix} f_\theta(t, \theta) \\ g_\theta(t, \theta) \\ h_\theta(t, \theta) \end{pmatrix} = \begin{pmatrix} \psi(t)\psi'(t) \\ -\varphi'(t)\psi(t)\cos\theta \\ -\varphi'(t)\psi(t)\sin\theta \end{pmatrix}$$

このベクトルの長さは $\sqrt{\psi(t)^2(\varphi'(t)^2 + \psi'(t)^2)} = |\psi(t)|\sqrt{\varphi'(t)^2 + \psi'(t)^2}$ ですから, x 軸を軸にして与えられた曲線を回転させて得られる曲面の面積は次のようになります.

$$\iint_{[a,b] \times [0, 2\pi]} |\psi(t)|\sqrt{\varphi'(t)^2 + \psi'(t)^2}\, dt\, d\theta = \int_a^b \left\{ \int_0^{2\pi} |\psi(t)|\sqrt{\varphi'(t)^2 + \psi'(t)^2}\, d\theta \right\} dt$$

$$= 2\pi \int_a^b |\psi(t)|\sqrt{\varphi'(t)^2 + \psi'(t)^2}\, dt$$

❖❖❖

問 題 解 答

問題 1.1 (1) -11 (2) $-16 \leqq -5\pi < -15$ より $[-5\pi] = -16$. (3) $8!! = 2 \cdot 4 \cdot 6 \cdot 8 = 384$ (4) $\dfrac{11!!}{10!!}$
$= \dfrac{1 \cdot \overset{1}{\cancel{3}} \cdot \overset{1}{\cancel{5}} \cdot 7 \cdot 9 \cdot 11}{2 \cdot 4 \cdot \underset{2}{\cancel{6}} \cdot 8 \cdot \underset{2}{\cancel{10}}} = \dfrac{693}{256}$ (5) $\dbinom{-\frac{3}{2}}{3} = \dfrac{(-\frac{3}{2})(-\frac{5}{2})(-\frac{7}{2})}{1 \cdot 2 \cdot \overset{1}{\cancel{3}}} = -\dfrac{35}{16}$ (6) $\dbinom{-2}{5} = \dfrac{(-\overset{1}{\cancel{2}})(-\overset{1}{\cancel{3}})(-\overset{1}{\cancel{4}})(-\overset{1}{\cancel{5}})(-6)}{1 \cdot \underset{1}{\cancel{2}} \cdot \underset{1}{\cancel{3}} \cdot \underset{1}{\cancel{4}} \cdot \underset{1}{\cancel{5}}} = -6$

問題 1.2 (1) $(2n)!! = (2n)(2(n-1))(2(n-2))\cdots(2 \cdot 2)(2 \cdot 1) = 2^n n!$ である. また, $(2n+1)!!(2n)!! = (2n+1)(2n-1)\cdots 3 \cdot 1 \cdot (2n)(2n-2)\cdots 4 \cdot 2 = (2n+1)(2n)(2n-1)(2n-2)\cdots 4 \cdot 3 \cdot 2 = (2n+1)!$ だから, $(2n+1)!!(2n)!! = (2n+1)!$ である. この等式の両辺を $(2n)!!$ で割れば, $(2n+1)!! = \dfrac{(2n+1)!}{(2n)!!}$ が得られる.

(2) 二項係数の定義から $n\dbinom{\alpha}{n} = \dfrac{n\alpha(\alpha-1)(\alpha-2)\cdots(\alpha-(n-1))}{n(n-1)!} = \alpha \cdot \dfrac{(\alpha-1)((\alpha-1)-1)\cdots((\alpha-1)-(n-1-1))}{(n-1)!} = \alpha\dbinom{\alpha-1}{n-1}$ である. また, $\dbinom{\alpha}{n} + \dbinom{\alpha}{n-1} = \dfrac{\alpha(\alpha-1)\cdots(\alpha-n+2)(\alpha-n+1)}{n!} + \dfrac{\alpha(\alpha-1)\cdots(\alpha-(n-1)+1)}{(n-1)!} = \dfrac{\alpha(\alpha-1)\cdots(\alpha-n+2)(\alpha-n+1) + \alpha(\alpha-1)\cdots(\alpha-n+2)n}{n!} = \dfrac{\alpha(\alpha-1)\cdots(\alpha-n+2)(\alpha+1)}{n!} = \dbinom{\alpha+1}{n}$.

問題 1.3 (1) $x \geqq 0$ ならば $x \geqq -x$ だから $|x| = x = \max\{x, -x\}$ であり, $x < 0$ ならば $x < -x$ だから $|x| = -x = \max\{x, -x\}$ である. (2) $M = -\max\{-a_1, -a_2, \ldots, -a_n\}$ とおけば, $M = -(-a_k) = a_k$ をみたす $1 \leqq k \leqq n$ が存在して, すべての $i = 1, 2, \ldots, n$ に対して $-M \geqq -a_i$, すなわち $M \leqq a_i$ が成り立つので, $M = \min\{a_1, a_2, \ldots, a_n\}$ である.

問題 1.4 $n = [x]$ とおくと, n は $n \leqq x < n+1$ をみたす整数である. このとき $n + k$ は整数であり, $n + k \leqq x + k < n + k + 1$ が成り立つので, $n + k$ は $x + k$ 以下の最大の整数である. ゆえに $n + k = [x + k]$ である.

問題 2.1 (1) $\displaystyle\lim_{n\to\infty} \sqrt[3n]{5n^2} = \lim_{n\to\infty} 5^{\frac{1}{3n}} \left(n^{\frac{1}{n}}\right)^{\frac{2}{3}} = 1 \cdot 1^{\frac{2}{3}} = 1$ (2) $n \geqq 3$ ならば $n! \geqq 6 \cdot 4^{n-3}$ だから $0 < \dfrac{2^n}{n!} \leqq \dfrac{2^n}{6 \cdot 4^{n-3}} = \dfrac{1}{3 \cdot 2^{n-5}}$ であり, $\displaystyle\lim_{n\to\infty} \dfrac{1}{3 \cdot 2^{n-5}} = 0$ だから, はさみうちの原理により $\displaystyle\lim_{n\to\infty} \dfrac{2^n}{n!} = 0$.
(3) $\dfrac{n^n}{(n+1)!} = \dfrac{n}{n+1} \dfrac{n}{n} \dfrac{n}{n-1} \cdots \dfrac{n}{2} \geqq \dfrac{n^2}{2(n+1)}$ であり, $\displaystyle\lim_{n\to\infty} \dfrac{n^2}{2(n+1)} = \infty$ だから, $\displaystyle\lim_{n\to\infty} \dfrac{n^n}{(n+1)!} = \infty$.
(4) 二項定理より $1.1^n = (1 + 0.1)^n > 1 + 0.1n + \dfrac{n(n-1)}{2} \cdot 0.1^2 = 1 + \dfrac{n(n+19)}{200}$ だから, $n \geqq 181$ ならば $1.1^n > n$ である. このとき $\dfrac{1.1^{n^2}}{n!} = \dfrac{(1.1^n)^n}{n!} > \dfrac{n^n}{n!} = \dfrac{n}{n} \dfrac{n}{n-1} \cdots \dfrac{n}{1} \geqq n$ より $\displaystyle\lim_{n\to\infty} \dfrac{1.1^{n^2}}{n!} = \infty$.

問題 2.2 (1) $\displaystyle\lim_{n\to\infty} \dfrac{3n^2 + 2\sqrt[3]{n^7} + 7\sqrt[4]{n^9}}{3\sqrt[3]{n^7} + 4\sqrt[4]{n^9} + 9n} = \lim_{n\to\infty} \dfrac{\sqrt[3]{n^7}\left(\frac{3}{\sqrt[3]{n}} + 2 + \frac{7}{\sqrt[12]{n}}\right)}{\sqrt[3]{n^7}\left(3 + \frac{4}{\sqrt[12]{n}} + \frac{9}{\sqrt[3]{n^4}}\right)} = \lim_{n\to\infty} \dfrac{\frac{3}{\sqrt[3]{n}} + 2 + \frac{7}{\sqrt[12]{n}}}{3 + \frac{4}{\sqrt[12]{n}} + \frac{9}{\sqrt[3]{n^4}}} = \dfrac{2}{3}$

(2) $\displaystyle\lim_{n\to\infty} \dfrac{n^3 + 3^n + 5^n}{2n^2 + 5^{n+1} + 2^{2n}} = \lim_{n\to\infty} \dfrac{5^n\left(\frac{n^3}{5^n} + \left(\frac{3}{5}\right)^n + 1\right)}{5^n\left(\frac{2n^2}{5^n} + 5 + \left(\frac{4}{5}\right)^n\right)} = \lim_{n\to\infty} \dfrac{\frac{n^3}{5^n} + \left(\frac{3}{5}\right)^n + 1}{\frac{2n^2}{5^n} + 5 + \left(\frac{4}{5}\right)^n} = \dfrac{1}{5}$

(3) $\dfrac{3^{8n} + 7^{n+1} + 2n^n}{3^{8n} + (n+1)^7 + 3(n!)} = \dfrac{n^n\left(\left(\frac{3^8}{n}\right)^n + 7\left(\frac{7}{n}\right)^n + 2\right)}{n!\left(\frac{3^{8n}}{n!} + \frac{(n+1)^7}{n!} + 3\right)} \geqq n \dfrac{\left(\frac{3^8}{n}\right)^n + 7\left(\frac{7}{n}\right)^n + 2}{\frac{3^{8n}}{n!} + \frac{(n+1)^7}{n!} + 3}$, $\displaystyle\lim_{n\to\infty} \dfrac{\left(\frac{3^8}{n}\right)^n + 7\left(\frac{7}{n}\right)^n + 2}{\frac{3^{8n}}{n!} + \frac{(n+1)^7}{n!} + 3} = \dfrac{2}{3}$

より $\displaystyle\lim_{n\to\infty} n \dfrac{\left(\frac{3^8}{n}\right)^n + 7\left(\frac{7}{n}\right)^n + 2}{\frac{3^{8n}}{n!} + \frac{(n+1)^7}{n!} + 3} = \infty$ である. ゆえに $\displaystyle\lim_{n\to\infty} \dfrac{2^n n! + n^{3n} + 9^n}{3^{n^2+1} + 2(n!)} = \infty$. (4) $\displaystyle\lim_{n\to\infty} \dfrac{n^4}{3^n} = 0$ より自然数 N で「$n \geqq N$ ならば $\dfrac{n^4}{3^n} < 1$」をみたすものがある (たとえば $N = 8$). このとき $3^n > n^4$ だから $3^{n^2} = (3^n)^n > n^{4n}$ である. したがって, $n \geqq N$ ならば $0 < \dfrac{2^n n!}{3^{n^2+1}} < \dfrac{2^n n!}{3^{n^{4n}}} = \dfrac{1}{3n^{2n}} \dfrac{2^n}{n^n} \dfrac{n!}{n^n} < \dfrac{1}{3n^{2n}}$, $0 < \dfrac{n^{3n}}{3^{n^2+1}} < \dfrac{n^{3n}}{3n^{4n}} = \dfrac{1}{3n^n}$,

$0 < \frac{9^n}{3^{n^2+1}} < \frac{9^n}{3n^{4n}} = \frac{1}{3n^2}\left(\frac{9}{n^2}\right)^n < \frac{1}{3n^{2n}}$ が成り立つ. $\lim_{n\to\infty}\frac{1}{3n^{2n}} = \lim_{n\to\infty}\frac{1}{3n^n} = 0$ だから, はさみうちの原理から $\lim_{n\to\infty}\frac{2^n n!}{3^{n^2+1}} = \lim_{n\to\infty}\frac{n^{3n}}{3^{n^2+1}} = \lim_{n\to\infty}\frac{9^n}{3^{n^2+1}} = 0$ が得られ, $\frac{2^n n! + n^{3n} + 9^n}{3^{n^2+1} + 2(n!)} < \frac{2^n n!}{3^{n^2+1}} + \frac{n^{3n}}{3^{n^2+1}} + \frac{9^n}{3^{n^2+1}}$ が成り立つので, $\lim_{n\to\infty}\frac{2^n n! + n^{3n} + 9^n}{3^{n^2+1} + 2(n!)} = 0$.

問題 2.3 (1) $25^n \leqq 4^n + 9^n + 25^n \leqq 3 \cdot 25^n$ だから, $5 \leqq (4^n+9^n+25^n)^{\frac{1}{2n}} \leqq 3^{\frac{1}{2n}} \cdot 5$ で $\lim_{n\to\infty} 3^{\frac{1}{2n}} = 1$ だから, はさみうちの原理より, 求める極限は 5. (2) $((-2)^n + 3^n)^{\frac{1}{n}} = 3\left(\left(-\frac{2}{3}\right)^n + 1\right)^{\frac{1}{n}}$ である. いま, $n \geqq 2$ ならば, $\left(\frac{2}{3}\right)^n < \frac{1}{2}$ で $1 + \left(-\frac{2}{3}\right)^n > \frac{1}{2}$ となるから, $\left(\frac{1}{2}\right)^{\frac{1}{n}} < \left(\left(-\frac{2}{3}\right)^n + 1\right)^{\frac{1}{n}} < 1$ である. $\lim_{n\to\infty}\left(\frac{1}{2}\right)^{\frac{1}{n}} = 1$ だから, はさみうちの原理から $\lim_{n\to\infty}\left(\left(-\frac{2}{3}\right)^n + 1\right)^{\frac{1}{n}} = 1$ となるので, 求める極限は 3. (3) n が十分大きいとき, $n^5 < 2^{n+10} < 3^n$ が成り立つ. したがって, $3^n < n^5 + 2^{n+10} + 3^n < 3 \cdot 3^n$ であり, n 乗根をとって $3 < \sqrt[n]{n^5 + 2^{n+10} + 3^n} < 3\sqrt[n]{3}$ である. $\lim_{n\to\infty} 3\sqrt[n]{3} = 3$ であるから, はさみうちの原理より求める極限は 3. (4) n が十分大きければ, $n^3 < 1.01^n$ だから $1.01 < \sqrt[n]{n^3 + 1.01^n} < 1.01\sqrt[n]{2}$ である. $\lim_{n\to\infty} 1.01\sqrt[n]{2} = 1.01$ より, はさみうちの原理から求める極限は 1.01. (5) 二項定理より $(n+1)^n - n^n \geqq (n^n + n^n) - n^n = n^n$ で, $n \geqq 2$ ならば $(n+1)^n - n^n \geqq n^n \geqq 2^n$ である. したがって, $\sqrt[n]{(n+1)^n - 2^n} \geqq \sqrt[n]{n^n} = n$ となるから, 求める極限は ∞. (6) $n \geqq 4$ ならば $n^3 < 10^n < 16^n = 2^{4n} \leqq 2^{n^2}$ だから $2^{n^2} < n^3 + 2^{n^2} + 10^n < 3 \cdot 2^{n^2}$ である. ゆえに $2 = \sqrt[n^2]{2^{n^2}} < \sqrt[n^2]{n^3 + 2^{n^2} + 10^n} < \sqrt[n^2]{3 \cdot 2^{n^2}} = 3^{\frac{1}{n^2}} \cdot 2$ が成り立ち, はさみうちの原理より求める極限は 2.

問題 2.4 $(2n+1)!! = (2n+1)(2n-1)\cdots 3 \cdot 1 < (2n+2)(2n)\cdots 4 \cdot 2 = (2n+2)!!$ より, $\frac{(2n+1)!!}{(n!)^2} < \frac{(2n+2)!!}{(n!)^2} = \frac{2^{n+1}(n+1)!}{(n!)^2} = \frac{2^{n+1}(n+1)}{n(n-1)!} = 4\left(1 + \frac{1}{n}\right)\frac{2^{n-1}}{(n-1)!}$ が成り立つ. $\lim_{n\to\infty} 4\left(1 + \frac{1}{n}\right)\frac{2^{n-1}}{(n-1)!} = \lim_{n\to\infty} 4\left(1 + \frac{1}{n}\right) \lim_{n\to\infty}\frac{2^{n-1}}{(n-1)!} = 4 \cdot 0 = 0$ であり, $\frac{(2n+1)!!}{(n!)^2} > 0$ だから, はさみうちの原理によって $\lim_{n\to\infty}\frac{(2n+1)!!}{(n!)^2} = 0$ である.

問題 2.5 (1) $\lim_{n\to\infty}\frac{(2n+1)^n}{(2n)^n} = \lim_{n\to\infty}\left(\left(1 + \frac{1}{2n}\right)^{2n}\right)^{\frac{1}{2}} = e^{\frac{1}{2}} = \sqrt{e}$

(2) $\lim_{n\to\infty}\frac{(n-1)^n}{n^n} = \lim_{n\to\infty}\left(1 + \frac{1}{n-1}\right)^{-n} = \lim_{n\to\infty}\left(\left(1 + \frac{1}{n-1}\right)^{n-1}\right)^{-1} \cdot \left(1 + \frac{1}{n-1}\right)^{-1} = e^{-1} \cdot 1 = \frac{1}{e}$

(3) $\frac{(2n+1)^n}{(n+1)^n} = \left(2 - \frac{1}{n+1}\right)^n \geqq \left(\frac{3}{2}\right)^n$ で $\lim_{n\to\infty}\left(\frac{3}{2}\right)^n = \infty$ だから, $\lim_{n\to\infty}\frac{(2n+1)^n}{(n+1)^n} = \infty$.

(4) $1 < \left(\frac{n^5+1}{n^5}\right)^{n^3} = \left(1 + \frac{1}{n^5}\right)^{n^3} = \left(\left(1 + \frac{1}{n^5}\right)^{n^5}\right)^{\frac{1}{n^2}} < e^{\frac{1}{n^2}}$ であり, $\lim_{n\to\infty} e^{\frac{1}{n^2}} = 1$ だから, はさみうちの原理により $\lim_{n\to\infty}\left(\frac{n^5+1}{n^5}\right)^{n^3} = 1$. (5) $1 < \left(\frac{n^2+n+3}{n^2+n+1}\right)^n = \left(1 + \frac{2}{n^2+n+1}\right)^n = \left(\left(1 + \frac{1}{\frac{n^2+n+1}{2}}\right)^{\frac{n^2+n+1}{2}}\right)^{\frac{2}{n}} \times \left(1 + \frac{1}{\frac{n^2+n+1}{2}}\right)^{-1-\frac{1}{n}} < e^{\frac{2}{n}}$ であり, $\lim_{n\to\infty} e^{\frac{1}{2n}} = 1$ だから, はさみうちの原理により $\lim_{n\to\infty}\left(\frac{n^2+n+3}{n^2+n+1}\right)^n = 1$.

問題 3.1 (1) (まず $\{a_n\}_{n=1}^{\infty}$ の階差数列をとって $\{a_n\}_{n=1}^{\infty}$ の項の増減を調べる.)
$a_{n+1} - a_n = 4\sqrt{a_n - 3} - a_n = \frac{16(a_n - 3) - a_n^2}{4\sqrt{a_n - 3} + a_n} = \frac{(12 - a_n)(a_n - 4)}{4\sqrt{a_n - 3} + a_n}$ より $4 < a_n < 12$ ならば $a_n < a_{n+1}$ である. (このことから $\{a_n\}_{n=1}^{\infty}$ が 12 に向かって増加しそうなので, 次に各項と 12 との差を調べる.)
また, $12 - a_{n+1} = 12 - 4\sqrt{a_n - 3} = \frac{4(9 - (a_n - 3))}{3 + \sqrt{a_n - 3}} = \frac{4(12 - a_n)}{3 + \sqrt{a_n - 3}}$ だから $a_n < 12$ ならば $a_{n+1} < 12$ である. $a_1 = 6 < 12$ だから, n による帰納法ですべての自然数 n に対して $a_n < 12$ であることがわかる. ゆえに $\{a_n\}_{n=1}^{\infty}$ は上に有界である.
次に, $4 < a_1 < 12$ であるので, はじめに示したことから $a_1 < a_2$ が成り立つ. 帰納的に $a_n < a_{n+1}$ が成り立つと仮定すれば, $4 < a_1 < a_n < a_{n+1}$ かつ, 上の結果から $a_{n+1} \leqq 12$ だから, $a_{n+1} < a_{n+2}$ となり, n による帰納法で $\{a_n\}_{n=1}^{\infty}$ は単調増加数列であることが示される.

したがって，連続性の公理によって $\{a_n\}_{n=1}^{\infty}$ は収束する．$\lim_{n\to\infty} a_n = \alpha$ とおいて，$a_{n+1} = 4\sqrt{a_n - 3}$ の両辺の極限を考えると，$\alpha = 4\sqrt{\alpha - 3}$ だから $\alpha = 4$ または 12 であるが，すべての n に対して $a_n \geqq a_1 = 6$ だから $\alpha \geqq 6$ である．以上から $\{a_n\}_{n=1}^{\infty}$ は 12 に収束する．

(2) (まず方程式 $\alpha = \frac{\alpha+8}{\alpha+3}$ の解を求めて $\{a_n\}_{n=1}^{\infty}$ の極限値の見当をつける．)
$\alpha = \frac{\alpha+8}{\alpha+3}$ とおけば $\alpha^2 + 2\alpha - 8 = 0$ だから，$\alpha = 2$ または $\alpha = -4$ である．一方，$a_1 = 3 > 0$ であり，$a_n > 0$ ならば $a_{n+1} = \frac{a_n+8}{a_n+3} > 0$ だから，数学的帰納法によって，すべての自然数 n に対して $a_n > 0$ である．したがって，与えられた数列が α に収束すれば $\alpha \geqq 0$ であり，α は $\alpha = \frac{\alpha+8}{\alpha+3}$ をみたすので，$\alpha = 2$ である．$a_{n+1} - 2 = \frac{a_n+8}{a_n+3} - 2 = \frac{2-a_n}{a_n+3}$ が成り立ち $a_n > 0$ だから，$|a_{n+1} - 2| = \frac{|2-a_n|}{a_n+3} < \frac{1}{3}|a_n - 2|$ が得られる．ゆえに $|a_n - 2| < \frac{1}{3}|a_{n-1} - 2| < \left(\frac{1}{3}\right)^2 |a_{n-2} - 2| < \cdots < \left(\frac{1}{3}\right)^{n-1} |a_1 - 2| = \left(\frac{1}{3}\right)^{n-1}$ であり，$\lim_{n\to\infty}\left(\frac{1}{3}\right)^{n-1} = 0$ だから，はさみうちの原理によって $\lim_{n\to\infty} |a_n - 2| = 0$，すなわち $\lim_{n\to\infty} a_n = 2$ である．

問題 3.2 (1) $a_1 = \frac{1}{2} > 0$ であり，$n \geqq 1$ に対して $a_n > n - 1$ と仮定すれば $a_{n+1} - n = a_n^2 + 1 - n > (n-1)^2 + 1 - n = (n-1)(n-2) \geqq 0$ だから $a_{n+1} > n$ が成り立つので，すべての $n \geqq 1$ に対して $a_n > n - 1$ が成り立つ．したがって $\{a_n\}_{n=1}^{\infty}$ は正の無限大に発散する． (2) $a_3 = 0$ になり，$n \geqq 3$ に対して $a_n = 0$ となるので 0 に収束する． (3) $n \geqq 1$ に対して $a_{2n-1} = \frac{1}{2}, a_{2n} = 6$ となるので，振動する． (4) $x = \sqrt{x+1}$ の解 $\frac{1+\sqrt{5}}{2}$ を α とおく．$a_n, \alpha > 0$ だから $|a_{n+1} - \alpha| = |\sqrt{a_n+1} - \sqrt{\alpha+1}| = \frac{|a_n - \alpha|}{\sqrt{a_n+1} + \sqrt{\alpha+1}} \leqq \frac{1}{2}|a_n - \alpha|$ である．ゆえに $|a_n - \alpha| \leqq \frac{1}{2}|a_{n-1} - \alpha| \leqq \frac{1}{2^2}|a_{n-2} - \alpha| \leqq \cdots \leqq \frac{1}{2^{n-1}}|a_1 - \alpha| = \frac{\sqrt{5}}{2^n}$ であり，$\lim_{n\to\infty} \frac{\sqrt{5}}{2^n} = 0$ だから，はさみうちの原理によって $\lim_{n\to\infty} |a_n - \alpha| = 0$，すなわち $\lim_{n\to\infty} a_n = \alpha$ である．

問題 4 (1) $S_n = \sum_{k=0}^{n} kr^k$ とおいて，等比級数の和の公式を導くときと同様の計算する．等比級数の和の公式 $\sum_{k=1}^{n} ar^{k-1} = \frac{a(1-r^n)}{1-r}$ を用いれば，$(1-r)S_n = \sum_{k=0}^{n} kr^k - \sum_{k=0}^{n} kr^{k+1} = \sum_{k=1}^{n} kr^k - \sum_{k=1}^{n} (k-1)r^k - nr^{n+1}$
$= \sum_{k=1}^{n} r^k - nr^{n+1} = \frac{r(1-r^n)}{1-r} - nr^{n+1} = \frac{r - r^{n+1} - nr^{n+1}(1-r)}{1-r}$ より，$S_n = \frac{r - r^{n+1} - nr^{n+1}(1-r)}{(1-r)^2}$ である．
$|r| < 1$ だから，$\lim_{n\to\infty} r^{n+1} = \lim_{n\to\infty} nr^{n+1} = 0$ より $\sum_{n=0}^{\infty} nr^n = \lim_{n\to\infty} S_n = \lim_{n\to\infty} \frac{r - r^{n+1} - nr^{n+1}(1-r)}{(1-r)^2} = \frac{r}{(1-r)^2}$.

(2) $T_n = \sum_{k=0}^{n} k(k-1)r^k$ とおく．(1) の解答で得られた結果 $\sum_{k=0}^{n} kr^k = \frac{r - r^{n+1} - nr^{n+1}(1-r)}{(1-r)^2}$ を用いると $(1-r)T_n = \sum_{k=0}^{n} k(k-1)r^k - \sum_{k=0}^{n} k(k-1)r^{k+1} = \sum_{k=1}^{n} k(k-1)r^k - \sum_{k=1}^{n} (k-1)(k-2)r^k - n(n-1)r^{n+1} =$
$\sum_{k=1}^{n} 2(k-1)r^k - n(n-1)r^{n+1} = 2r\sum_{k=1}^{n} (k-1)r^{k-1} - n(n-1)r^{n+1} = 2r\sum_{k=0}^{n-1} kr^k - n(n-1)r^{n+1} =$
$\frac{2r(r - r^n - (n-1)r^n(1-r))}{(1-r)^2} - n(n-1)r^{n+1} = \frac{r(2r - 2r^{n+1} - nr^n(1-r^2) - n^2 r^n(1-r^2))}{(1-r)^2}$ より，$T_n = \frac{r(2r - 2r^{n+1} - nr^n(1-r^2) - n^2 r^n(1-r^2))}{(1-r)^3}$ である．$|r| < 1$ だから，$\lim_{n\to\infty} r^{n+1} = \lim_{n\to\infty} nr^n = \lim_{n\to\infty} n^2 r^n = 0$ より
$\sum_{n=0}^{\infty} n(n-1)r^n = \lim_{n\to\infty} T_n = \lim_{n\to\infty} \frac{r(2r - 2r^{n+1} - nr^n(1-r^2) - n^2 r^n(1-r^2))}{(1-r)^3} = \frac{2r^2}{(1-r)^3}$.

(3) $S_k = \sum_{n=0}^{k} r^n \cos nx$, $T_k = \sum_{n=0}^{k} r^n \sin nx$ とおく．i を虚数単位とすると，ド・モアブルの定理より，$S_k + iT_k = \sum_{n=0}^{k}(r^n \cos nx + ir^n \sin nx) = \sum_{n=0}^{k}(r(\cos x + i\sin x))^n$ であるから，$S_k + iT_k$ は初項が 1，公比が $r(\cos x + i\sin x)$ の等比数列である．実数の場合と同様に等比級数の和の公式 $\sum_{n=0}^{k} r^n = \frac{1-r^{k+1}}{1-r}$ が成り立つので，
$S_k + iT_k = \frac{1 - r^{k+1}(\cos x + i\sin x)^{k+1}}{1 - r(\cos x + i\sin x)} = \frac{1 - r^{k+1}(\cos((k+1)x) + i\sin((k+1)x))}{1 - r(\cos x + i\sin x)} \cdots (*)$ が得られる．$(*)$ の分母と分子に $1 - r(\cos x - i\sin x)$ をかけて，実部と虚部に分ければ次のようになる．
$(*) = \frac{1 - r\cos x - r^{k+1}\cos((k+1)x) + r^{k+2}\cos kx}{1 - 2r\cos x + r^2} + i\frac{r\sin x - r^{k+1}\sin((k+1)x) + r^{k+2}\sin kx}{1 - 2r\cos x + r^2}$

ゆえに, $S_k = \dfrac{1-r\cos x - r^{k+1}\cos((k+1)x) + r^{k+2}\cos kx}{1-2r\cos x + r^2}$, $T_k = \dfrac{r\sin x - r^{k+1}\sin((k+1)x) + r^{k+2}\sin kx}{1-2r\cos x + r^2}$ である.
$|r|<1$ で $|\cos((k+1)x)|, |\cos kx|, |\sin((k+1)x)|, |\sin kx| \leqq 1$ だから, $k\to\infty$ のとき, $r^{k+1}\cos((k+1)x)$, $r^{k+2}\cos kx$, $r^{k+1}\sin((k+1)x)$, $r^{k+2}\sin kx$ はすべて 0 に近づく. したがって, $\sum_{n=0}^{\infty} r^n \cos nx = \lim_{k\to\infty} S_k = \dfrac{1-r\cos x}{1-2r\cos x + r^2}$, $\sum_{n=0}^{\infty} r^n \sin nx = \lim_{k\to\infty} T_k = \dfrac{r\sin x}{1-2r\cos x + r^2}$.

別解 部分和 S_k と T_k は, 行列を用いて次のように求めることができる. $\cos((k+1)x) = \cos x \cos kx - \sin x \sin kx$, $\sin((k+1)x) = \sin x \cos kx + \cos x \sin kx$ の両辺に r^{k+1} をかけて, $k=0$ から $k=n$ まで辺々加えれば, 等式 $S_{k+1}-1 = r\cos x\, S_k - r\sin x\, T_k$, $T_{k+1} = r\sin x\, S_k + r\cos x\, T_k$ が得られる. $\boldsymbol{x}_k = \begin{pmatrix} S_k \\ T_k \end{pmatrix}$, $A = r\begin{pmatrix} \cos x & -\sin x \\ \sin x & \cos x \end{pmatrix}$, $\boldsymbol{e}_1 = \begin{pmatrix} 1 \\ 0 \end{pmatrix}$ とおけば, $\boldsymbol{x}_0 = \boldsymbol{e}_1$ であり, 上の等式から $\boldsymbol{x}_{k+1} = A\boldsymbol{x}_k + \boldsymbol{e}_1$ が成り立つ. k による帰納法で $\boldsymbol{x}_k = (E_2 + A + A^2 + \cdots + A^k)\boldsymbol{e}_1$ (E_2 は 2 次単位行列) が示される. 実際, $\boldsymbol{x}_1 = A\boldsymbol{x}_0 + \boldsymbol{e}_1 = (E_2 + A)\boldsymbol{e}_1$ であり, $\boldsymbol{x}_k = (E_2 + A + A^2 + \cdots + A^k)\boldsymbol{e}_1$ ならば $\boldsymbol{x}_{k+1} = A\boldsymbol{x}_k + \boldsymbol{e}_1 = \boldsymbol{e}_1 + A(E_2 + A + A^2 + \cdots + A^k)\boldsymbol{e}_1 = (E_2 + A + A^2 + \cdots + A^k + A^{k+1})\boldsymbol{e}_1$ である. よって $(E_2 - A)\boldsymbol{x}_k = \boldsymbol{x}_k - A\boldsymbol{x}_k = \boldsymbol{e}_1 - A^{k+1}\boldsymbol{e}_1 = (E_2 - A^{k+1})\boldsymbol{e}_1$ が得られる. $E_2 - A$ の行列式の値は $r^2 - 2r\cos x + 1 = (r-\cos x)^2 + 1 - \cos^2 x$ であり, これが 0 になるのは $r = \cos x = \pm 1$ の場合に限るので, $|r|<1$ ならば $E_2 - A$ は正則行列である. ゆえに $\boldsymbol{x}_k = (E_2 - A)^{-1}(E_2 - A^{k+1})\boldsymbol{e}_1$ である. 一方, $\begin{pmatrix} \cos x & -\sin x \\ \sin x & \cos x \end{pmatrix}$ は原点を中心とした角度 x の回転を表すので $A^{k+1} = r^{k+1}\begin{pmatrix} \cos(k+1)x & -\sin(k+1)x \\ \sin(k+1)x & \cos(k+1)x \end{pmatrix}$ であり, $(E_2 - A)^{-1} = \dfrac{1}{r^2 - 2r\cos x + 1}\begin{pmatrix} 1-r\cos x & r\sin x \\ -r\sin x & 1-r\cos x \end{pmatrix}$ だから, $\boldsymbol{x}_k = (E_2 - A)^{-1}(E_2 - A^{k+1})\boldsymbol{e}_1$ の右辺の x 成分, y 成分を求めれば, $S_k = \dfrac{1-r\cos x + r^{k+1}(r\cos kx - \cos((k+1)x))}{r^2 - 2r\cos x + 1}$, $T_k = \dfrac{r\sin x + r^{k+1}(r\sin kx - \sin((k+1)x))}{r^2 - 2r\cos x + 1}$ が得られる.

(4) $\tan$ の倍角公式の両辺の逆数を考えれば $\dfrac{1}{\tan 2\theta} = \dfrac{1}{2\tan\theta} - \dfrac{\tan\theta}{2}$ が得られるので, $\dfrac{1}{2}\tan\theta = \dfrac{1}{2\tan\theta} - \dfrac{1}{\tan 2\theta}$. $\theta = \dfrac{x}{2^n}$ をこの等式に代入し, 両辺を 2^{n-1} で割って, $\dfrac{1}{2^n}\tan\dfrac{x}{2^n} = \dfrac{1}{2^n \tan\frac{x}{2^n}} - \dfrac{1}{2^{n-1}\tan\frac{x}{2^{n-1}}}$ を得る. したがって, $\sum_{n=1}^{m} \dfrac{1}{2^n}\tan\dfrac{x}{2^n} = \sum_{n=1}^{m}\left(\dfrac{1}{2^n\tan\frac{x}{2^n}} - \dfrac{1}{2^{n-1}\tan\frac{x}{2^{n-1}}}\right) = \dfrac{1}{2^m\tan\frac{x}{2^m}} - \dfrac{1}{\tan x}$ である. ここで $t = \dfrac{x}{2^m}$ とおけば, $m\to\infty$ のとき $t\to 0$ だから $\lim_{m\to\infty} 2^m \tan\dfrac{x}{2^m} = \lim_{t\to 0} \dfrac{x\tan t}{t} = x$ となる. ゆえに $\sum_{n=1}^{\infty} \dfrac{1}{2^n}\tan\dfrac{x}{2^n} = \dfrac{1}{x} - \dfrac{1}{\tan x}$.

問題 5 (1) 任意の $\varepsilon > 0$ に対し $N = \left[\dfrac{1}{\varepsilon}\right]$ とおけば, $\dfrac{1}{\varepsilon} - 1 < N$ だから $n > N$ ならば $n > \dfrac{1}{\varepsilon} - 1$ である. したがって, $|a_n - 1| = \dfrac{1}{n+1} < \varepsilon$ となるから, $\lim_{n\to\infty} a_n = 1$ である. (2) 任意の $M > 0$ に対し, $N = [\log_{1.1} M]$ とすると, $n > N$ ならば $n > \log_{1.1} M$ であり, $1.1^n > M$ となるから, $\lim_{n\to\infty} a_n = \infty$ である.

問題 6.1 (1) $g_1(x) = x^2 = -1$ となる実数 x は存在しないので, g_1 は全射ではない. $g_1(-1) = g_1(1) = 1$ だから g_1 は単射でもない. (2) $g_2(x) = x^2 = -1$ となる実数 x は存在しないので, g_2 は全射ではない. x^2 は区間 $[0,\infty)$ で単調に増加するので, g_2 は単射である. (3) 任意の $y \in [0,\infty)$ に対して $g_3(\sqrt{y}) = y$ だから g_3 は全射である. $g_3(-1) = g_3(1) = 1$ だから g_3 は単射ではない. (4) 任意の $y \in [0,\infty)$ に対して $g_4(\sqrt{y}) = y$ だから g_4 は全射である. x^2 は区間 $[0,\infty)$ で単調に増加するので, g_4 は単射でもある. したがって g_4 は全単射である.

問題 6.2 (1) $X = [1,\sqrt{2}]$, $X = [-\sqrt{2},-1]$ など. (2) $X = [-2,3]$ (3) $X = \left[-\dfrac{\pi}{4},\dfrac{\pi}{4}\right]$, $X = \left[-\dfrac{5\pi}{4},-\dfrac{3\pi}{4}\right]$ など. (4) $X = \left[-\dfrac{\pi}{2},\dfrac{\pi}{2}\right]$, $X = \left[\dfrac{\pi}{2},\dfrac{3\pi}{2}\right]$ など. (5) $X = [0,\pi]$, $X = [\pi, 2\pi]$ など.

問題 6.3 (1) $Y = [0,9]$ (2) $Y = [-27,27]$ (3) $Y = [0,1]$ (4) $Y = \left[-1,\dfrac{1}{2}\right]$ (5) $Y = [0,1]$

問題 7.1 (1) $-\dfrac{\pi}{4}$ (2) $-\dfrac{\pi}{2}$ (3) $\dfrac{3\pi}{4}$ (4) $\dfrac{\pi}{6}$ (5) $\log 2$ (6) $\dfrac{1}{2}\log 2$

問題 7.2 (1) $\cos\left(-\dfrac{9\pi}{7}\right) = \cos\left(2\pi - \dfrac{9\pi}{7}\right) = \cos\left(\dfrac{5\pi}{7}\right)$ だから $\cos^{-1}\left(\cos\left(-\dfrac{9\pi}{7}\right)\right) = \dfrac{5\pi}{7}$.
(2) $\sin\left(\dfrac{15\pi}{8}\right) = \sin\left(\dfrac{15\pi}{8} - 2\pi\right) = \sin\left(-\dfrac{\pi}{8}\right)$ だから $\sin^{-1}\left(\sin\left(\dfrac{15\pi}{8}\right)\right) = -\dfrac{\pi}{8}$. (3) $\cos\left(\dfrac{5\pi}{11}\right) = \sin\left(\dfrac{\pi}{22}\right)$ だから $\sin^{-1}\left(\cos\left(\dfrac{5\pi}{11}\right)\right) = \dfrac{\pi}{22}$. (4) $\sin\left(-\dfrac{4\pi}{9}\right) = \cos\left(\dfrac{17\pi}{18}\right)$ だから $\cos^{-1}\left(\sin\left(-\dfrac{4\pi}{9}\right)\right) = \dfrac{17\pi}{18}$.
(5) $\tan\left(-\dfrac{32\pi}{7}\right) = \tan\left(5\pi - \dfrac{32\pi}{7}\right) = \tan\left(\dfrac{3\pi}{7}\right)$ だから $\tan^{-1}\left(\tan\left(-\dfrac{32\pi}{7}\right)\right) = \dfrac{3\pi}{7}$.
(6) $\cot\left(\dfrac{11\pi}{7}\right) = \tan\left(-\dfrac{15\pi}{14}\right) = \tan\left(\pi - \dfrac{15\pi}{14}\right) = \tan\left(-\dfrac{\pi}{14}\right)$ だから $\tan^{-1}\left(\cot\left(\dfrac{11\pi}{7}\right)\right) = -\dfrac{\pi}{14}$.

問題 8 (1) $\alpha = \sin^{-1} x$ とおけば $\sin\alpha = x$ であり, $-\frac{\pi}{2} \leqq \alpha \leqq \frac{\pi}{2}$ だから $\cos\alpha \geqq 0$ である. よって $\cos\alpha = \sqrt{1 - \sin^2\alpha}$ となるので $\cos(\sin^{-1} x) = \cos\beta = \sqrt{1 - \sin^2\beta} = \sqrt{1 - x^2}$ である. (2) $\gamma = \tan^{-1} x$ とおけば, $-\frac{\pi}{2} < \gamma < \frac{\pi}{2}$ だから $\cos\gamma > 0$ である. したがって $1 + \tan^2\gamma = \frac{1}{\cos^2\gamma}$ から $\cos\gamma = \frac{1}{\sqrt{1+\tan^2\gamma}}$ となるので, $\tan\gamma = x$ より $\cos(\tan^{-1} x) = \cos\gamma = \frac{1}{\sqrt{1+\tan^2\gamma}} = \frac{1}{\sqrt{1+x^2}}$ である. (3) $\alpha = \tan^{-1} x, \beta = \tan^{-1}\frac{x^2-1}{2x}$ とおけば $x = \tan\alpha, \frac{x^2-1}{2x} = \tan\beta$ である. $x \neq 1$ の場合, 2 倍角の公式から $\tan 2\alpha = \frac{2\tan\alpha}{1-\tan^2\alpha} = \frac{2x}{1-x^2}$ だから, $\tan\left(\frac{\pi}{2} - 2\alpha\right) = \frac{1}{\tan 2\alpha} = \frac{1-x^2}{2x} = -\tan\beta = \tan(-\beta)$ を得る. $x > 0$ より $0 < \alpha < \frac{\pi}{2}$ だから $-\frac{\pi}{2} < \frac{\pi}{2} - 2\alpha < \frac{\pi}{2}$, $-\frac{\pi}{2} < -\beta < \frac{\pi}{2}$ であることと, $\tan\left(\frac{\pi}{2} - 2\alpha\right) = \tan(-\beta)$ から $\frac{\pi}{2} - 2\alpha = -\beta$ が得られる. したがって, $2\tan^{-1} x - \tan^{-1}\frac{x^2-1}{2x} = 2\alpha - \beta = \frac{\pi}{2}$ であり, $x = 1$ ならば $2\tan^{-1} x = \frac{\pi}{2}$, $\tan^{-1}\frac{x^2-1}{2x} = 0$ だから, この場合も与えられた等式は成り立つ. (4) $\alpha = \sin^{-1}\frac{2x}{1+x^2}$ とおくと, $\sin\alpha = \frac{2x}{1+x^2}$ だから $\cos^2\alpha = 1 - \sin^2\alpha = 1 - \frac{4x^2}{(1+x^2)^2} = \left(\frac{1-x^2}{1+x^2}\right)^2$ である. α は $\sin^{-1}$ の値域に属するので, $-\frac{\pi}{2} \leqq \alpha \leqq \frac{\pi}{2}$ である. よって $\cos\alpha \geqq 0$ であり, 仮定から $-1 < x < 1$ だから, 上式より $\cos\alpha = \frac{1-x^2}{1+x^2}$ である. したがって $\tan\alpha = \frac{\sin\alpha}{\cos\alpha} = \frac{2x}{1-x^2}$ となるので, $\sin^{-1}\frac{2x}{1+x^2} = \alpha = \tan^{-1}\frac{2x}{1-x^2}$ を得る.

問題 9 (1) $\alpha = \sin^{-1}\frac{1}{\sqrt{5}}, \beta = \sin^{-1}\frac{3}{\sqrt{10}}$ とおくと, $\sin\alpha = \frac{1}{\sqrt{5}}, \sin\beta = \frac{3}{\sqrt{10}}$ であり, $-\frac{\pi}{2} \leqq \alpha, \beta \leqq \frac{\pi}{2}$ より $\cos\alpha, \cos\beta \geqq 0$ だから $\cos\alpha = \sqrt{1-\sin^2\alpha} = \frac{2}{\sqrt{5}}, \cos\beta = \sqrt{1-\sin^2\beta} = \frac{1}{\sqrt{10}}$ だから, $\sin$ の加法定理によって $\sin(\alpha-\beta) = \sin\alpha\cos\beta - \cos\alpha\sin\beta = \frac{1}{5\sqrt{2}} - \frac{6}{5\sqrt{2}} = -\frac{1}{\sqrt{2}}$. また, $0 < \frac{1}{\sqrt{5}} < \frac{1}{2}, \frac{\sqrt{3}}{2} < \frac{3}{\sqrt{10}} < 1$ より $0 < \alpha < \frac{\pi}{6}$, $\frac{\pi}{3} < \beta < \frac{\pi}{2}$ である. したがって $-\frac{\pi}{2} < \alpha - \beta < -\frac{\pi}{6}$ だから, $\sin^{-1}\frac{1}{\sqrt{5}} - \sin^{-1}\frac{3}{\sqrt{10}} = \alpha - \beta = -\frac{\pi}{4}$.
(2) $\alpha = \tan^{-1}\frac{1}{3}, \beta = \tan^{-1}\frac{1}{7}$ とおくと $\tan\alpha = \frac{1}{3}, \tan\beta = \frac{1}{7}$ だから, $\tan$ の加法定理により $\tan 2\alpha = \frac{2\tan\alpha}{1-\tan^2\alpha} = \frac{3}{4}, \tan(2\alpha+\beta) = \frac{\tan 2\alpha + \tan\beta}{1 - \tan 2\alpha\tan\beta} = \frac{\frac{25}{28}}{\frac{25}{28}} = 1$. 一方, $0 < \frac{1}{3}, \frac{1}{7} < \frac{1}{\sqrt{3}}$ より $0 < \alpha, \beta < \tan^{-1}\frac{1}{\sqrt{3}} = \frac{\pi}{6}$ だから $0 < 2\alpha+\beta < \frac{\pi}{2}$ である. したがって, $\tan(2\alpha+\beta) = 1$ から $2\tan^{-1}\frac{1}{3} + \tan^{-1}\frac{1}{7} = 2\alpha + \beta = \frac{\pi}{4}$ が得られる.

問題 10 (1) $\lim_{x\to 0}\frac{\sin^{-1}3x}{\sin^{-1}5x} = \lim_{x\to 0}\frac{\sin^{-1}3x}{3x}\cdot\frac{5x}{\sin^{-1}5x}\cdot\frac{3}{5} = 1\cdot 1\cdot\frac{3}{5} = \frac{3}{5}$ (2) $\lim_{x\to 0}\frac{\log((1+x)(1+x^2))}{x} = \lim_{x\to 0}\left(\frac{\log(1+x)}{x} + \frac{\log(1+x^2)}{x^2}x\right) = \lim_{x\to 0}\frac{\log(1+x)}{x} + \lim_{x\to 0}\frac{\log(1+x^2)}{x^2}\cdot\lim_{x\to 0} x = 1 + 1\cdot 0 = 1$
(3) $\lim_{x\to 0}\frac{e^{3x} - e^{-2x}}{x} = \lim_{x\to 0}3\frac{e^{3x}-1}{3x} - \lim_{x\to 0}(-2)\frac{e^{-2x}-1}{-2x} = 3 - (-2) = 5$ (4) $\lim_{x\to\infty}\left(1 - \frac{2}{x}\right)^{2x+1} = \lim_{x\to\infty}\left(\left(1 + \frac{1}{-\frac{x}{2}}\right)^{-\frac{x}{2}}\right)^{-4}\left(1 - \frac{2}{x}\right) = \frac{1}{e^4}$ (5) $y = \tan^{-1} x$ とおくと, $x\to 0$ のとき $y\to 0$ であり, $x = \tan y$ だから $\lim_{x\to 0}\frac{\tan^{-1} x}{x} = \lim_{y\to 0}\frac{y}{\tan y} = \lim_{y\to 0}\frac{\cos y}{\frac{\sin y}{y}} = \frac{\lim_{y\to 0}\cos y}{\lim_{y\to 0}\frac{\sin y}{y}} = 1$. (6) $\frac{\tan x - \sin x}{x^3} = \frac{1}{\cos x}\cdot\frac{\sin x}{x}\cdot\frac{1-\cos x}{x^2}$ と変形して $\lim_{x\to 0}\frac{\tan x - \sin x}{x^3} = \left(\lim_{x\to 0}\frac{1}{\cos x}\right)\left(\lim_{x\to 0}\frac{\sin x}{x}\right)\left(\lim_{x\to 0}\frac{1-\cos x}{x^2}\right) = \frac{1}{2}$. (7) $y = \cos^{-1}(1-x^2)$ とおけば, 任意の $x \in (-\sqrt{2}, \sqrt{2})$ に対して $0 \leqq y \leqq \pi$ だから $\cos y \geqq 0$ である. したがって, $x > 0$ ならば $x = \sqrt{1 - \cos y}$ であり, $x \to +0$ のとき $y \to +0$ だから, 例題 10 (2) の結果を用いると $\lim_{x\to +0}\frac{\cos^{-1}(1-x^2)}{x} = \lim_{y\to +0}\frac{y}{\sqrt{1-\cos y}} = \lim_{y\to +0}\frac{1}{\sqrt{\frac{1-\cos y}{y^2}}} = \sqrt{2}$. (8) $\frac{\pi}{2} - \tan^{-1} x = t$ とおくと, $x \to \infty$ ならば $t \to +0$ であり, $x = \tan\left(\frac{\pi}{2} - t\right) = \frac{1}{\tan t}$ となる. したがって, $\lim_{x\to\infty} x\left(\tan^{-1} x - \frac{\pi}{2}\right) = \lim_{t\to +0}\frac{-t}{\tan t} = -\lim_{t\to +0}\frac{\cos t}{\frac{\sin t}{t}} = -1$.

問題 11 (1) $x \to +0$ のとき, $x^3 + x^4$ が高位の無限小, $x \to \infty$ のとき, $x^2 + x^5$ が高位の無限大.
(2) $x \to +0$ のとき, x^3 が高位の無限小, $x \to \infty$ のとき, $\sqrt{x^5 + x^7}$ が高位の無限大.

(3) $x \to +0$ のとき, $\dfrac{x^2+x^5}{\sqrt{x^2+x^3}}$ が高位の無限小, $x \to \infty$ のとき, $\dfrac{x^2+x^5}{\sqrt{x^2+x^3}}$ が高位の無限大.

(4) $x \to +0$ のとき, $\dfrac{x^3}{\sqrt{x^3+x^4}}$ が高位の無限小, $x \to \infty$ のとき, $\dfrac{x^3}{\sqrt{x^3+x^4}}$ が高位の無限大.

問題 12.1 (1) $\lim\limits_{x\to 0}\dfrac{\frac{x^5+x^2}{x^2+3x}}{x}=\lim\limits_{x\to 0}\dfrac{x^3+1}{x+3}=\dfrac{1}{3}$ より, 1 位の無限小.

(2) $\lim\limits_{x\to 0}\dfrac{\frac{x^2+\sqrt{x^4+x^7}}{x^4+x^3}}{\frac{1}{x}}=\lim\limits_{x\to 0}\dfrac{1+\sqrt{1+x^3}}{x+1}=2$ より, 1 位の無限大.

(3) $\lim\limits_{x\to 0}\dfrac{\frac{1-\cos x^2}{\log(1+x^3)}}{x}=\lim\limits_{x\to 0}\dfrac{1}{2}\left(\dfrac{\sin\frac{x^2}{2}}{\frac{x^2}{2}}\right)^2\dfrac{1}{\frac{\log(1+x^3)}{x^3}}=\dfrac{1}{2}$ より, 1 位の無限小.

問題 12.2 (1) $\lim\limits_{x\to\infty}\dfrac{\frac{x^5+x^2}{x^2+3x}}{x^3}=\lim\limits_{x\to\infty}\dfrac{1+\frac{1}{x^3}}{1+\frac{3}{x}}=\dfrac{1}{3}$ より, 3 位の無限大.

(2) $\lim\limits_{x\to\infty}\dfrac{\sqrt[6]{x}\sqrt{x^2+x^3}}{\sqrt[3]{x^4+x^5}}=\lim\limits_{x\to\infty}\dfrac{\sqrt[6]{\frac{1}{x^3}+1}}{\sqrt[6]{\frac{1}{x^2}+1}}=1$ より, $\dfrac{1}{6}$ 位の無限小.

(3) $\lim\limits_{x\to\infty}\dfrac{\sqrt{x^3}\sqrt{x^5+x^2}}{x^4+\sqrt[3]{x^8+x^{10}}}=\lim\limits_{x\to\infty}\dfrac{\sqrt{1+\frac{1}{x^3}}}{1+\sqrt[3]{\frac{1}{x^4}+\frac{1}{x^2}}}=1$ より, $\dfrac{3}{2}$ 位の無限小.

問題 13 (1) $\delta_1 > 0$ で「$0 < |x-c| < \delta_1$ ならば $|f(x)-p| < 1$」をみたすものがある. また, 任意の $\varepsilon > 0$ に対し, $\delta_2, \delta_3 > 0$ で「$0 < |x-c| < \delta_2$ ならば $|f(x)-p| < \dfrac{\varepsilon}{2(1+|q|)}$」, 「$0 < |x-c| < \delta_3$ ならば $|g(x)-q| < \dfrac{\varepsilon}{2(1+|p|)}$」をみたすものがある. そこで $\delta = \min\{\delta_1, \delta_2, \delta_3\}$ とおくと, $0 < |x-c| < \delta$ ならば $|f(x)| = |f(x)-p+p| \leqq |f(x)-p|+|p| < 1+|p|$ より $|f(x)g(x)-pq| = |f(x)(g(x)-q)+q(f(x)-p)| \leqq |f(x)||g(x)-q|+|q||f(x)-p| < (1+|p|)\dfrac{\varepsilon}{2(1+|p|)}+|q|\dfrac{\varepsilon}{2(1+|q|)} < \dfrac{\varepsilon}{2}+\dfrac{\varepsilon}{2} = \varepsilon$ が成り立つ. (2) $p \neq 0$ より $\delta_1 > 0$ で「$0 < |x-c| < \delta_1$ ならば $|f(x)-p| < \dfrac{|p|}{2}$」をみたすものがあり, $\delta_2 > 0$ で「$0 < |x-c| < \delta_2$ ならば $|f(x)-p| < \dfrac{\varepsilon|p|^2}{2}$」をみたすものがある. $\delta = \min\{\delta_1, \delta_2\}$ とおくと, $0 < |x-c| < \delta$ ならば $|p| = |p-f(x)+f(x)| < \dfrac{|p|}{2}+|f(x)|$ より $|f(x)| > \dfrac{|p|}{2}$ となるので, $\left|\dfrac{1}{f(x)}-\dfrac{1}{p}\right| = \dfrac{|f(x)-p|}{|p||f(x)|} < \dfrac{\varepsilon|p|^2}{2}\dfrac{2}{|p|^2} = \varepsilon$ である.

問題 14.1 (1) $f'(0) = \lim\limits_{x\to 0}\dfrac{f(x)-f(0)}{x-0} = \lim\limits_{x\to 0}\cos^{-1}(1-x^2) = 0$ (2) $x \neq 0$ ならば $f'(x) = \cos^{-1}(1-x^2) + \dfrac{2x^2}{|x|\sqrt{2-x^2}} = \begin{cases} \cos^{-1}(1-x^2) + \dfrac{2x}{\sqrt{2-x^2}} & (x > 0) \\ \cos^{-1}(1-x^2) - \dfrac{2x}{\sqrt{2-x^2}} & (x < 0) \end{cases}$ だから $\lim\limits_{x\to +0}f'(x) = \lim\limits_{x\to +0}\left(\cos^{-1}(1-x^2)+\dfrac{2x}{\sqrt{2-x^2}}\right) = 0$, $\lim\limits_{x\to -0}f'(x) = \lim\limits_{x\to -0}\left(\cos^{-1}(1-x^2)-\dfrac{2x}{\sqrt{2-x^2}}\right) = 0$ となるから $\lim\limits_{x\to 0}f'(x) = 0$ である.

(3) (1) と (2), および問題 10(7) の結果を用いれば, $\lim\limits_{x\to +0}\dfrac{f'(x)-f'(0)}{x-0} = \lim\limits_{x\to +0}\left(\dfrac{\cos^{-1}(1-x^2)}{x}+\dfrac{2}{\sqrt{2-x^2}}\right) = 2\sqrt{2}$, $\lim\limits_{x\to -0}\dfrac{f'(x)-f'(0)}{x-0} = \lim\limits_{x\to -0}\left(\dfrac{\cos^{-1}(1-x^2)}{x}-\dfrac{2}{\sqrt{2-x^2}}\right) = \lim\limits_{y\to +0}\left(\dfrac{\cos^{-1}(1-y^2)}{-y}-\dfrac{2}{\sqrt{2-y^2}}\right) = -2\sqrt{2}$ となるから, f' は 0 で微分不可能である.

問題 14.2 $x \geqq p$ ならば仮定から $f(x) \geqq f(p)$ だから, $\dfrac{f(x)-f(p)}{x-p} \geqq 0$ である. したがって $f'(p) = \lim\limits_{x\to p}\dfrac{f(x)-f(p)}{x-p} = \lim\limits_{x\to p+0}\dfrac{f(x)-f(p)}{x-p} \geqq 0$ である.

問題 14.3 (1) f は 0 で連続であるが, $0 < \alpha < 1$ だから $\lim\limits_{x\to +0}\dfrac{f(x)-f(0)}{x-0} = \lim\limits_{x\to +0}x^{\alpha-1} = \infty$ となるので, f は 0 で微分不可能である. (2) $\alpha > 1$ だから $\lim\limits_{x\to +0}\dfrac{f(x)-f(0)}{x-0} = \lim\limits_{x\to +0}x^{\alpha-1} = 0$, $\lim\limits_{x\to -0}\dfrac{f(x)-f(0)}{x-0} = \lim\limits_{x\to -0}\dfrac{(-x)^\alpha}{x} = \lim\limits_{x\to -0}\{-(-x)^{\alpha-1}\} = 0$ が成り立つので, $f'(0) = 0$ である. $x < 0$ ならば $f'(x) = ((-x)^\alpha)' = -\alpha(-x)^{\alpha-1}$, $x > 0$ ならば $f'(x) = (x^\alpha)' = \alpha x^{\alpha-1}$ だから, $\lim\limits_{x\to -0}f'(x) = \lim\limits_{x\to -0}\{-\alpha(-x)^{\alpha-1}\} = 0$, $\lim\limits_{x\to +0}f'(x) = \lim\limits_{x\to +0}\alpha x^{\alpha-1} = 0$ である. したがって f' は 0 で連続だから, f は C^1 級関数である. $\alpha < 2$ だから $\lim\limits_{x\to +0}\dfrac{f'(x)-f'(0)}{x-0} = \lim\limits_{x\to +0}\alpha x^{\alpha-2} =$

問題解答

∞ となるので, f' は 0 で微分不可能である. ゆえに f は 2 回微分可能ではない. (3) k が $[\alpha]$ 以下の自然数ならば f は k 回微分可能であり, $f^{(k)}(x) = \begin{cases} \alpha(\alpha-1)\cdots(\alpha-k+1)x^{\alpha-k} & (x \geqq 0) \\ (-1)^k \alpha(\alpha-1)\cdots(\alpha-k+1)(-x)^{\alpha-k} & (x < 0) \end{cases}$ が成り立つことが k による帰納法で示される. この式から $f^{(k)}$ は 0 で連続であることがわかるので, f は $C^{[\alpha]}$ 級関数である. $\alpha < [\alpha]+1$ だから $\lim_{x \to +0} \frac{f^{([\alpha])}(x) - f^{([\alpha])}(0)}{x-0} = \lim_{x \to +0} \alpha(\alpha-1)\cdots(\alpha-[\alpha]+1)x^{\alpha-[\alpha]-1} = \infty$ となるので, $f^{([\alpha])}$ は 0 で微分不可能である. ゆえに, f は $([\alpha]+1)$ 回微分可能ではないので, $C^{[\alpha]+1}$ 級関数ではない. したがって, f が C^n 級関数であるような最大の整数 n は $[\alpha]$ である.

問題 15.1 (1) $\cos x e^{\sin x}$ (2) $\frac{\cos \log x}{x}$ (3) $-\sin \tan x (\tan x)' = -\frac{\sin \tan x}{\cos^2 x}$ (4) $7 \sin^6 x \cos x$

(5) $\frac{(\sqrt{\log(x^2+1)})'}{\cos^2 \sqrt{\log(x^2+1)}} = \frac{(\log(x^2+1))'}{2\sqrt{\log(x^2+1)}} \cdot \frac{1}{\cos^2 \sqrt{\log(x^2+1)}} = \frac{x}{(x^2+1)\sqrt{\log(x^2+1)} \cos^2 \sqrt{\log(x^2+1)}}$

問題 15.2 (1) $\left(\tan^{-1}\left(2\tan \frac{x}{2}\right)\right)' = \frac{(2\tan \frac{x}{2})'}{1+(2\tan \frac{x}{2})^2} = \frac{1}{1+4\tan^2 \frac{x}{2}} \cdot \frac{1}{\cos^2 \frac{x}{2}} = \frac{1}{\cos^2 \frac{x}{2} + 4\sin^2 \frac{x}{2}} = \frac{2}{5-3\cos x}$

(2) $\left(\tan^{-1} \frac{2}{\sqrt{3}}\left(x+\frac{1}{2}\right)\right)' = \frac{2}{\sqrt{3}} \cdot \frac{1}{1+\frac{4}{3}(x+\frac{1}{2})^2} = \frac{\sqrt{3}}{2(x^2+x+1)}$ (3) $y = \frac{x}{\sqrt{x^2+1}}$ とおくと, $y' = \frac{\sqrt{x^2+1} - x(\sqrt{x^2+1})'}{x^2+1} = \frac{(x^2+1) - x^2}{(x^2+1)\sqrt{x^2+1}} = \frac{1}{(x^2+1)\sqrt{x^2+1}}$ であり, $1 - y^2 = 1 - \frac{x^2}{x^2+1} = \frac{1}{x^2+1}$ だから, $\left(\sin^{-1} \frac{x}{\sqrt{x^2+1}}\right)' = (\sin^{-1} y)' = \frac{y'}{\sqrt{1-y^2}} = \frac{\sqrt{x^2+1}}{(x^2+1)\sqrt{x^2+1}} = \frac{1}{x^2+1}$.

問題 16.1 (1) $(\tan x)^x \left(\log(\tan x) + \frac{x}{\sin x \cos x}\right)$ (2) $2^x (\sin x)^{2^x} \left((\log 2) \log \sin x + \frac{\cos x}{\sin x}\right)$

(3) $y = \left(1+\frac{1}{x}\right)^x$ の両辺の対数をとれば, $\log y = x \log\left(1+\frac{1}{x}\right)$ が得られ, この両辺を x で微分すれば $\frac{y'}{y} = \log\left(1+\frac{1}{x}\right) + \frac{-\frac{1}{x}}{1+\frac{1}{x}} = \log\left(1+\frac{1}{x}\right) - \frac{1}{x+1}$ だから, $\left(\left(1+\frac{1}{x}\right)^x\right)' = \left(1+\frac{1}{x}\right)^x \left(\log\left(1+\frac{1}{x}\right) - \frac{1}{x+1}\right)$.

問題 16.2 (1) $y\left(\frac{1}{x+1} + \frac{1}{x+2} + \frac{1}{x+3} - \frac{1}{x-1} - \frac{1}{x-2} - \frac{1}{x-3}\right)$ (2) $y\left(\frac{1}{2x+1} + \frac{2x}{x^2+3} - \frac{x}{x^2+1} - \frac{1}{x+2}\right)$

問題 17.1 (1) $(e^{2x} + e^{-3x})^2 = e^{4x} + 2e^{-x} + e^{-6x}$ だから, $((e^{2x}+e^{-3x})^2)^{(n)} = (e^{4x})^{(n)} + 2(e^{-x})^{(n)} + (e^{-6x})^{(n)} = 4^n e^{4x} + 2(-1)^n e^{-x} + (-6)^n e^{-6x}$.

(2) $(x\log(1-x^2))' = \log(1-x^2) - \frac{2x^2}{1-x^2}$ だから, $n \geqq 2$ ならば, 例題 17.1 (1) を用いて, $(x\log(1-x^2))^{(n)} = \left(\log(1-x^2) - \frac{2x^2}{1-x^2}\right)^{(n-1)} = (\log(1+x))^{(n-1)} + (\log(1-x))^{(n-1)} - \left(\frac{2x^2}{1-x^2}\right)^{(n-1)} = \frac{(-1)^{n-2}(n-2)!}{(1+x)^{n-1}} + \frac{(-1)^{n-1}(-1)^{n-2}(n-2)!}{(1-x)^{n-1}} - \frac{(-1)^{n-1}(n-1)!}{(x+1)^n} + \frac{(-1)^{n-1}(n-1)!}{(x-1)^n} = \frac{(-1)^n(n-2)!}{(x+1)^{n-1}} + \frac{(-1)^n(n-1)!}{(x+1)^n} + \frac{(-1)^n(n-2)!}{(x-1)^{n-1}} - \frac{(-1)^n(n-1)!}{(x-1)^n} = (-1)^n(n-2)!\left(\frac{x+n}{(x+1)^n} + \frac{x-n}{(x-1)^n}\right)$. (3) $\frac{2x^3}{1-x^2} = -2x + \frac{2x}{1-x^2} = -2x - \frac{1}{x-1} - \frac{1}{x+1}$ だから, $\left(\frac{2x^3}{1-x^2}\right)' = -2 + \frac{1}{(x-1)^2} + \frac{1}{(x+1)^2}$. $n \geqq 2$ ならば $\left(\frac{2x^3}{1-x^2}\right)^{(n)} = -\left(\frac{1}{x-1}\right)^{(n)} - \left(\frac{1}{x+1}\right)^{(n)} = \frac{(-1)^{n+1} n!}{(x-1)^{n+1}} + \frac{(-1)^{n+1} n!}{(x+1)^{n+1}}$. (4) $(x^2 \log x)' = 2x \log x + x$, $(x^2 \log x)'' = 2\log x + 3$ であり, $n \geqq 3$ ならば $(x^2 \log x)^{(n)} = (2\log x + 3)^{(n-2)} = \frac{2(-1)^{n-3}(n-3)!}{x^{n-2}}$.

問題 17.2 (1) $k \geqq 2$ ならば $(x)^{(k)} = 0$ であることに注意してライプニッツの公式を用いると, $(xe^{3x})^{(n)} = \sum_{k=0}^{n} \binom{n}{k} (x)^{(k)} (e^{3x})^{(n-k)} = x(e^{3x})^{(n)} + n(e^{3x})^{(n-1)} = 3^n x e^{3x} + n3^{n-1} e^{3x} = 3^{n-1} e^{3x} (3x + n)$.

(2) $\sin^2 x = \frac{1-\cos 2x}{2}$ だから, $(x^2 \sin^2 x)' = x + x^2 \sin 2x - x\cos 2x$, $(x^2 \sin^2 x)'' = 1 + (2x^2-1)\cos 2x + 4x\sin 2x$ である. $k \geqq 1$ ならば $(\sin^2 x)^{(k)} = -2^{k-1} \cos\left(2x + \frac{\pi k}{2}\right)$ であることと $k \geqq 3$ ならば $(x^2)^{(k)} = 0$ であることに注意して, $n \geqq 3$ の場合にライプニッツの公式を用いると $(x^2 \sin^2 x)^{(n)} = \sum_{k=0}^{n} \binom{n}{k} (x^2)^{(k)} (\sin^2 x)^{(n-k)} = x^2 (\sin^2 x)^{(n)} + 2nx(\sin^2 x)^{(n-1)} + n(n-1)(\sin^2 x)^{(n-2)} = -2^{n-1} x^2 \cos\left(2x + \frac{\pi n}{2}\right) - 2^{n-1} nx \cos\left(2x + \frac{\pi(n-1)}{2}\right) - $

$2^{n-3}n(n-1)\cos\left(2x+\dfrac{\pi(n-2)}{2}\right) = -2^{n-3}(4x^2-n(n-1))\cos\left(2x+\dfrac{\pi n}{2}\right) - 2^{n-1}nx\sin\left(2x+\dfrac{\pi n}{2}\right)$.

(3) $\sin^2 x = \dfrac{1}{2}(1-\cos 2x)$ より $\sin^3 x = \dfrac{\sin x - \sin x\cos 2x}{2} = \dfrac{\sin x}{2} + \dfrac{\sin x - \sin 3x}{4} = \dfrac{3\sin x}{4} - \dfrac{\sin 3x}{4}$ である. したがって, ライプニッツの公式から $(x\sin^3 x)^{(n)} = \left(\dfrac{x}{4}(3\sin x - \sin 3x)\right)^{(n)} = \sum_{k=0}^{n}\binom{n}{k}\dfrac{(x)^{(k)}}{4}(3\sin x - \sin 3x)^{(n-k)}$

$= \dfrac{3x}{4}\sin\left(x+\dfrac{\pi n}{2}\right) - \dfrac{3^n x}{4}\sin\left(3x+\dfrac{\pi n}{2}\right) + \dfrac{3n}{4}\sin\left(x+\dfrac{\pi(n-1)}{2}\right) - \dfrac{3^{n-1}n}{4}\sin\left(3x+\dfrac{\pi(n-1)}{2}\right)$

$= \dfrac{3x}{4}\sin\left(x+\dfrac{\pi n}{2}\right) - \dfrac{3^n x}{4}\sin\left(3x+\dfrac{\pi n}{2}\right) - \dfrac{3n}{4}\cos\left(x+\dfrac{\pi n}{2}\right) + \dfrac{3^{n-1}n}{4}\cos\left(3x+\dfrac{\pi n}{2}\right)$.

問題 17.3 $(e^x\sin x)' = e^x\sin x + e^x\cos x = \sqrt{2}e^x\sin\left(x+\dfrac{\pi}{4}\right)$ より $(e^x\sin x)^{(n)} = (\sqrt{2})^n e^x\sin\left(x+\dfrac{\pi n}{4}\right)\cdots(*)$ が成り立つことを n による帰納法で示す. $n=1$ の場合に $(*)$ が成り立つことはすでにみた. $(*)$ が成り立つと仮定して, 両辺の導関数を考えると $(e^x\sin x)^{(n+1)} = \left(2^n e^x\cos\left(x+\dfrac{\pi n}{6}\right)\right)' = (\sqrt{2})^n\left(e^x\sin\left(x+\dfrac{\pi n}{4}\right) + e^x\cos\left(x+\dfrac{\pi n}{4}\right)\right)$

$= (\sqrt{2})^{n+1}e^x\sin\left(x+\dfrac{\pi n}{4}+\dfrac{\pi}{4}\right) = (\sqrt{2})^{n+1}e^x\sin\left(x+\dfrac{\pi(n+1)}{4}\right)$ が得られ, $(*)$ の n を $n+1$ で置き換えた式も成り立つ.

問題 18 $f'(x) = \dfrac{2\sin^{-1} x}{\sqrt{1-x^2}}$ より $\sqrt{1-x^2}f'(x) = 2\sin^{-1} x$ であり, この両辺を x で微分すれば, $\sqrt{1-x^2}f''(x) - \dfrac{x}{\sqrt{1-x^2}}f'(x) = \dfrac{2}{\sqrt{1-x^2}}$ が得られるので, $(1-x^2)f''(x) - xf'(x) = 2$ が成り立つ. この両辺を x で n 回 $(n\geq 1)$ 微分すれば, $(1-x^2)f^{(n+2)}(x) - (2n+1)xf^{(n+1)}(x) - n^2f^{(n)}(x) = 0$ が得られる. $a_n = f^{(n)}(0)$ とおけば, $a_0 = a_1 = 0, a_2 = 2$ であり, 上式から $n\geq 1$ ならば $a_{n+2} = n^2 a_n$ が成り立つので, n が奇数ならば $a_n = 0$, $a_{2n} = (2n-2)^2 a_{2n-2} = (2n-2)^2(2n-4)^2 a_{2n-4} = \cdots = (2n-2)^2(2n-4)^2\cdots 2^2 a_2 = 2((2n-2)!!)^2$ である. したがって, $f^{(2n)}(0) = 2((2n-2)!!)^2, f^{(2n+1)}(0) = 0$ である.

問題 19 (1) $f(x) = \cos 3x$ とすると, $f^{(k)}(x) = 3^k\cos\left(3x+\dfrac{k\pi}{2}\right)$ である. したがって, $f^{(2k)}(x) = 3^{2k}\cos(3x+k\pi) = (-9)^k\cos 3x$, $f^{(2k+1)}(0) = 3^k\cos\left(\dfrac{(2k+1)\pi}{2}\right) = 0$, $f^{(2k)}(0) = (-9)^k$ であるから, $f(x) = 1 - \dfrac{9}{2}x^2 + \dfrac{27}{8}x^4 - \dfrac{81}{80}x^6 + \dfrac{729}{4480}x^8 + R_{10}(x), R_{10}(x) = -\dfrac{729\cos 3\theta x}{4480}x^{10}$. (2) $f(x) = e^{-x}\sin 2x$ とすると, $f'(x) = e^{-x}(2\cos 2x - \sin 2x), f''(x) = e^{-x}(-4\cos 2x - 3\sin 2x), f^{(3)}(x) = e^{-x}(-2\cos 2x + 11\sin 2x)$ となるから, $f(0) = 0, f'(0) = 2, f''(0) = -4$ である. ゆえに $f(x) = 2x - 2x^2 + R_3(x), R_3(x) = \dfrac{e^{-\theta x}(-2\cos 2\theta x + 11\sin 2\theta x)}{6}x^3$.
(3) $f(x) = \dfrac{1}{1+x+x^2}$ とする. $f'(x) = -\dfrac{1+2x}{(1+x+x^2)^2}, f''(x) = \dfrac{6x(1+x)}{(1+x+x^2)^3}, f^{(3)}(x) = \dfrac{6(1-6x^2-4x^3)}{(1+x+x^2)^4}$ だから, $f(0) = 1, f'(0) = -1, f''(0) = 0$ である. ゆえに, $f(x) = 1 - x + R_3(x), R_3(x) = \dfrac{1-6(\theta x)^2 - 4(\theta x)^3}{(1+\theta x+(\theta x)^2)^4}x^3$.

問題 20 (1) $\cos x$ のマクローリンの定理における剰余項 $R_{2m}(x)$ について, $|R_{2m}(0.1)| \leq \dfrac{0.1^{2m}}{(2m)!}$ だから $|R_6(0.1)| \leq \dfrac{0.1^6}{6!} < \dfrac{1}{10^8}$ である. ゆえに $\cos(0.1)$ を $1 - \dfrac{0.1^2}{2!} + \dfrac{0.1^4}{4!} = 0.995004166\ldots$ で近似した誤差は $\dfrac{1}{10^8}$ より小さいので $\cos(0.1)$ の近似値は 0.99500 である. (2) $\sqrt{4.2} = 2\sqrt{1+0.05}$ で $\sqrt{1+x}$ に対するマクローリンの定理は剰余項 $R_n(x)$ について, $|R_n(0.05)| = \left|\binom{\frac{1}{2}}{n}\dfrac{0.05^n}{(1+0.05\theta)^{n-\frac{1}{2}}}\right| < \left|\binom{\frac{1}{2}}{n}\dfrac{1}{20^n}\right|$ だから $|R_4(0.05)| < \dfrac{7!!}{8!!\cdot 20^4} < \dfrac{171}{10^8}$ である. ゆえに $\sqrt{4.2}$ を $2\left(1+\binom{\frac{1}{2}}{1}0.05+\binom{\frac{1}{2}}{2}0.05^2+\binom{\frac{1}{2}}{3}0.05^3\right) = 2.049390\ldots$ で近似した誤差は $\dfrac{342}{10^8}$ より小さいので $\sqrt{4.2}$ の近似値は 2.04939 である. (3) $\log(1+x)$ のマクローリンの定理における剰余項 $R_n(x)$ について, $|R_n(0.05)| = \dfrac{0.05^n}{n(1+0.05\theta)^n} < \dfrac{1}{20^n n}$ だから $|R_4(0.05)| < \dfrac{1}{4\cdot 20^4} < \dfrac{16}{10^7}$ である. ゆえに $\log(1.05)$ を $0.05 - \dfrac{0.05^2}{2} + \dfrac{0.05^3}{3} = 0.0487916\ldots$ で近似した誤差は $\dfrac{16}{10^7}$ より小さいので $\log(1.05)$ の近似値は 0.04879 である.

問題 21 (1) $f(x) = x^2 - \dfrac{1}{2}(1-\cos 2x)$ であり, $\cos x = 1 - \dfrac{x^2}{2} + \dfrac{x^4}{24} + o(x^5)$ の x に $2x$ を代入すれば $\cos 2x = 1 - 2x^2 + \dfrac{2x^4}{3} + o(x^5)$ だから, $f(x) = x^2 - \dfrac{1}{2}\left(2x^2 - \dfrac{2x^4}{3} - o(x^5)\right) = \dfrac{x^4}{3} + o(x^5)$ である. ゆえに, f の主

要項は $\frac{x^4}{3}$ である． (2) $\log(1+x) = x - \frac{x^2}{2} + o(x^2)$ の x に x^2 を代入して両辺から x^2 をひけば $\log(1+x^2) - x^2 = -\frac{x^4}{2} + o(x^4)$ が得られ，$\sin x = x + o(x^2)$ の x に x^3 を代入すれば $\sin x^3 = x^3 + o(x^6)$ が得られる．したがって $\lim_{x\to 0}\frac{f(x)}{x} = \lim_{x\to 0}\frac{-\frac{x^4}{2}+o(x^4)}{x^4+xo(x^6)} = \frac{\lim_{x\to 0}\left(-\frac{1}{2}+\frac{o(x^4)}{x^4}\right)}{\lim_{x\to 0}\left(1+x^3\frac{o(x^6)}{x^6}\right)} = -\frac{1}{2} \neq 0$ が成り立つ．ゆえに f の主要項は $-\frac{x}{2}$ である． (3) $\sin x = x - \frac{x^3}{6} + o(x^4)$, $\cos x = 1 - \frac{x^2}{2} + o(x^3)$ だから $f(x) = 2x - \frac{x^3}{3} + o(x^4) - \left(1 - \frac{x^2}{2} + o(x^3)\right)\left(2x - \frac{x^3}{6} + o(x^4)\right) = 2x - \frac{x^3}{3} + o(x^4) - (2x - x^3 + o(x^4)) + \frac{x^3}{6} + o(x^5) = \frac{5x^3}{6} + o(x^4)$ である．ゆえに f の主要項は $\frac{5x^3}{6}$ である．

問題 22 (1) マクローリンの定理から $\cos x - e^x + x = 1 - \frac{x^2}{2} + o(x^3) - \left(1 + x + \frac{x^2}{2} + o(x^2)\right) - x = -x^2 + o(x^2)$ である．したがって $x \to 0$ のとき，$\cos x - e^x + x$ の無限小の位数は 2 である．$x(e^x-1) = x\left(x + \frac{x^2}{2} + o(x^2)\right) = x^2 + \frac{x^3}{2} + o(x^3)$, $\sin^2 x = \frac{1-\cos 2x}{2} = \frac{2x^2 + o((2x)^3)}{2} = x^2 + o(x^3)$ だから，$x(e^x-1) - \sin^2 x = \frac{x^3}{2} + o(x^3)$ である．したがって $x \to 0$ のとき，$x(e^x-1) - \sin^2 x$ の無限小の位数は 3 である．よって，与えられた関数は $x \to 0$ のとき，1 位の無限大である． (2) $y = \frac{1}{x}$ とおくと $(\log(1+x^2) - \log(x^2))\sqrt{x+x^5} = \left(\log\left(1+\frac{1}{y^2}\right) - \log\frac{1}{y^2}\right)\sqrt{\frac{1}{y} + \frac{1}{y^5}}$ $= \frac{(\log(y^2+1))\sqrt{y^4+1}}{y^{\frac{5}{2}}}$ だから，$y \to +0$ のとき $\log(1+y^2) = y^2 + o(y^3)$, $\sqrt{y^4+1} \to 1$ である．ゆえに，与えられた関数は $\frac{1}{2}$ 位の無限大である．

問題 23 (1) $\lim_{x\to 0}\frac{\log(x+\sqrt{1+x^2})-x}{x\log(1+x)-x^2} = \lim_{x\to 0}\frac{\frac{1}{\sqrt{1+x^2}}-1}{\log(1+x)+\frac{x}{1+x}-2x} = \lim_{x\to 0}\frac{-x(1+x^2)^{-\frac{3}{2}}}{\frac{1}{1+x}+\frac{1}{(1+x)^2}-2} = \lim_{x\to 0}\frac{-x(1+x)^2}{(-3x-2x^2)(1+x^2)^{\frac{3}{2}}} = \lim_{x\to 0}\frac{(1+x)^2}{(3+2x)(1+x^2)^{\frac{3}{2}}} = \frac{1}{3}$ (2) $\lim_{x\to 0}\frac{\sin^{-1}x - \tan^{-1}x}{x^3} = \lim_{x\to 0}\frac{\frac{1}{\sqrt{1-x^2}}-\frac{1}{1+x^2}}{3x^2} = \lim_{x\to 0}\frac{1+x^2-\sqrt{1-x^2}}{3x^2(1+x^2)\sqrt{1-x^2}} = \lim_{x\to 0}\frac{3+x^2}{3(1+x^2)\sqrt{1-x^2}\left(1+x^2+\sqrt{1-x^2}\right)} = \frac{1}{2}$ (3) $\lim_{x\to\infty}\frac{\log(x^2+1)}{\log(x^6-x^3)} = \lim_{x\to\infty}\frac{\frac{2x}{x^2+1}}{\frac{6x^5-3x^2}{x^6-x^3}}$ $= \lim_{x\to\infty}\frac{2x(x^6-x^3)}{(x^2+1)(6x^5-3x^2)} = \lim_{x\to\infty}\frac{2-\frac{2}{x^3}}{\left(1+\frac{1}{x^2}\right)\left(6-\frac{3}{x^3}\right)} = \frac{1}{3}$ (4) $\lim_{x\to 0}\frac{e^x-1}{x} = 1$ だから，$\log$ の連続性より $\lim_{x\to 0}\log\left(\frac{e^x-1}{x}\right) = \log\left(\lim_{x\to 0}\frac{e^x-1}{x}\right) = \log 1 = 0$ である．ゆえにロピタルの定理が使えて，$\lim_{x\to 0}\frac{1}{x}\log\left(\frac{e^x-1}{x}\right) = \lim_{x\to 0}\frac{1}{x'}\left(\log\left(\frac{e^x-1}{x}\right)\right)' = \lim_{x\to 0}\frac{xe^x-(e^x-1)}{x(e^x-1)} = \lim_{x\to 0}\frac{(xe^x-(e^x-1))'}{(x(e^x-1))'} = \lim_{x\to 0}\frac{xe^x}{e^x-1+xe^x} = \lim_{x\to 0}\frac{e^x}{\frac{e^x-1}{x}+e^x} = \frac{\lim_{x\to 0}e^x}{\lim_{x\to 0}\frac{e^x-1}{x}+\lim_{x\to 0}e^x} = \frac{1}{2}$.

問題 24 (1) 問題 21.1(2) から $2\sin x - \cos x(x+\sin x) = \frac{5x^3}{6} + o(x^3)$ だから $\lim_{x\to 0}\frac{2\sin x - \cos x(x+\sin x)}{\sin^3 x} = \lim_{x\to 0}\frac{2\sin x - \cos x(x+\sin x)}{x^3}\frac{1}{\left(\frac{\sin x}{x}\right)^3} = \lim_{x\to 0}\left(\frac{5}{6}+\frac{o(x^3)}{x^3}\right)\cdot\lim_{x\to 0}\frac{1}{\left(\frac{\sin x}{x}\right)^3} = \frac{5}{6}$. (2) $y = \sin^{-1}x$ とおくと $x = \sin y$ であり，$x \to 0$ のとき $y \to 0$ だから $\lim_{x\to 0}\left(\frac{1}{x^2}-\frac{1}{x\sin^{-1}x}\right) = \lim_{y\to 0}\left(\frac{1}{\sin^2 y}-\frac{1}{y\sin y}\right) = \lim_{y\to 0}\frac{y-\sin y}{y^3}\frac{1}{\left(\frac{\sin y}{y}\right)^2} = \lim_{y\to 0}\frac{y-\left(y-\frac{y^3}{6}+o(y^3)\right)}{y^3}\cdot\lim_{y\to 0}\frac{1}{\left(\frac{\sin y}{y}\right)^2} = \lim_{y\to 0}\frac{\frac{y^3}{6}+o(y^3)}{y^3} = \lim_{y\to 0}\left(\frac{1}{6}+\frac{o(y^3)}{y^3}\right) = \frac{1}{6}$.

問題 25 (1) $f(x) = \left(\frac{\pi}{2}-\tan^{-1}x\right)^{\frac{1}{\log x}}$ とおくと，ロピタルの定理から $\lim_{x\to\infty}\log f(x) = \lim_{x\to\infty}\frac{\log\left(\frac{\pi}{2}-\tan^{-1}x\right)}{\log x} = \lim_{x\to\infty}\frac{-x}{(x^2+1)\left(\frac{\pi}{2}-\tan^{-1}x\right)} = \lim_{x\to\infty}\frac{-x^2}{x^2+1}\frac{1}{\lim_{x\to\infty}x\left(\frac{\pi}{2}-\tan^{-1}x\right)}$ $\cdots(*)$ が得られる．問題 10 (8) の結果から

$\lim_{x\to\infty} x\left(\frac{\pi}{2} - \tan^{-1} x\right) = 1$ だから, (*) から $\lim_{x\to\infty} \log f(x) = -1$ となるので, $\lim_{x\to\infty} \left(\frac{\pi}{2} - \tan^{-1} x\right)^{\frac{1}{\log x}} = \lim_{x\to\infty} e^{\log f(x)} = e^{-1} = \frac{1}{e}$. (2) $0 < |x| < \frac{\pi}{2}$ ならば $\frac{\tan x}{x} > 0$ だから, $f(x) = \left(\frac{\tan x}{x}\right)^{\frac{1}{x^2}}$ とおけば, $\log f(x) = \frac{1}{x^2} \log \left|\frac{\tan x}{x}\right| = \frac{\log|\tan x| - \log|x|}{x^2}$ である. ゆえにロピタルの定理より $\lim_{x\to 0} \log f(x) = \lim_{x\to 0} \frac{\log|\tan x| - \log|x|}{x^2}$

$= \lim_{x\to 0} \frac{\frac{1}{\sin x \cos x} - \frac{1}{x}}{2x} = \lim_{x\to 0} \frac{\frac{2}{\sin 2x} - \frac{1}{x}}{2x} = \lim_{x\to 0} \frac{2x - \sin 2x}{4x^3} \cdot \frac{1}{\frac{\sin 2x}{2x}} = \lim_{x\to 0} \frac{2x - \left(2x - \frac{(2x)^3}{6} + o(x^3)\right)}{4x^3} \cdot \lim_{x\to 0} \frac{1}{\frac{\sin 2x}{2x}}$

$= \lim_{x\to 0} \left(\frac{1}{3} + \frac{o(x^3)}{4x^3}\right) = \frac{1}{3}$ となるので, $\lim_{x\to 0} \left(\frac{\tan x}{x}\right)^{\frac{1}{x^2}} = \lim_{x\to 0} e^{\log f(x)} = e^{\frac{1}{3}}$. (3) $f(x) = (x - \sin x)^{\frac{1}{\log x}}$ とおくと, ロピタルの定理から $\lim_{x\to +0} \log f(x) = \lim_{x\to +0} \frac{\log(x - \sin x)}{\log x} = \lim_{x\to +0} \frac{x(1 - \cos x)}{x - \sin x} = \lim_{x\to +0} \frac{x\left(\frac{x^2}{2} + o(x^2)\right)}{\frac{x^3}{6} + o(x^3)} =$

$\lim_{x\to +0} \frac{\frac{1}{2} + \frac{o(x^3)}{x^3}}{\frac{1}{6} + \frac{o(x^3)}{x^3}} = 3$ となるので, $\lim_{x\to +0} (x - \sin x)^{\frac{1}{\log x}} = \lim_{x\to +0} e^{\log f(x)} = e^3$.

問題 26 (1) $\sqrt{1+t} = (1+t)^{\frac{1}{2}}$ のマクローリン展開 $\sum_{n=0}^{\infty} \binom{\frac{1}{2}}{n} t^n$ の t に $x^2, -x^2$ を代入すれば $\sqrt{1+x^2} = \sum_{n=0}^{\infty} \binom{\frac{1}{2}}{n} x^{2n}, \sqrt{1-x^2} = \sum_{n=0}^{\infty} \binom{\frac{1}{2}}{n} (-1)^n x^{2n}$ を得る. したがって $\frac{2}{\sqrt{1+x^2} + \sqrt{1-x^2}} = \frac{\sqrt{1+x^2} - \sqrt{1-x^2}}{2x^2} = \frac{1}{2x^2} \left(\sum_{n=0}^{\infty} \binom{\frac{1}{2}}{n} x^{2n} - \sum_{n=0}^{\infty} \binom{\frac{1}{2}}{n} (-1)^n x^{2n}\right) = \frac{1}{2x^2} \sum_{n=0}^{\infty} \binom{\frac{1}{2}}{n} (1 - (-1)^n) x^{2n}$ である. $1 - (-1)^n$ は n が偶数のときは 0 で, 奇数のときは 2 だから $n = 2k+1$ ($k = 0, 1, 2, \ldots$) の場合の和をとればよいので, 上式から $\frac{1}{\sqrt{1+x^2} + \sqrt{1-x^2}} = \frac{1}{2x^2} \sum_{k=0}^{\infty} 2 \binom{\frac{1}{2}}{2k+1} x^{4k+2} = \sum_{k=0}^{\infty} \binom{\frac{1}{2}}{2k+1} x^{4k}$ となる. ゆえに $\sum_{k=0}^{\infty} \binom{\frac{1}{2}}{2k+1} x^{4k}$ が $\frac{1}{\sqrt{1+x^2} + \sqrt{1-x^2}}$ のマクローリン展開で, この級数は $|x^2| = |t| < 1$, すなわち $|x| < 1$ の範囲で収束する.

(2) $(1+t)^{\frac{3}{2}}$ のマクローリン展開 $\sum_{n=0}^{\infty} \binom{\frac{3}{2}}{n} t^n$ に $t = -\frac{x^2}{4}$ を代入して, $\left(1 - \frac{x^2}{4}\right)^{\frac{3}{2}}$ のマクローリン展開 $\left(1 - \frac{x^2}{4}\right)^{\frac{3}{2}} = \sum_{n=0}^{\infty} \binom{\frac{3}{2}}{n} \left(-\frac{x^2}{4}\right)^n = \sum_{n=0}^{\infty} \frac{(-1)^n}{4^n} \binom{\frac{3}{2}}{n} x^{2n}$ を得る. この両辺を $4^{\frac{3}{2}} = 8$ 倍すれば, $(4 - x^2)^{\frac{3}{2}}$ のマクローリン展開 $(4 - x^2)^{\frac{3}{2}} = \sum_{n=0}^{\infty} \frac{8(-1)^n}{4^n} \binom{\frac{3}{2}}{n} x^{2n}$ を得る. この級数は $\left|-\frac{x^2}{4}\right| = |t| < 1$ のときに収束するので, 収束する x の範囲は $|x| < 2$ である.

問題 27 (1) $t = \cos x$ とおけば $\sin x \frac{dx}{dt} = -1$ だから, $\int \frac{\sin^3 x}{2 + \cos x} dx = \int \frac{(1 - \cos^2 x) \sin x}{2 + \cos x} dx = \int \frac{t^2 - 1}{2 + t} dt$
$= \int \left(t - 2 + \frac{3}{2+t}\right) dt = \frac{t^2}{2} - 2t + 3\log(2+t) = \frac{\cos^2 x}{2} - 2\cos x + 3\log(2 + \cos x)$. (2) $\int \frac{x \sin^{-1} x}{\sqrt{1-x^2}} dx$
$= \int \left(-\sqrt{1-x^2}\right)' \sin^{-1} x \, dx = -\sqrt{1-x^2} \sin^{-1} x + \int \sqrt{1-x^2} (\sin^{-1} x)' dx = -\sqrt{1-x^2} \sin^{-1} x + \int dx =$
$x - \sqrt{1-x^2} \sin^{-1} x$ (3) $t = \sqrt{e^x - a^2}$ とおくと $x = \log(t^2 + a^2)$ だから $\frac{dx}{dt} = \frac{2t}{t^2 + a^2}$ である. よって
$\int \sqrt{e^x - a^2} \, dx = \int \frac{2t^2}{t^2 + a^2} dt = \int \left(2 - \frac{2a^2}{t^2 + a^2}\right) dt = 2t - 2a \tan^{-1} \frac{t}{a} = 2\sqrt{e^x - a^2} - 2a \tan^{-1} \frac{\sqrt{e^x - a^2}}{a}$.

問題 28 (1) $a_n = \sqrt[n]{\left(1 + \frac{1}{n}\right)\left(1 + \frac{2}{n}\right) \cdots \left(1 + \frac{k}{n}\right) \cdots \left(1 + \frac{n}{n}\right)}$ とおくと $\lim_{n\to\infty} \log a_n = \lim_{n\to\infty} \sum_{k=1}^{n} \log\left(1 + \frac{k}{n}\right) \frac{1}{n}$
$= \int_0^1 \log(1+x) dx = \int_0^1 (1+x)' \log(1+x) dx = \left[(1+x) \log(1+x)\right]_0^1 - \int_0^1 (1+x)(\log(1+x))' dx = 2\log 2 - \int_0^1 1 dx = 2\log 2 - 1$. ゆえに, 指数関数の連続性から $\lim_{n\to\infty} a_n = \lim_{n\to\infty} e^{\log a_n} = e^{\lim_{n\to\infty} \log a_n} = e^{2\log 2 - 1} =$
$e^{\log 4} e^{-1} = \frac{4}{e}$. (2) $\lim_{n\to\infty} \sum_{k=1}^{n} \frac{\sqrt{n^2 - k^2}}{n^2} = \lim_{n\to\infty} \sum_{k=1}^{n} \frac{1}{n} \sqrt{1 - \left(\frac{k}{n}\right)^2} = \int_0^1 \sqrt{1 - x^2} \, dx$. $x = \sin \theta$ とおくと $\frac{dx}{d\theta} = \cos \theta$ であり, x が 0 から 1 まで動けば θ は 0 から $\frac{\pi}{2}$ まで動くので, $\int_0^1 \sqrt{1 - x^2} \, dx = \int_0^{\frac{\pi}{2}} \cos^2 \theta \, d\theta = \int_0^{\frac{\pi}{2}} \frac{1}{2}(1 + \cos 2\theta) d\theta = \frac{1}{4} \left[2 + \sin 2\theta\right]_0^{\frac{\pi}{2}} = \frac{\pi}{4}$. (3) $\lim_{n\to\infty} \sum_{k=1}^{n} \frac{1}{\sqrt{n^2 + k^2}} = \lim_{n\to\infty} \sum_{k=1}^{n} \frac{1}{n} \frac{1}{\sqrt{1 + \left(\frac{k}{n}\right)^2}} = \int_0^1 \frac{1}{\sqrt{1 + x^2}} dx$. $x =$

問題解答   119

$\tan\theta$ とおくと $\dfrac{dx}{d\theta} = \dfrac{1}{\cos^2\theta}$ であり,x が 0 から 1 まで動けば θ は 0 から $\dfrac{\pi}{4}$ まで動くので,$\displaystyle\int_0^1 \dfrac{1}{\sqrt{1+x^2}}\,dx = \displaystyle\int_0^{\frac{\pi}{4}} \dfrac{1}{\sqrt{1+\tan^2\theta}\cos^2\theta}\,d\theta = \displaystyle\int_0^{\frac{\pi}{4}} \dfrac{1}{\cos\theta}\,d\theta = \displaystyle\int_0^{\frac{\pi}{4}} \dfrac{\cos\theta}{\cos^2\theta}\,d\theta = \displaystyle\int_0^{\frac{\pi}{4}} \dfrac{\cos\theta}{1-\sin^2\theta}\,d\theta = \displaystyle\int_0^{\frac{\pi}{4}} \dfrac{1}{2}\left(\dfrac{\cos\theta}{1+\sin\theta} + \dfrac{\cos\theta}{1-\sin\theta}\right)d\theta = \dfrac{1}{2}\displaystyle\int_0^{\frac{\pi}{4}} \dfrac{\cos\theta}{1+\sin\theta}\,d\theta + \dfrac{1}{2}\displaystyle\int_0^{\frac{\pi}{4}} \dfrac{\cos\theta}{1-\sin\theta}\,d\theta = \dfrac{1}{2}\Big[\log(1+\sin\theta)\Big]_0^{\frac{\pi}{4}} - \dfrac{1}{2}\Big[\log(1-\sin\theta)\Big]_0^{\frac{\pi}{4}} = \dfrac{1}{2}\log\dfrac{\sqrt{2}+1}{\sqrt{2}-1} = \log(\sqrt{2}+1)$.

問題 29.1 (1) $I_0 = \int e^{ax}\,dx = \dfrac{1}{a}e^{ax}$, $I_n = \int x^n\left(\dfrac{1}{a}e^{ax}\right)'dx = \dfrac{1}{a}x^n e^{ax} - \int \dfrac{n}{a}x^{n-1}e^{ax}\,dx = \dfrac{1}{a}x^n e^{ax} - \dfrac{n}{a}I_{n-1}$. ゆえに $I_n = \dfrac{1}{a}x^n e^{ax} - \dfrac{n}{a}I_{n-1}$ である. (2) $I_0 = \int 1\,dx = x$, $I_1 = \int \dfrac{1}{\sin x}\,dx = \int \dfrac{\sin x}{1-\cos^2 x}\,dx = \int \dfrac{1}{2}\left(\dfrac{\sin x}{1-\cos x} + \dfrac{\sin x}{1+\cos x}\right)dx = \dfrac{\log(1-\cos x) - \log(1+\cos x)}{2} = \dfrac{1}{2}\log\dfrac{1-\cos x}{1+\cos x} = \dfrac{1}{2}\log\dfrac{\sin^2\frac{x}{2}}{\cos^2\frac{x}{2}} = \log\left|\tan\dfrac{x}{2}\right|$. $I_n = \int \dfrac{1}{\sin^n x}\,dx = \int \dfrac{(-\cos x)'}{\sin^{n+1}x}\,dx = -\dfrac{\cos x}{\sin^{n+1}x} - \int \dfrac{(n+1)\cos^2 x}{\sin^{n+2}x}\,dx = -\dfrac{\cos x}{\sin^{n+1}x} - \int \dfrac{(n+1)(1-\sin^2 x)}{\sin^{n+2}x}\,dx = -\dfrac{\cos x}{\sin^{n+1}x} - (n+1)\int \dfrac{1}{\sin^{n+2}x}\,dx + (n+1)\int \dfrac{1}{\sin^n x}\,dx = -\dfrac{\cos x}{\sin^{n+1}x} - (n+1)I_{n+2} + (n+1)I_n$. よって,$I_{n+2} = \dfrac{n}{n+1}I_n - \dfrac{\cos x}{(n+1)\sin^{n+1}x}$ が得られ,$I_0 = x, I_1 = \log\left|\tan\dfrac{x}{2}\right|$ である.

問題 29.2 $I_0 = -\cos x$, $J_0 = \sin x$ であり,部分積分を行えば $I_n = \int x^n(-\cos x)'\,dx = -x^n\cos x + \int nx^{n-1}\cos x\,dx = -x^n\cos x + nJ_{n-1}$, $J_n = \int x^n(\sin x)'\,dx = x^n\sin x - \int nx^{n-1}\sin x\,dx = x^n\sin x - nI_{n-1}$ より,$I_n = -x^n\cos x + nJ_{n-1}$, $J_n = x^n\sin x - nI_{n-1}$ が得られる. とくに $I_1 = -x\cos x + \sin x$, $J_1 = x\sin x + \cos x$ である. また,$I_{n-1} = -x^{n-1}\cos x + (n-1)J_{n-2}$, $J_{n-1} = x^{n-1}\sin x - (n-1)I_{n-2}$ だから,$I_n = -x^n\cos x + nx^{n-1}\sin x - n(n-1)I_{n-2}$, $J_n = x^n\sin x + nx^{n-1}\cos x - n(n-1)J_{n-2}$ である.

問題 30.1 (1) $\dfrac{x^6}{x^4-1} = \dfrac{x^2(x^4-1) + x^2}{x^4-1} = x^2 + \dfrac{x^2}{x^4-1}$ である. $x^4-1 = (x-1)(x+1)(x^2+1)$ であるから,$\dfrac{x^2}{x^4-1} = \dfrac{A}{x-1} + \dfrac{B}{x+1} + \dfrac{Cx+D}{x^2+1}$ とおいて右辺を通分すると,分子は $(A+B+C)x^3 + (A-B+D)x^2 + (A+B-C)x + A-B-D$ となるから,A, B, C, D に関する方程式 $A+B+C=0$, $A-B+D=1$, $A+B-C=0$, $A-B-D=0$ が得られる. これを解いて,$A = \dfrac{1}{4}, B = -\dfrac{1}{4}, C = 0, D = \dfrac{1}{2}$. よって,$\int \dfrac{x^6}{x^4-1}\,dx = \int \left(x^2 + \dfrac{1}{4(x-1)} - \dfrac{1}{4(x+1)} + \dfrac{1}{2(x^2+1)}\right)dx = \dfrac{x^3}{3} + \dfrac{\log|x-1|}{4} - \dfrac{\log|x+1|}{4} + \dfrac{\tan^{-1}x}{2}$.

(2) $\dfrac{2}{(x-1)^2(x^2+1)} = \dfrac{A}{x-1} + \dfrac{B}{(x-1)^2} + \dfrac{Cx+D}{x^2+1}$ とおいて右辺を通分すれば,その分子は $(A+C)x^3 + (-A+B-2C+D)x^2 + (A+C-2D)x - A+B+D$ だから,$A+C=0, -A+B-2C+D=0, A+C-2D=0, -A+B+D=2$ が得られる. これを解いて,$A=-1, B=1, C=1, D=0$ である. よって,$\int \dfrac{2}{(x-1)^2(x^2+1)}\,dx = \int \left(-\dfrac{1}{x-1} + \dfrac{1}{(x-1)^2} + \dfrac{x}{x^2+1}\right)dx = -\log|x-1| - \dfrac{1}{x-1} + \dfrac{1}{2}\log(x^2+1)$.

問題 30.2 (1) $\dfrac{x}{(x^2-4x+5)^2} = \dfrac{x-2}{(x^2-4x+5)^2} + \dfrac{2}{((x-2)^2+1)^2}$ であり,「積分の漸化式」(p.43) の ① の漸化式を用いると $\int \dfrac{1}{((x-2)^2+1)^2}\,dx = \dfrac{1}{2}\left(\dfrac{x-2}{(x-2)^2+1} + \int \dfrac{1}{(x-2)^2+1}\,dx\right) = \dfrac{1}{2}\left(\dfrac{x-2}{(x-2)^2+1} + \tan^{-1}(x-2)\right)$ だから,$\int \dfrac{x}{(x^2-4x+5)^2}\,dx = \dfrac{2x-5}{2(x^2-4x+5)} + \tan^{-1}(x-2)$ である. (2) $\dfrac{x^2+x}{(x^2+9)^2} = \dfrac{Ax+B}{x^2+9} + \dfrac{Cx+D}{(x^2+9)^2}$ とおいて右辺を通分すれば,その分子は $Ax^3 + Bx^2 + (9A+C)x + 9B+D$ だから,$A=0, B=1, C=1, D=-9$ である. 「積分の漸化式」(p.43) の ① の漸化式を用いると $\int \dfrac{1}{(x^2+9)^2}\,dx = \dfrac{1}{18}\left(\dfrac{x}{x^2+9} + \int \dfrac{1}{x^2+9}\,dx\right) = \dfrac{x}{18(x^2+9)} + \dfrac{1}{54}\tan^{-1}\dfrac{x}{3}$. ゆえに $\int \dfrac{x^2+x}{(x^2+9)^2}\,dx = \int \dfrac{1}{x^2+9}\,dx + \int \dfrac{x}{(x^2+9)^2}\,dx - \int \dfrac{9}{(x^2+9)^2}\,dx = \dfrac{1}{3}\tan^{-1}\dfrac{x}{3} - \dfrac{1}{2(x^2+9)} - \dfrac{x}{2(x^2+9)} - \dfrac{1}{6}\tan^{-1}\dfrac{x}{3} = \dfrac{1}{6}\tan^{-1}\dfrac{x}{3} - \dfrac{x+1}{2(x^2+9)}$.

問題 31 (1) $t = \cos x$ とおくと $\sin x \dfrac{dx}{dt} = -1$ より,$\int \dfrac{\tan x}{1+\cos^2 x}\,dx = -\int \dfrac{1}{t(1+t^2)}\,dt = \int \left(\dfrac{t}{1+t^2} - \dfrac{1}{t}\right)dt = \dfrac{1}{2}\log(1+t^2) - \log|t| = \dfrac{1}{2}\log(1+\cos^2 x) - \log|\cos x|$. (2) $t = \tan x$ とおくと $\sin x = \dfrac{t^2}{1+t^2}$, $\dfrac{dx}{dt} = \dfrac{1}{1+t^2}$ だから,$4\int \dfrac{\tan x}{1+\sin^2 x}\,dx = \int \dfrac{t}{\left(1+\frac{t^2}{1+t^2}\right)(1+t^2)}\,dt = \int \dfrac{t}{1+2t^2}\,dt = \dfrac{1}{4}\log(1+2t^2) = \dfrac{1}{4}\log(1+2\tan^2 x)$.

(3) $t = \tan \frac{x}{2}$ とおくと $\cos x = \frac{1-t^2}{1+t^2}, \sin x = \frac{2t}{1+t^2}, \frac{dx}{dt} = \frac{2}{1+t^2}$ より, $\int \frac{1}{4\cos x + 3\sin x + 5} dx = \int \frac{2}{(1+t^2)\left(\frac{4-4t^2}{1+t^2} + \frac{6t}{1+t^2} + 5\right)} dt = \int \frac{2}{(t+3)^2} dt = -\frac{2}{t+3} = -\frac{2}{\tan \frac{x}{2} + 3}$.

問題 32 (1) $(\cos^4 x - \sin^5 x)^2 = \cos^8 x - 2\cos^4 x \sin^5 x + \sin^{10} x$ であり, $\int_0^{\frac{\pi}{2}} \cos^8 x \, dx = \frac{7!!}{8!!} \cdot \frac{\pi}{2}, \int_0^{\frac{\pi}{2}} \cos^4 x \sin^5 x \, dx = \frac{3!4!}{9!!}, \int_0^{\frac{\pi}{2}} \sin^{10} x \, dx = \frac{9!!}{10!!} \cdot \frac{\pi}{2}$ だから, $\int_0^{\frac{\pi}{2}} (\cos^4 x - \sin^5 x)^2 \, dx = \frac{\pi}{2}\left(\frac{7!!}{8!!} + \frac{9!!}{10!!}\right) - \frac{2 \cdot 3!4!}{9!!} = \frac{133\pi}{512} - \frac{16}{315}$.
(2) x を $x + \frac{\pi}{2}$ で置き換えて区間 $[0, \frac{\pi}{2}]$ の積分に帰着させる. $\int_0^{\pi} (\cos^4 x - \sin^5 x)^2 \, dx = \int_0^{\frac{\pi}{2}} (\cos^4 x - \sin^5 x)^2 \, dx + \int_{\frac{\pi}{2}}^{\pi} (\cos^4 x - \sin^5 x)^2 \, dx = \int_0^{\frac{\pi}{2}} (\cos^4 x - \sin^5 x)^2 \, dx + \int_0^{\frac{\pi}{2}} ((-\sin x)^4 - (\cos x)^5)^2 \, dx = \int_0^{\frac{\pi}{2}} (\cos^4 x - \sin^5 x)^2 \, dx + \int_0^{\frac{\pi}{2}} (\sin^4 x - \cos^5 x)^2 \, dx$ であり, $\int_0^{\frac{\pi}{2}} (\sin^4 x - \cos^5 x)^2 \, dx = \int_0^{\frac{\pi}{2}} (\cos^4 x - \sin^5 x)^2 \, dx$ だから, (1) の結果から $\int_0^{\pi} (\cos^4 x - \sin^5 x)^2 \, dx = 2\int_0^{\frac{\pi}{2}} (\cos^4 x - \sin^5 x)^2 \, dx = \frac{133\pi}{256} - \frac{32}{315}$.

問題 33 (1) $t = \sqrt{x-4}$ とおくと $x = t^2 + 4, \frac{dx}{dt} = 2t$ より, $\int \frac{1}{x\sqrt{x-4}} dx = \int \frac{2}{t^2+4} dt = \tan^{-1} \frac{t}{2} = \tan^{-1} \frac{\sqrt{x-4}}{2}$. (2) $t = x + \sqrt{x^2-4}$ とおくと $x = \frac{t^2+4}{2t}, \sqrt{x^2-4} = \frac{t^2-4}{2t}, \frac{dx}{dt} = \frac{t^2-4}{2t^2}$ より, $\int \frac{1}{(x+2)\sqrt{x^2-4}} dx = \int \frac{1}{\frac{t^2+4}{2t}+2} \cdot \frac{2t}{t^2-4} \cdot \frac{t^2-4}{2t^2} dt = \int \frac{2}{(t+2)^2} dt = -\frac{2}{t+2} = -\frac{2}{x+\sqrt{x^2-4}+2}$.
(3) $t = \sqrt{x-1}$ とおくと $x = t^2 + 1, \frac{dx}{dt} = 2t$ より, $\int \frac{\sin^{-1} \sqrt{x-1}}{\sqrt{x-1}} dx = \int 2\sin^{-1} t \, dt = 2t\sin^{-1} t - \int \frac{2t}{\sqrt{1-t^2}} dt = 2t\sin^{-1} t + 2\sqrt{1-t^2} = 2\sqrt{x-1} \sin^{-1} \sqrt{x-1} + 2\sqrt{2-x}$.

問題 34.1 (1) $y = \tan^{-1} x$ とおくと $\frac{dy}{dx} = \frac{1}{1+x^2}$ であり, x が 0 から t まで動けば y は 0 から $\tan^{-1} t$ まで動き, $\int_0^t \frac{\cos(\tan^{-1} x)}{1+x^2} dx = \int_0^{\tan^{-1} t} \cos y \, dy = \sin(\tan^{-1} t)$ である. ゆえに, $\int_0^{\infty} \frac{\cos(\tan^{-1} x)}{1+x^2} dx = \lim_{t \to \infty} \sin(\tan^{-1} t) = 1$.
(2) $0 < s < t$ に対し, $\int_s^t \frac{\log(x^2+1)}{x^2} dx = \int_s^t \left(-\frac{1}{x}\right)' \log(x^2+1) \, dx = \left[-\frac{\log(x^2+1)}{x}\right]_s^t + \int_s^t \frac{2}{x^2+1} dx = \frac{\log(s^2+1)}{s} - \frac{\log(t^2+1)}{t} + [2\tan^{-1} x]_s^t = \frac{\log(s^2+1)}{s} - \frac{\log(t^2+1)}{t} + 2\tan^{-1} t - 2\tan^{-1} s$ だから, $\int_1^{\infty} \frac{\log(x^2+1)}{x^2} dx = \lim_{t \to \infty} \left(\log 2 - \frac{\log(t^2+1)}{t} + 2\tan^{-1} t - \frac{\pi}{2}\right) = \log 2 + \frac{\pi}{2}$ であり, $\int_0^1 \frac{\log(x^2+1)}{x^2} dx = \lim_{s \to +0} \left(\frac{\log(s^2+1)}{s} - \log 2 + \frac{\pi}{2} - 2\tan^{-1} s\right) = -\log 2 + \frac{\pi}{2}$ である. したがって, $\int_0^{\infty} \frac{\log(x^2+1)}{x^2} dx = \int_0^1 \frac{\log(x^2+1)}{x^2} dx + \int_1^{\infty} \frac{\log(x^2+1)}{x^2} dx = \pi$. (3) $y = e^x$ とおくと $\frac{dx}{dy} = \frac{1}{y}$ であり, x が 0 から t まで動くとき y は 1 から e^t まで動くから, $\int_0^t \frac{1}{\cosh x} dx = \int_0^t \frac{2e^x}{e^{2x}+1} dx = \int_1^{e^t} \frac{2}{y^2+1} dy = [2\tan^{-1} y]_1^{e^t} = 2\tan^{-1} e^t - \frac{\pi}{2}$ である. したがって, $\int_0^{\infty} \frac{1}{\cosh x} dx = \lim_{t \to \infty} \left(2\tan^{-1} e^t - \frac{\pi}{2}\right) = \frac{\pi}{2}$.

問題 34.2 (1) $\int_s^t \frac{1}{\sqrt{x(1-x)}} dx = \int_s^t \frac{1}{\sqrt{\frac{1}{4} - (x - \frac{1}{2})^2}} dx = [\sin^{-1}(2x-1)]_s^t = \sin^{-1}(2t-1) - \sin^{-1}(2s-1)$ だから, $\int_0^{\frac{1}{2}} \frac{1}{\sqrt{x(1-x)}} dx = \lim_{s \to +0} (-\sin^{-1}(2s-1)) = \frac{\pi}{2}$, $\int_{\frac{1}{2}}^1 \frac{1}{\sqrt{x(1-x)}} dx = \lim_{t \to 1-0} \sin^{-1}(2t-1) = \frac{\pi}{2}$ である. ゆえに $\int_0^1 \frac{1}{\sqrt{x(1-x)}} dx = \int_0^{\frac{1}{2}} \frac{1}{\sqrt{x(1-x)}} dx + \int_{\frac{1}{2}}^1 \frac{1}{\sqrt{x(1-x)}} dx = \pi$. (2) $y = \sqrt{x-1}$ とおけば $x = y^2 + 1, \frac{dx}{dy} = 2y$ だから, $\int_s^t \frac{1}{x\sqrt{x-1}} dx = \int_{\sqrt{s-1}}^{\sqrt{t-1}} \frac{2}{y^2+1} dy = [2\tan^{-1} y]_{\sqrt{s-1}}^{\sqrt{t-1}} = 2(\tan^{-1} \sqrt{t-1} - \tan^{-1} \sqrt{s-1})$ である. したがって, $\int_1^2 \frac{1}{x\sqrt{x-1}} dx = \lim_{s \to 1+0} 2\left(\frac{\pi}{4} - \tan^{-1} \sqrt{s-1}\right) = \frac{\pi}{2}$, $\int_2^{\infty} \frac{1}{x\sqrt{x-1}} dx = \lim_{t \to \infty} 2\left(\tan^{-1} \sqrt{t-1} - \frac{\pi}{4}\right) = \frac{\pi}{2}$. ゆえに, $\int_1^{\infty} \frac{1}{x\sqrt{x-1}} dx = \int_1^2 \frac{1}{x\sqrt{x-1}} dx + \int_2^{\infty} \frac{1}{x\sqrt{x-1}} dx = \pi$. (3) $y = \cos \frac{x}{2}$ と変数変換を行う. $\sin \frac{x}{2} \geqq 0$ に注意して 2 倍角の公式 $\cos x = 1 - 2\sin^2 \frac{x}{2} = 2\cos^2 \frac{x}{2} - 1$ を用いると, $\int_t^{\frac{5\pi}{3}} \sqrt{\frac{2 - 2\cos x}{1 - 2\cos x}} dx = \int_t^{\frac{5\pi}{3}} \frac{2\sin \frac{x}{2}}{\sqrt{3 - 4\cos^2 \frac{x}{2}}} dx$

$= \int_{\cos\frac{t}{2}}^{-\frac{\sqrt{3}}{2}} \frac{-2}{\sqrt{(\frac{\sqrt{3}}{2})^2 - y^2}} \, dy = -2 \left[\sin^{-1} \frac{2y}{\sqrt{3}} \right]_{\cos\frac{t}{2}}^{-\frac{\sqrt{3}}{2}} = 2 \left(\sin^{-1} \frac{2\cos\frac{t}{2}}{\sqrt{3}} + \frac{\pi}{2} \right)$ が得られる．ゆえに，$\int_{\frac{\pi}{3}}^{\frac{2\pi}{3}} \sqrt{\frac{2 - 2\cos x}{1 - 2\cos x}} \, dx$

$= \lim_{t \to \frac{\pi}{3}+0} 2 \left(\sin^{-1} \frac{2\cos\frac{t}{2}}{\sqrt{3}} + \frac{\pi}{2} \right) = 2\pi.$

問題 35.1 (1) $x \to +0$ のとき $\frac{1}{\sqrt{x^3} \sqrt[3]{(1-x)^2}} \simeq \frac{1}{\sqrt{x^3}}$ であり，$\int_0^{\frac{1}{2}} \frac{1}{\sqrt{x^3}} \, dx$ は発散するので，$\int_0^1 \frac{1}{\sqrt{x^3} \sqrt[3]{(1-x)^2}} \, dx$ も発散する． (2) $x \to +0$ のとき $\frac{1}{\sqrt[4]{x^3} \sqrt[3]{(1-x)^2}} \simeq \frac{1}{\sqrt[4]{x^3}}$，$x \to 1-0$ のとき $\frac{1}{\sqrt[4]{x^3} \sqrt[3]{(1-x)^2}} \simeq \frac{1}{\sqrt[3]{(1-x)^2}}$ であり，$\int_0^{\frac{1}{2}} \frac{1}{\sqrt[4]{x^3}} \, dx$ と $\int_{\frac{1}{2}}^1 \frac{1}{\sqrt[3]{(1-x)^2}} \, dx$ はともに収束するので，$\int_0^1 \frac{1}{\sqrt[4]{x^3} \sqrt[3]{(1-x)^2}} \, dx$ も収束する． (3) $x \to +0$ のとき $\frac{1}{\sqrt[7]{x^4(x^4+1)}} \simeq \frac{1}{x^{\frac{4}{7}}}$，$x \to \infty$ のとき $\frac{1}{\sqrt[7]{x^4(x^4+1)}} \simeq \frac{1}{x^{\frac{8}{7}}}$ であり，$\int_0^1 \frac{1}{x^{\frac{4}{7}}} \, dx$ と $\int_1^\infty \frac{1}{x^{\frac{8}{7}}} \, dx$ はともに収束するので，$\int_0^\infty \frac{1}{\sqrt[7]{x^4(x^4+1)}} \, dx$ も収束する． (4) $x \to \infty$ のとき $\frac{x^2+1}{\sqrt{x}(x^2+x+1)} \simeq \frac{1}{\sqrt{x}}$ であり，$\int_1^\infty \frac{1}{\sqrt{x}} \, dx$ は発散するから，$\int_0^\infty \frac{x^2+1}{\sqrt{x}(x^2+x+1)} \, dx$ も発散する． (5) $x \to +0$ のとき $\frac{x^2+1}{\sqrt{x^3}(x^2+x+1)} \simeq \frac{1}{\sqrt{x^3}}$ であり，$\int_0^1 \frac{1}{\sqrt{x^3}} \, dx$ は発散するから，$\int_0^\infty \frac{x^2+1}{\sqrt{x^3}(x^2+x+1)} \, dx$ も発散する．

問題 35.2 (1) $f(x) = \frac{1-e^{-x}}{\sqrt{x^3}}, g(x) = \frac{1}{\sqrt{x}}, h(x) = \frac{1}{\sqrt{x^3}}$ によって $(0, \infty)$ 上の関数 f, g, h を定める．$\lim_{x \to +0} \frac{f(x)}{g(x)} = \lim_{x \to +0} \frac{1-e^{-x}}{x} = \lim_{x \to +0} \frac{e^{-x}-1}{-x} = 1$ であり，$\int_0^1 \frac{1}{\sqrt{x}} \, dx$ は収束するから，$\int_0^1 \frac{1-e^{-x}}{\sqrt{x^3}} \, dx$ も収束する．また，$\lim_{x \to \infty} \frac{f(x)}{h(x)} = \lim_{x \to \infty} (1 - e^{-x}) = 1$ であり，$\int_1^\infty \frac{1}{\sqrt{x^3}} \, dx$ は収束するから，$\int_1^\infty \frac{1-e^{-x}}{\sqrt{x^3}} \, dx$ も収束する．したがって，$\int_0^\infty \frac{1-e^{-x}}{\sqrt{x^3}} \, dx = \int_0^1 \frac{1-e^{-x}}{\sqrt{x^3}} \, dx + \int_1^\infty \frac{1-e^{-x}}{\sqrt{x^3}} \, dx$ は収束する． (2) $x \geqq 2$ ならば $x \leqq \sqrt{x^2+1}$ だから $\frac{1}{\sqrt{x^2+1}(\log x)^2} \leqq \frac{1}{x(\log x)^2}$ である．$s = \log x$ と変数変換すれば $\int_2^t \frac{1}{x(\log x)^2} \, dx = \int_{\log 2}^{\log t} \frac{1}{s^2} \, ds = \frac{1}{\log 2} - \frac{1}{\log t}$ だから，$\int_2^\infty \frac{1}{x(\log x)^2} \, dx = \lim_{t \to \infty} \left(\frac{1}{\log 2} - \frac{1}{\log t} \right) = \frac{1}{\log 2}$ が得られる．ゆえに，$\int_2^\infty \frac{1}{\sqrt{x^2+1}(\log x)^2} \, dx$ は収束する．

問題 36 (1) $a_n = \left| \frac{a^n (n!)^2}{(2n)!} \right|$ とおくと，$\lim_{n \to \infty} \frac{a_{n+1}}{a_n} = \lim_{n \to \infty} \frac{|a|^{n+1} (2n)! ((n+1)!)^2}{|a|^n (2n+2)! (n!)^2} = \lim_{n \to \infty} \frac{|a|(n+1)}{2(2n+1)} = \frac{|a|}{4}$ である．ダランベールの判定法により $\sum_{n=1}^\infty \frac{a^n (n!)^2}{(2n)!}$ は $|a| < 4$ ならば収束し，$|a| > 4$ ならば収束しない．$|a| = 4$ のとき，$|a_n| = \frac{(2^n n!)^2}{(2n)!} = \frac{((2n)!!)^2}{(2n)!} = \frac{(2n)!!}{(2n-1)!!} > 1$ だから $\{a_n\}_{n=1}^\infty$ は 0 に収束しないので，$\sum_{n=1}^\infty \frac{a^n (n!)^2}{(2n)!}$ は発散する．

(2) $a_n = \left(\frac{2n+1}{3n+4} \right)^n$ とおくと，$\lim_{n \to \infty} \sqrt[n]{a_n} = \lim_{n \to \infty} \frac{2n+1}{3n+4} = \frac{2}{3} < 1$ であるから，コーシーの判定法によって $\sum_{n=1}^\infty \left(\frac{2n+1}{3n+4} \right)^n$ は収束する． (3) $0 < x < \frac{\pi}{2}$ ならば $\tan x > x$ だから，$x > 0$ に対して $0 < \tan^{-1} x < x$ が成り立つ．また，$n > 0$ に対して $\tan^{-1} n + \tan^{-1} \frac{1}{n} = \frac{\pi}{2}$ が成り立つ (☞ 例題 8 (4)) ので，$0 < \frac{\pi - 2\tan^{-1} n}{n} = \frac{2\tan^{-1} \frac{1}{n}}{n} < \frac{2}{n^2}$ である．級数 $\sum_{n=1}^\infty \frac{2}{n^2}$ は収束するので，$\sum_{n=1}^\infty \frac{\pi - 2\tan^{-1} n}{n}$ も収束する．

問題 37 (1) $\sum_{n=1}^k \left(\sqrt{n+1} - \sqrt{n} \right) = \sqrt{k+1} - 1$ だから $\sum_{n=1}^\infty \left(\sqrt{n+1} - \sqrt{n} \right)$ は発散する．$\sqrt{n+1} - \sqrt{n} = \frac{1}{\sqrt{n+1} + \sqrt{n}}$ だから，数列 $\{ \sqrt{n+1} - \sqrt{n} \}_{n=1}^\infty$ は単調に減少して 0 に収束するので，$\sum_{n=1}^\infty (-1)^{n-1} \left(\sqrt{n+1} - \sqrt{n} \right)$ はライプニッツの定理によって収束する．以上から $\sum_{n=1}^\infty (-1)^{n-1} \left(\sqrt{n+1} - \sqrt{n} \right)$ は条件収束する． (2) 任意の正の実数 x に対して $\sin x < x$ が成り立つので，任意の自然数 n に対して $0 < \frac{1}{\sqrt{n}} \sin \frac{1}{n} < \frac{1}{n^{\frac{3}{2}}}$ が成り立ち，$\sum_{n=1}^\infty \frac{1}{n^{\frac{3}{2}}}$ は収束するので，$\sum_{n=1}^\infty \frac{1}{\sqrt{n}} \sin \frac{a}{n}$ も収束する．したがって $\sum_{n=1}^\infty \frac{(-1)^n}{\sqrt{n}} \sin \frac{a}{n}$ は絶対収束する．

問題 38 (1) ガウス記号の定義から $0 \leq \sqrt{2}n - [\sqrt{2}n] < 1$ だから $0 \leq \dfrac{2\sqrt{2}n - 2[\sqrt{2}n]}{n^2} \leq \dfrac{2}{n^2}$ である. したがって $\sum_{n=1}^{\infty} \dfrac{2\sqrt{2}n - 2[\sqrt{2}n]}{n^2}$ は正項級数で, $\sum_{n=1}^{\infty} \dfrac{2}{n^2}$ は収束するので, $\sum_{n=1}^{\infty} \dfrac{2\sqrt{2}n - 2[\sqrt{2}n]}{n^2}$ も収束する. (2) $\sum_{n=1}^{k} \dfrac{1}{n(n+1)} = \sum_{n=1}^{k}\left(\dfrac{1}{n} - \dfrac{1}{n+1}\right) = 1 - \dfrac{1}{k+1}$ だから $\sum_{n=1}^{\infty} \dfrac{1}{n(n+1)}$ は 1 に収束する. 一方, $\left|\dfrac{\cos(n!)}{n(n+1)}\right| \leq \dfrac{1}{n(n+1)}$ だから正項級数 $\sum_{n=1}^{\infty}\left|\dfrac{\cos(n!)}{n(n+1)}\right|$ は収束する. ゆえに, $\sum_{n=1}^{\infty} \dfrac{\cos(n!)}{n(n+1)}$ は絶対収束する.

問題 39 (1) $a_n = \dfrac{(2n+1)!!}{(n+1)^n}$ とおけば $\lim_{n\to\infty} \dfrac{a_n}{a_{n+1}} = \lim_{n\to\infty} \dfrac{(2n+1)!!(n+2)^{n+1}}{(2n+3)!!(n+1)^n} = \lim_{n\to\infty} \dfrac{n+1}{2n+3}\left(1 + \dfrac{1}{n+1}\right)^{n+1} = \dfrac{e}{2}$ だから, 与えられた級数の収束半径は $\dfrac{e}{2}$ である. (2) $a_n = \dfrac{n!}{(n+1)^n}$ とおけば $\lim_{n\to\infty} \dfrac{a_n}{a_{n+1}} = \lim_{n\to\infty} \dfrac{n!(n+2)^{n+1}}{(n+1)^n(n+1)!} = \lim_{n\to\infty} \dfrac{(n+2)^{n+1}(n+1)^a}{(n+1)^{n+1}(n+1)(n+2)^{a-1}} = \lim_{n\to\infty}\left(1 + \dfrac{1}{n+1}\right)^{n+1}\dfrac{\left(1 + \dfrac{a}{n}\right)^a}{\left(1 + \dfrac{1}{n}\right)\left(1 + \dfrac{a+1}{n}\right)^{a-1}} = e$ だから, $\sum_{n=0}^{\infty} \dfrac{n!}{(n+1)^n} y^n$ の収束半径は e である. したがって, $\sum_{n=0}^{\infty} \dfrac{n!}{(n+1)^n} x^{2n}$ は $|x^2| < e$ で収束し, $|x^2| > e$ で発散するので, 与えられた級数の収束半径は $\sqrt{e}$ である. (3) $a_n = \left(\dfrac{n}{2n+1}\right)^n$ とおけば $\lim_{n\to\infty} \dfrac{1}{\sqrt[n]{|a_n|}} = \lim_{n\to\infty} \dfrac{2n+1}{n} = \lim_{n\to\infty}\left(2 + \dfrac{1}{n}\right) = 2$ だから, 与えられた級数の収束半径は 2 である.

問題 40.1 (1) (x,y) が与えられた曲線上の点ならば $y \geq 0$ だから, この曲線で囲まれた領域は x 軸より上にある. $x = r\cos\theta, y = r\sin\theta$ を与えられた方程式に代入すれば $r^4 = 4r^3\cos^2\theta\sin\theta$ だから, $r = 4\cos^2\theta\sin\theta$ であり, θ は $0 \leq \theta \leq \pi$ の範囲を動く. したがって, 求める面積は $\dfrac{1}{2}\int_0^\pi 16\cos^4\theta\sin^2\theta\,d\theta = \dfrac{1}{2}\int_0^\pi (1 + \cos 2\theta)(1 - \cos 4\theta)\,d\theta = \dfrac{\pi}{2}$ である. (2) (x,y) が与えられた曲線上の点ならば $y \geq 0$ だから, この曲線で囲まれた領域は x 軸より上にある. $x = r\cos\theta, y = r\sin\theta$ を与えられた方程式に代入すれば $r^4 = r^3\sin^3\theta$ だから, $r = \sin^3\theta$ であり, θ は $0 \leq \theta \leq \pi$ の範囲を動く. したがって, 求める面積は $\dfrac{1}{2}\int_0^\pi \sin^6\theta\,d\theta = \dfrac{1}{2}\int_0^{\frac{\pi}{2}} \sin^6\theta\,d\theta + \dfrac{1}{2}\int_0^{\frac{\pi}{2}} \cos^6\theta\,d\theta = \dfrac{5\pi}{32}$ である.
(3) $x = r\cos\theta, y = r\sin\theta$ を与えられた方程式に代入すれば $r^4 = r^3(3\cos^2\theta\sin\theta - \sin^3\theta) = r^3(3\sin\theta - 4\sin^3\theta) = r^3\sin 3\theta$ だから $r = \sin 3\theta$ である. したがって, 極座標での座標が (r,θ) である点が C 上にあれば, 原点を中心に $\dfrac{2\pi}{3}$ だけ回転した点 $\left(r, \theta + \dfrac{2\pi}{3}\right)$ も C 上の点である. $0 \leq \theta \leq 2\pi$ の範囲で $r \geq 0$ となる θ の範囲は $0 \leq \theta \leq \dfrac{\pi}{3}$, $\dfrac{2\pi}{3} \leq \theta \leq \pi$, $\dfrac{4\pi}{3} \leq \theta \leq \dfrac{5\pi}{3}$ だから, 上のことから θ が $0 \leq \theta \leq \dfrac{\pi}{3}$ の範囲にあるときの C で囲まれた部分の面積を 3 倍したものが求める面積である. ゆえに, $\dfrac{3}{2}\int_0^{\frac{\pi}{3}} \sin^2 3\theta\,d\theta = \dfrac{3}{2}\int_0^{\frac{\pi}{3}} \dfrac{1 - \cos 6\theta}{2}\,d\theta = \dfrac{\pi}{4}$ が求める面積である.

問題 40.2 (1) $\dfrac{dx}{dt} = 3t^2 + 3 > 0$ だから, x は $0 \leq t \leq 2$ の範囲で 0 から 14 まで単調に増加する. $y = -(t-1)^2 + 1$ だから, y は $0 \leq t \leq 1$ の範囲で 0 から 1 まで単調に増加し, $1 \leq t \leq 2$ の範囲で 1 から 0 まで単調に減少する. したがって, 求める面積は $\int_0^{14} y\,dx = \int_0^2 y\dfrac{dx}{dt}\,dt = \int_0^2 (2t - t^2)(3t^2 + 3)\,dt = \int_0^2 (6t - 3t^2 + 6t^3 - 3t^4)\,dt = \left[3t^2 - t^3 + \dfrac{3}{2}t^4 - \dfrac{3}{5}t^5\right]_0^2 = \dfrac{44}{5}$. (2) $-1 \leq t \leq 1$ ならば x は -1 から 1 まで単調に増加する. $-1 \leq t \leq 1$ ならば $y \geq 0$ であり, $t = \pm 1$ のときは $y = 0$ である. $t = \sin\theta$ と変数変換すれば, 求める面積は $\int_{-1}^1 y\,dx = \int_{-1}^1 y\dfrac{dx}{dt}\,dt = \int_{-1}^1 \dfrac{3}{2}t^2(1 + 2t^2)\sqrt{1 - t^2}\,dt = \int_0^{\frac{\pi}{2}} 3\sin^2\theta(1 + 2\sin^2\theta)\cos^2\theta\,d\theta = 3\cdot\dfrac{1!!1!!}{4!!}\dfrac{\pi}{2} + 6\cdot\dfrac{3!!1!!}{6!!}\dfrac{\pi}{2} = \dfrac{3\pi}{8}$.
(3) $x = (t+1)^2 - 9$ だから, x は区間 $[-2, -1]$ で -8 から -9 まで単調に減少し, 区間 $[-1, 4]$ で -9 から 16 まで単調に増加する. また, $-2 \leq t \leq 4$ ならば $y = (4 - t)(t + 2) \geq 0$ であり, $t = -2, 4$ ならば $y = 0$ であることに注意する. t が区間 $[-2, -1]$ を動いたときの曲線を C_1 とすれば, C_1, x 軸, 直線 $x = -9$ で囲まれた領域の面積は $\int_{-9}^{-8} y\,dx = \int_{-1}^{-2} y\dfrac{dx}{dt}\,dt = \int_{-1}^{-2} (-t^2 + 2t + 8)(2t + 2)\,dt = \int_{-1}^{-2} (-2t^3 + 2t^2 + 20t + 16)\,dt = \dfrac{11}{6}$ であり, t が区間 $[-1, 4]$ を動いたときの曲線を C_2 とすれば, C_2, x 軸, 直線 $x = -9$ で囲まれた領域の面積は $\int_{-9}^{16} y\,dx = \int_{-1}^{16} y\dfrac{dx}{dt}\,dt = \int_{-1}^4 (-t^2 + 2t + 8)(2t + 2)\,dt = \int_{-1}^4 (-2t^3 + 2t^2 + 20t + 16)\,dt = \dfrac{875}{6}$ である. さらに, y は区間 $[-2, 1]$ で単調に増加しているから, x 座標が -9 から -8 の部分では, C_1 のほうが C_2 より下にある. 以上から, 求める面積は $\dfrac{875}{6} - \dfrac{11}{6} = 144$ である.

問題解答　　123

問題 41 (1) $\dfrac{dy}{dx} = \dfrac{x\log x}{2} - \dfrac{1}{2x\log x}$ だから，求める曲線の長さは $\displaystyle\int_e^{e^a}\sqrt{1+\left(\dfrac{dy}{dx}\right)^2}\,dx =$
$\displaystyle\int_e^{e^a}\left(\dfrac{x\log x}{2} + \dfrac{1}{2x\log x}\right)dx = \left[\dfrac{1}{4}x^2\log x - \dfrac{1}{8}x^2 + \dfrac{1}{2}\log(\log x)\right]_e^{e^a} = \dfrac{1}{8}((2a-1)e^{2a} - e^2 + 4\log a)$.

(2) $\dfrac{dx}{dt} = -2\sin t - 2\sin 5t$, $\dfrac{dy}{dt} = 2\cos t - 2\cos 2t$ だから，求める曲線の長さは，$\displaystyle\int_0^{2\pi}\sqrt{\left(\dfrac{dx}{dt}\right)^2+\left(\dfrac{dy}{dt}\right)^2}\,dt = $
$\displaystyle\int_0^{2\pi}\sqrt{8(1-\cos t\cos 2t + \sin t\sin 2t)}\,dt = \int_0^{2\pi}\sqrt{8(1-\cos 3t)}\,dt = 4\int_0^{2\pi}\left|\sin\dfrac{3t}{2}\right|dt = 12\int_0^{\frac{2\pi}{3}}\sin\dfrac{3t}{2}\,dt = 16$.

(3) $\dfrac{dr}{d\theta} = 2\theta$ であり，$t = \theta^2$ とおいて変数変換すれば，求める曲線の長さは，$\displaystyle\int_0^a\sqrt{r^2+\left(\dfrac{dr}{d\theta}\right)^2}\,d\theta = \int_0^a\theta\sqrt{\theta^2+4}\,d\theta = $
$\displaystyle\int_0^{a^2}\dfrac{1}{2}\sqrt{t+4}\,dt = \left[\dfrac{1}{3}(s+4)^{\frac{3}{2}}\right]_0^{a^2} = \dfrac{1}{3}\left((a^2+4)^{\frac{3}{2}} - 8\right)$.

問題 42 (1) 与えられた方程式の両辺を y^2+1 で割れば $\dfrac{1}{y^2+1}\dfrac{dy}{dx} = \dfrac{1}{x}$ が得られる．この両辺を x で積分すれば $\displaystyle\int\dfrac{1}{y^2+1}\dfrac{dy}{dx}\,dx = \int\dfrac{1}{x}\,dx$ となり，左辺は $\displaystyle\int\dfrac{1}{y^2+1}\,dy = \tan^{-1}y$, 右辺は $\displaystyle\int\dfrac{1}{x}\,dx = \log|x| + C$ となるから，$\tan^{-1}y = \log|x| + C$ が成り立つ．したがって $y = \tan(\log|x| + C)$ が求める解である．　　(2) $z = \dfrac{y}{x}$ とおけば $y = xz$ だから $\dfrac{dy}{dx} = z + x\dfrac{dz}{dx}$ である．これを与えられた方程式に代入すれば，$z + x\dfrac{dz}{dx} = \dfrac{2}{z} + z$ より $2z\dfrac{dz}{dx} = \dfrac{4}{x}$ が得られる．この両辺を x で積分すれば $z^2 = 4\log|x| + C$ が得られるので $\dfrac{y}{x} = z = \pm\sqrt{4\log|x| + C}$ である．ゆえに $y = x\sqrt{4\log|x| + C}$, $y = -x\sqrt{4\log|x| + C}$ が求める解である．　　(3) $\displaystyle\int\dfrac{2}{x}\,dx = \log x^2$ であり，$\displaystyle\int\dfrac{e^{\log x^2}}{x^2}\,dx = \int 1\,dx = x + C$ より，求める解は $y = e^{-\log x^2}(x+C) = \dfrac{x+C}{x^2}$ である．

問題 43 (1) 点 (x,y) が x 軸上を動いて $(0,0)$ に近づくとき，$y = 0$ だから $\dfrac{\sin(xy)}{x^2+y^2} = 0$ となるので，この場合の $\dfrac{\sin(xy)}{x^2+y^2}$ の極限値は 0 である．一方，点 (x,y) が直線 $y = x$ の上を動いて $(0,0)$ に近づくとき，この場合の $\dfrac{\sin(xy)}{x^2+y^2}$ の極限値は $\displaystyle\lim_{x\to 0}\dfrac{\sin(x^2)}{2x^2} = \dfrac{1}{2}$ である．したがって，点 (x,y) の原点への近づけ方によって $\dfrac{\sin(xy)}{x^2+y^2}$ の極限値が異なるので $\displaystyle\lim_{(x,y)\to(0,0)}\dfrac{\sin(xy)}{x^2+y^2}$ は存在しない．　　(2) 不等式 $|\sin t| \leqq |t|$ が任意の実数 t に対して成り立つ．実際，$|t| \geqq 1$ ならばこの不等式は明らかである．$|t| < 1$ の場合は，関数 $t - \sin t$ の導関数が $1 - \cos t \geqq 0$ であることから，$t - \sin t$ は単調増加関数で，$t = 0$ のときの値が 0 になるので，$-1 < t \leqq 0$ ならば $t \leqq \sin t \leqq 0$, $0 \leqq t < 1$ ならば $t \leqq \sin t$ である．したがって，$(x,y) \neq (0,0)$ ならば $\left|\dfrac{\sin(xy)}{\sqrt{x^2+y^2}}\right| \leqq \dfrac{|xy|}{\sqrt{x^2+y^2}}$ である．また，$|x| \leqq \sqrt{x^2+y^2}$ より $(x,y) \neq (0,0)$ ならば $\dfrac{|x|}{\sqrt{x^2+y^2}} \leqq 1$ となるので，$\dfrac{|xy|}{\sqrt{x^2+y^2}} \leqq |y|$ が成り立つ．ゆえに $\left|\dfrac{\sin(xy)}{\sqrt{x^2+y^2}}\right| \leqq |y|$ が成り立ち，$(x,y) \to (0,0)$ のとき $|y| \to 0$ だから，上の不等式から $\displaystyle\lim_{(x,y)\to(0,0)}\dfrac{\sin(xy)}{\sqrt{x^2+y^2}} = 0$ である．

問題 44 (1) 問題 43 (2) の解答でみたように，不等式 $|\sin t| \leqq |t|$ が任意の実数 t に対して成り立つ．したがって $|x\sin(xy)| \leqq |x^2 y| \leqq |y|(x^2+y^2)$ だから，$(x,y) \neq (0,0)$ ならば $|f(x,y)| \leqq |y|$ である．$(x,y) \to (0,0)$ のとき $|y| \to 0$ だから，はさみうちの原理より $\displaystyle\lim_{(x,y)\to(0,0)}f(x,y) = 0 = f(0,0)$ が成り立ち，f は $(0,0)$ で連続である．

(2) 点 (x,y) が x 軸上を動いて $(0,0)$ に近づくとき，$y = 0$ だから $\dfrac{x\sin(xy)}{x^4+y^2} = 0$ となるので，この場合の $\dfrac{x\sin(xy)}{x^4+y^2}$ の極限値は 0 である．一方，点 (x,y) が放物線 $y = x^2$ の上を動いて $(0,0)$ に近づくとき，この場合の $\dfrac{x\sin(xy)}{x^4+y^2}$ の極限値は $\displaystyle\lim_{x\to 0}\dfrac{\sin(x^3)}{2x^3} = \dfrac{1}{2}$ である．したがって，点 (x,y) の原点への近づけ方によって $\dfrac{x\sin(xy)}{x^4+y^2}$ の極限値が異なるので $\displaystyle\lim_{(x,y)\to(0,0)}\dfrac{x\sin(xy)}{x^4+y^2}$ は存在しない．ゆえに f は $(0,0)$ で連続ではない．

問題 45 (1) $\dfrac{\partial f}{\partial x} = y\cos(xy)\cos y, \dfrac{\partial f}{\partial y} = x\cos(xy)\cos y - \sin(xy)\sin y$

(2) $\dfrac{\partial f}{\partial x} = e^{x-2y}(\cos(x^2+4xy) - (2x+4y)\sin(x^2+4xy)), \dfrac{\partial f}{\partial y} = -2e^{x-2y}(\cos(x^2+4xy) + 2x\sin(x^2+4xy))$

(3) $\dfrac{\partial f}{\partial x} = \dfrac{y^2}{1+x^2y^4}, \dfrac{\partial f}{\partial y} = \dfrac{2xy}{1+x^2y^4}$ (4) $\dfrac{\partial f}{\partial x} = \dfrac{1}{\sqrt{1-(x+y)^2}}, \dfrac{\partial f}{\partial y} = \dfrac{1}{\sqrt{1-(x+y)^2}}$

問題 46 (1) 例題 43(1) の結果から, f は原点で連続ではないので, f は原点で全微分不可能である.
(2) $\dfrac{\partial f}{\partial x}(0,0) = \lim_{t \to 0} \dfrac{f(t,0) - f(0,0)}{t} = 0, \dfrac{\partial f}{\partial y}(0,0) = \lim_{t \to 0} \dfrac{f(0,t) - f(0,0)}{t} = 0$ である. f が原点で全微分可能ならば $f(0,0) = \dfrac{\partial f}{\partial x}(0,0) = \dfrac{\partial f}{\partial y}(0,0) = 0$ より $\lim_{(x,y) \to (0,0)} \dfrac{f(x,y)}{\sqrt{x^2+y^2}} = 0$ が成り立つ. ところが $\lim_{t \to +0} \dfrac{f(t^2,t)}{\sqrt{t^2+t^2}} = \lim_{t \to +0} \dfrac{t^5}{\sqrt{2}t^5} = \dfrac{1}{2\sqrt{2}} \neq 0$ だから上のことと矛盾が生じるので, f は原点で微分不可能である. (3) $\dfrac{\partial f}{\partial x}(0,0) = \lim_{t \to 0} \dfrac{f(t,0) - f(0,0)}{t} = 0, \dfrac{\partial f}{\partial y}(0,0) = \lim_{t \to 0} \dfrac{f(0,t) - f(0,0)}{t} = 0$ である. $f(0,0) = \dfrac{\partial f}{\partial x}(0,0) = \dfrac{\partial f}{\partial y}(0,0) = 0$ より, f が原点で全微分可能であることは $\lim_{(x,y) \to (0,0)} \dfrac{x^2 y^2}{(x^2+y^4)\sqrt{x^2+y^2}} = 0$ と同値である. ここで, $x^2 \leq x^2 + y^4$, $|y| \leq \sqrt{x^2+y^2}$ であることに注意すれば, $(x,y) \neq (0,0)$ ならば不等式 $0 \leq \dfrac{x^2 y^2}{(x^2+y^4)\sqrt{x^2+y^2}} \leq |y|$ が成り立つ. $(x,y) \to (0,0)$ のとき $|y| \to 0$ だから, 左の不等式から $\lim_{(x,y) \to (0,0)} \dfrac{x^2 y^2}{(x^2+y^4)\sqrt{x^2+y^2}} = 0$ が成り立つことがわかるので f は原点で全微分可能である. (4) $x^2 \leq x^2 + y^2$ だから, $(x,y) \neq (0,0)$ ならば $\dfrac{x^2}{x^2+y^2} \leq 1$ となるので, $f(x,y) = \dfrac{x^2 y^2}{x^2+y^2} \leq y^2$ が成り立つ. $(x,y) \to (0,0)$ のとき $|x| \to 0$ だから, 上の不等式から $\lim_{(x,y) \to (0,0)} f(x,y) = 0 = f(0,0)$ となり, f は原点で連続である. $(x,y) \neq (0,0)$ の場合は $\dfrac{\partial f}{\partial x}(x,y) = \dfrac{2xy^4}{(x^2+y^2)^2}, \dfrac{\partial f}{\partial y}(x,y) = \dfrac{2x^4 y}{(x^2+y^2)^2}$ であり, $(x,y) = (0,0)$ の場合は $\dfrac{\partial f}{\partial x}(0,0) = \lim_{t \to 0} \dfrac{f(t,0) - f(0,0)}{t} = 0, \dfrac{\partial f}{\partial y}(0,0) = \lim_{t \to 0} \dfrac{f(0,t) - f(0,0)}{t} = 0$ である. また, $y^4 = (y^2)^2$, $x^4 = (x^2)^2 \leq (x^2+y^2)^2$ だから $\left|\dfrac{2xy^4}{(x^2+y^2)^2}\right| \leq 2|x|, \left|\dfrac{2x^4 y}{(x^2+y^2)^2}\right| \leq 2|y|$ であり, $(x,y) \to (0,0)$ のとき $2|x|, 2|y| \to 0$ だから, $\lim_{(x,y) \to (0,0)} \dfrac{\partial f}{\partial x}(x,y) = \lim_{(x,y) \to (0,0)} \dfrac{2xy^4}{(x^2+y^2)^2} = 0 = \dfrac{\partial f}{\partial x}(0,0)$, $\lim_{(x,y) \to (0,0)} \dfrac{\partial f}{\partial y}(x,y) = \lim_{(x,y) \to (0,0)} \dfrac{2x^4 y}{(x^2+y^2)^2} = 0 = \dfrac{\partial f}{\partial y}(0,0)$ である. したがって, $\dfrac{\partial f}{\partial x}, \dfrac{\partial f}{\partial y}$ はともに原点で連続である. 以上から, f は C^1 関数であることが示されたので, f は原点で全微分可能である.

問題 47 (1) $\dfrac{\partial f}{\partial x} = \dfrac{e^x}{e^x+e^{2y}}, \dfrac{\partial f}{\partial y} = \dfrac{2e^{2y}}{e^x+e^{2y}}$ より, $\dfrac{\partial^2 f}{\partial x^2} = \dfrac{\partial}{\partial x}\dfrac{e^x}{e^x+e^{2y}} = \dfrac{e^x(e^x+e^{2y}) - e^{2x}}{(e^x+e^{2y})^2} = \dfrac{e^{x+2y}}{(e^x+e^{2y})^2}$, $\dfrac{\partial^2 f}{\partial y \partial x} = \dfrac{\partial}{\partial y}\dfrac{e^x}{e^x+e^{2y}} = \dfrac{-2e^{x+2y}}{(e^x+e^{2y})^2}, \dfrac{\partial^2 f}{\partial x \partial y} = \dfrac{\partial}{\partial x}\dfrac{2e^{2y}}{e^x+e^{2y}} = \dfrac{-2e^{x+2y}}{(e^x+e^{2y})^2}$, $\dfrac{\partial^2 f}{\partial y^2} = \dfrac{\partial}{\partial y}\dfrac{2e^{2y}}{e^x+e^{2y}} = \dfrac{4e^{2y}(e^x+e^{2y}) - 4e^{4y}}{(e^x+e^{2y})^2} = \dfrac{4e^{x+2y}}{(e^x+e^{2y})^2}$.

(2) $\dfrac{\partial f}{\partial x} = -2xy\sin(x^2 y), \dfrac{\partial f}{\partial y} = -x^2 \sin(x^2 y)$ より, $\dfrac{\partial^2 f}{\partial x^2} = \dfrac{\partial}{\partial x}(-2xy\sin(x^2 y)) = -2y\sin(x^2 y) - 4x^2 y^2 \cos(x^2 y), \dfrac{\partial^2 f}{\partial y \partial x} = \dfrac{\partial}{\partial y}(-2xy\sin(x^2 y)) = -2x\sin(x^2 y) - 2x^3 y\cos(x^2 y)$, $\dfrac{\partial^2 f}{\partial x \partial y} = \dfrac{\partial}{\partial x}(-x^2 \sin(x^2 y)) = -2x\sin(x^2 y) - 2x^3 y\cos(x^2 y), \dfrac{\partial^2 f}{\partial y^2} = \dfrac{\partial}{\partial y}(-x^2 \sin(x^2 y)) = -x^4 \cos(x^2 y)$.

(3) $\dfrac{\partial f}{\partial x} = \dfrac{\frac{(x+y) - (x-y)}{(x+y)^2}}{1+\left(\dfrac{x-y}{x+y}\right)^2} = \dfrac{y}{x^2+y^2}, \dfrac{\partial f}{\partial y} = \dfrac{\frac{-(x+y) - (x-y)}{(x+y)^2}}{1+\left(\dfrac{x-y}{x+y}\right)^2} = \dfrac{-x}{x^2+y^2}$ より, $\dfrac{\partial^2 f}{\partial x^2} = \dfrac{\partial}{\partial x}\dfrac{y}{x^2+y^2} = \dfrac{-2xy}{(x^2+y^2)^2}, \dfrac{\partial^2 f}{\partial y \partial x} = \dfrac{\partial}{\partial y}\dfrac{y}{x^2+y^2} = \dfrac{(x^2+y^2) - 2y^2}{(x^2+y^2)^2} = \dfrac{x^2-y^2}{(x^2+y^2)^2}, \dfrac{\partial^2 f}{\partial x \partial y} = \dfrac{\partial}{\partial x}\dfrac{-x}{x^2+y^2} = \dfrac{-(x^2+y^2) + 2x^2}{(x^2+y^2)^2} = \dfrac{x^2-y^2}{(x^2+y^2)^2}, \dfrac{\partial^2 f}{\partial y^2} = \dfrac{\partial}{\partial y}\dfrac{-x}{x^2+y^2} = \dfrac{2xy}{(x^2+y^2)^2}$.

問題 48 (1) $f_1(x,y) = x - xy, f_2(x,y) = xy$ とおけば, $\dfrac{\partial f_1}{\partial x} = 1 - y, \dfrac{\partial f_1}{\partial y} = -x, \dfrac{\partial f_2}{\partial x} = y, \dfrac{\partial f_2}{\partial y} = x$ だから, ヤコ

ビアンは $\left|\dfrac{\partial(f_1,f_2)}{\partial(r,\theta)}\right| = \begin{vmatrix} 1-y & -x \\ y & x \end{vmatrix} = x.$ (2) $f_1(x,y,z) = x-xy, f_2(x,y,z) = xy-xyz, f_3(x,y,z) = xyz$ とおけば，$\dfrac{\partial f_1}{\partial x} = 1-y, \dfrac{\partial f_1}{\partial y} = -x, \dfrac{\partial f_1}{\partial z} = 0, \dfrac{\partial f_2}{\partial x} = y-yz, \dfrac{\partial f_2}{\partial y} = x-xz, \dfrac{\partial f_2}{\partial z} = -xy, \dfrac{\partial f_3}{\partial x} = yz, \dfrac{\partial f_3}{\partial y} = xz, \dfrac{\partial f_3}{\partial z} = xy$
だから，ヤコビアンは $\left|\dfrac{\partial(f_1,f_2,f_3)}{\partial(r,\theta,\varphi)}\right| = \begin{vmatrix} 1-y & -x & 0 \\ y-yz & x-xz & -xy \\ yz & xz & xy \end{vmatrix} = \begin{vmatrix} 1-y & -x & 0 \\ y & x & 0 \\ yz & xz & xy \end{vmatrix} = xy\begin{vmatrix} 1-y & -x \\ y & x \end{vmatrix} = x^2 y.$

(3) $f_1(x,y,z) = xz - y^2, f_2(x,y,z) = 2xy - y^2 - xz, f_3(x,y,z) = 2yz - y^2 - xz$ とおけば，$\dfrac{\partial f_1}{\partial x} = z, \dfrac{\partial f_1}{\partial y} = -2y,$ $\dfrac{\partial f_1}{\partial z} = x, \dfrac{\partial f_2}{\partial x} = 2y - z, \dfrac{\partial f_2}{\partial y} = 2x - 2y, \dfrac{\partial f_2}{\partial z} = -x, \dfrac{\partial f_3}{\partial x} = -z, \dfrac{\partial f_3}{\partial y} = -2 + 2z, \dfrac{\partial f_3}{\partial z} = -x + 2y$ だから，
ヤコビアンは $\left|\dfrac{\partial(f_1,f_2,f_3)}{\partial(r,\theta,\varphi)}\right| = \begin{vmatrix} z & -2y & x \\ 2y-z & 2x-2y & -x \\ -z & -2y+2z & -x+2y \end{vmatrix} = \begin{vmatrix} z & -2y & x \\ 2y & 2x-4y & 0 \\ 0 & -4y+2z & 2y \end{vmatrix} = (-1)^{1+1} z \begin{vmatrix} 2x-4y & 0 \\ -4y+2z & 2y \end{vmatrix}$
$+ (-1)^{2+1} 2y \begin{vmatrix} -2y & x \\ -4y+2z & 2y \end{vmatrix} = 2yz(2x-4y) - 2y(-4y^2 + 4xy - 2xz) = 8y(y-x)(y-z).$

問題 49.1 (1) $g'(t) = f_x(at+b, ct+d)(at+b)' + f_y(at+b, ct+d)(ct+d)' = af_x(at+b, ct+d) + cf_y(at+b, ct+d),$
$g''(t) = a(f_x(at+b, ct+d))' + c(f_y(at+b, ct+d))' = a\{f_{xx}(at+b, ct+d)(at+b)' + f_{xy}(at+b, ct+d)(ct+d)'\} + c\{f_{yx}(at+b, ct+d)(at+b)' + f_{yy}(at+b, ct+d)(ct+d)'\} = a^2 f_{xx}(at+b, ct+d) + 2ac f_{xy}(at+b, ct+d) + c^2 f_{yy}(at+b, ct+d).$

(2) $g'(t) = f_x(e^t \cos t, e^t \sin t)(e^t \cos t)' + f_y(e^t \cos t, e^t \sin t)(e^t \sin t)' = e^t(\cos t - \sin t) f_x(e^t \cos t, e^t \sin t) + e^t(\cos t + \sin t) f_y(e^t \cos t, e^t \sin t),$
$g''(t) = (e^t(\cos t - \sin t))' f_x(e^t \cos t, e^t \sin t) + e^t(\cos t - \sin t)(f_x(e^t \cos t, e^t \sin t))' + (e^t(\cos t + \sin t))' f_y(e^t \cos t, e^t \sin t) + e^t(\cos t + \sin t)(f_y(e^t \cos t, e^t \sin t))' = -2e^t \sin t \cdot f_x(e^t \cos t, e^t \sin t) + e^t(\cos t - \sin t)\{f_{xx}(e^t \cos t, e^t \sin t)(e^t \cos t)' + f_{xy}(e^t \cos t, e^t \sin t)(e^t \sin t)'\} + 2e^t \cos t \cdot f_y(e^t \cos t, e^t \sin t) + e^t(\cos t + \sin t)\{f_{yx}(e^t \cos t, e^t \sin t)(e^t \cos t)' + f_{yy}(e^t \cos t, e^t \sin t)(e^t \sin t)'\} = e^{2t}(\cos t - \sin t)^2 f_{xx}(e^t \cos t, e^t \sin t) + 2e^{2t}(\cos^2 t - \sin^2 t) f_{xy}(e^t \cos t, e^t \sin t) + e^{2t}(\cos t + \sin t)^2 f_{yy}(e^t \cos t, e^t \sin t)\} - 2e^t \sin t \cdot f_x(e^t \cos t, e^t \sin t) + 2e^t \cos t \cdot f_y(e^t \cos t, e^t \sin t).$

問題 49.2 (1) $g_s(s,t) = f_x(s-st, st)\dfrac{\partial}{\partial s}(s-st) + f_y(s-st, st)\dfrac{\partial}{\partial s}(st) = (1-t) f_x(s-st, st) + t f_y(s-st, st),$
$g_t(s,t) = f_x(s-st, st)\dfrac{\partial}{\partial t}(s-st) + f_y(s-st, st)\dfrac{\partial}{\partial t}(st) = -s f_x(s-st, st) + s f_y(s-st, st),$
$g_{ss}(s,t) = (1-t)\dfrac{\partial}{\partial s} f_x(s-st, st) + t\dfrac{\partial}{\partial s} f_y(s-st, st) = (1-t)\{(1-t) f_{xx}(s-st, st) + t f_{xy}(s-st, st)\} + t\{(1-t) f_{yx}(s-st, st) + t f_{yy}(s-st, st)\} = (1-t)^2 f_{xx}(s-st, st) + 2t(1-t) f_{xy}(s-st, st)\} + t^2 f_{yy}(s-st, st),$
$g_{st}(s,t) = -f_x(s-st, st) + (1-t)\dfrac{\partial}{\partial t} f_x(s-st, st) + f_y(s-st, st) + t\dfrac{\partial}{\partial t} f_y(s-st, st) = -f_x(s-st, st) + (1-t)\{-s f_{xx}(s-st, st) + s f_{xy}(s-st, st)\} + f_y(s-st, st) + t\{-s f_{yx}(s-st, st) + s f_{yy}(s-st, st)\} = -f_x(s-st, st) + f_y(s-st, st) - s(1-t) f_{xx}(s-st, st) + s(1-2t) f_{xy}(s-st, st) + st f_{yy}(s-st, st),$
$g_{tt}(s,t) = -s\dfrac{\partial}{\partial t} f_x(s-st, st) + s\dfrac{\partial}{\partial t} f_y(s-st, st) = -s\{-s f_{xx}(s-st, st) + s f_{xy}(s-st, st)\} + s\{-s f_{yx}(s-st, st) + s f_{yy}(s-st, st)\} = s^2 f_{xx}(s-st, st) - 2s^2 f_{xy}(s-st, st) + s^2 f_{yy}(s-st, st).$

(2) $g_s(s,t) = f_x(s\cos t, s\sin t)\dfrac{\partial}{\partial s}(s\cos t) + f_y(s\cos t, s\sin t)\dfrac{\partial}{\partial s}(s\sin t)$
$= \cos t \cdot f_x(s\cos t, s\sin t) + \sin t \cdot f_y(s\cos t, s\sin t),$
$g_t(s,t) = f_x(s\cos t, s\sin t)\dfrac{\partial}{\partial t}(s\cos t) + f_y(s\cos t, s\sin t)\dfrac{\partial}{\partial t}(s\sin t)$
$= -s\sin t \cdot f_x(s\cos t, s\sin t) + s\cos t \cdot f_y(s\cos t, s\sin t),$
$g_{ss}(s,t) = \cos t \dfrac{\partial}{\partial s} f_x(s\cos t, s\sin t) + \sin t \dfrac{\partial}{\partial s} f_y(s\cos t, s\sin t)$
$= \cos t\{\cos t \cdot f_{xx}(s\cos t, s\sin t) + \sin t \cdot f_{xy}(s\cos t, s\sin t)\} + \sin t\{\cos t \cdot f_{yx}(s\cos t, s\sin t) + \sin t \cdot f_{yy}(s\cos t, s\sin t)\}$
$= \cos^2 t \cdot f_{xx}(s\cos t, s\sin t) + 2\cos t \sin t \cdot f_{xy}(s\cos t, s\sin t) + \sin^2 t \cdot f_{yy}(s\cos t, s\sin t),$
$g_{st}(s,t) = \left(\dfrac{\partial}{\partial t}\cos t\right) f_x(s\cos t, s\sin t) + \cos t \dfrac{\partial}{\partial t} f_x(s\cos t, s\sin t) + \left(\dfrac{\partial}{\partial t}\sin t\right) f_y(s\cos t, s\sin t) +$
$\sin t \dfrac{\partial}{\partial t} f_y(s\cos t, s\sin t) = -\sin t \cdot f_x(s\cos t, s\sin t) + \cos t\{-s\sin t \cdot f_{xx}(s\cos t, s\sin t) + s\cos t \cdot f_{xy}(s\cos t, s\sin t)\}$
$+ \cos t \cdot f_y(s\cos t, s\sin t) + \sin t\{-s\sin t \cdot f_{yx}(s\cos t, s\sin t) + s\cos t \cdot f_{yy}(s\cos t, s\sin t)\} =$
$-\sin t \cdot f_x(s\cos t, s\sin t) + \cos t \cdot f_y(s\cos t, s\sin t) - s\cos t \sin t \cdot f_{xx}(s\cos t, s\sin t) +$
$s(\cos^2 t - \sin^2 t) f_{xy}(s\cos t, s\sin t) + s\cos t \sin t \cdot f_{yy}(s\cos t, s\sin t),$

$g_{tt}(s,t) = \frac{\partial}{\partial t}(-s\sin t)f_x(s\cos t, s\sin t) - s\sin t\frac{\partial}{\partial t}f_x(s\cos t, s\sin t) + \frac{\partial}{\partial t}(s\cos t)f_y(s\cos t, s\sin t) + s\cos t\frac{\partial}{\partial t}f_y(s\cos t, s\sin t) = -s\cos t \cdot f_x(s\cos t, s\sin t) - s\sin t\{-s\sin t \cdot f_{xx}(s\cos t, s\sin t) + s\cos t \cdot f_{xy}(s\cos t, s\sin t)\} - s\sin t \cdot f_y(s\cos t, s\sin t) + s\cos t\{-s\sin t \cdot f_{yx}(s\cos t, s\sin t) + s\cos t \cdot f_{yy}(s\cos t, s\sin t)\} = -s\cos t \cdot f_x(s\cos t, s\sin t) - s\sin t \cdot f_y(s\cos t, s\sin t) + s^2\sin^2 t \cdot f_{xx}(s\cos t, s\sin t) - 2s^2\cos t\sin t \cdot f_{xy}(s\cos t, s\sin t) + s^2\cos^2 t \cdot f_{yy}(s\cos t, s\sin t).$

問題 50.1 (1) $f(1,1) = \frac{\pi}{4}$, $\frac{\partial f}{\partial x}(1,1) = \frac{\partial^2 f}{\partial y^2}(1,1) = -\frac{1}{2}$, $\frac{\partial f}{\partial y}(1,1) = \frac{\partial^2 f}{\partial x^2}(1,1) = \frac{1}{2}$, $\frac{\partial^2 f}{\partial x \partial y}(1,1) = 0$ だから, 点 $(1,1)$ において f を近似する x,y の 2 次の多項式は $\frac{\pi}{4} - \frac{x-1}{2} + \frac{y-1}{2} + \frac{(x-1)^2}{4} - \frac{(y-1)^2}{4}$ である.

(2) 例題 47 (3) の結果から, $f(1,0) = 1, \frac{\partial f}{\partial x}(1,0) = \frac{\partial f}{\partial y}(1,0) = \frac{\partial^2 f}{\partial x^2}(1,0) = \frac{\partial^2 f}{\partial y^2}(1,0) = 0, \frac{\partial^2 f}{\partial x \partial y}(1,0) = 1$ だから, $(1,0)$ において f を近似する x,y の 2 次の多項式は $1 + (x-1)y = 1 - y + xy$ である.

問題 50.2 $\frac{\partial f}{\partial x} = \cos(x+y^2)$, $\frac{\partial f}{\partial y} = 2y\cos(x+y^2)$, $\frac{\partial^2 f}{\partial x^2} = -\sin(x+y^2)$, $\frac{\partial^2 f}{\partial x \partial y} = -2y\sin(x+y^2)$, $\frac{\partial^2 f}{\partial y^2} = 2\cos(x+y^2) - 4y^2\sin(x+y^2)$, $\frac{\partial^3 f}{\partial x^3} = -\cos(x+y^2)$, $\frac{\partial^3 f}{\partial x^2 \partial y} = -2y\cos(x+y^2)$, $\frac{\partial^3 f}{\partial x \partial y^2} = -2y\sin(x+y^2) - 4y^2\cos(x+y^2)$, $\frac{\partial^3 f}{\partial y^3} = -4y\sin(x+y^2) - 8y\sin(x+y^2) - 8y^3\cos(x+y^2)$ だから, 求める多項式 $P_3(x,y)$ は, $P_3(x,y) = f(0,0) + \frac{\partial f}{\partial x}(0,0)x + \frac{\partial f}{\partial y}(0,0)y + \frac{1}{2}\frac{\partial^2 f}{\partial x^2}(0,0)x^2 + \frac{\partial^2 f}{\partial x \partial y}(0,0)xy + \frac{1}{2}\frac{\partial^2 f}{\partial y^2}(0,0)y^2 + \frac{1}{6}\frac{\partial^3 f}{\partial x^3}(0,0)x^3 + \frac{1}{2}\frac{\partial^3 f}{\partial x^2 \partial y}(0,0)x^2 y + \frac{1}{2}\frac{\partial^3 f}{\partial x \partial y^2}(0,0)xy^2 + \frac{1}{6}\frac{\partial^3 f}{\partial y^3}(0,0)y^3 = 0 + 1 \cdot x + 0 \cdot y + \frac{1}{2} \cdot 0 \cdot x^2 + 0 \cdot xy + \frac{1}{2} \cdot 2 \cdot y^2 + \frac{1}{6}(-1)x^3 + \frac{1}{2} \cdot 0 \cdot x^2 y + \frac{1}{2} \cdot 0 \cdot xy^2 + \frac{1}{6} \cdot 0 \cdot y^3 = x + y^2 - \frac{1}{6}x^3$. ($\sin t$ のマクローリン展開に $t = x + y^2$ を代入してもよい.)

問題 51 (1) $\frac{\partial f}{\partial x} = 8x(e^y - x^2)$, $\frac{\partial f}{\partial y} = 4e^y(x^2 - e^{3y})$ より $\frac{\partial f}{\partial x} = \frac{\partial f}{\partial y} = 0$ とおくと $\begin{cases} x(e^y - x^2) = 0 \cdots \text{(i)} \\ x^2 - e^{3y} = 0 \quad \cdots \text{(ii)} \end{cases}$. (ii) より $x^2 = e^{3y} \neq 0$ だから, (i) より $e^y = e^{3y}$ が得られる. ゆえに $y = 3y$ より $y = 0$ となり, $x^2 = 1$ より $x = \pm 1$ である. よって, f の停留点は $(\pm 1, 0)$ である. $\frac{\partial^2 f}{\partial x^2} = 8e^y - 24x^2$, $\frac{\partial^2 f}{\partial x \partial y} = 8xe^y$, $\frac{\partial^2 f}{\partial y^2} = 4x^2 e^y - 16e^{4y}$ だから, $\frac{\partial^2 f}{\partial x^2}(\pm 1, 0) = -16, \frac{\partial^2 f}{\partial x \partial y}(\pm 1, 0) = 8, \frac{\partial^2 f}{\partial y^2}(\pm 1, 0) = -12$ である. したがって, $\frac{\partial^2 f}{\partial x^2}(\pm 1, 0)\frac{\partial^2 f}{\partial y^2}(\pm 1, 0) - \left(\frac{\partial^2 f}{\partial x \partial y}(\pm 1, 0)\right)^2 = 128 > 0, \frac{\partial^2 f}{\partial x^2}(\pm 1, 0) < 0$ だから, f は $(\pm 1, 0)$ で極大値 $f(\pm 1, 0) = 1$ をとる.

(2) $\frac{\partial f}{\partial x} = 2xy + y^2 + 3y$, $\frac{\partial f}{\partial y} = x^2 + 2xy + 3x$ より $\frac{\partial f}{\partial x} = \frac{\partial f}{\partial y} = 0$ とおくと $\begin{cases} y(2x + y + 3) = 0 \cdots \text{(i)} \\ x(x + 2y + 3) = 0 \cdots \text{(ii)} \end{cases}$. (ii) から $x = 0$ または $x = -2y - 3$. $x = 0$ の場合, (i) より $y = 0$ または $y = -3$ であり, $x = -2y - 3$ の場合, (i) に代入して $y(-3y - 3) = 0$ を得るので, $y = 0$ または $y = -1$ である. よって, f の停留点は $(0,0), (0,-3), (-3,0), (-1,-1)$ である. $\frac{\partial^2 f}{\partial x^2} = 2y, \frac{\partial^2 f}{\partial x \partial y} = 2x + 2y + 3, \frac{\partial^2 f}{\partial y^2} = 2x$ だから $(x,y) = (0,0), (0,-3), (-3,0)$ のとき $\frac{\partial^2 f}{\partial x^2}(x,y)\frac{\partial^2 f}{\partial y^2}(x,y) - \left(\frac{\partial^2 f}{\partial x \partial y}(x,y)\right)^2 = -9 < 0$ となるので, これらの点では f は極値をとらない. また, $\frac{\partial^2 f}{\partial x^2}(-1,-1)\frac{\partial^2 f}{\partial y^2}(-1,-1) - \left(\frac{\partial^2 f}{\partial x \partial y}(-1,-1)\right)^2 = 3 > 0, \frac{\partial^2 f}{\partial x^2}(-1,-1) = -2 < 0$ だから, $(-1,-1)$ で f は極大値 $f(-1,-1) = 1$ をとる. (3) $\frac{\partial f}{\partial x} = 3e^y - 3x^2, \frac{\partial f}{\partial y} = 3xe^y - 3e^{3y}$ より $\frac{\partial f}{\partial x} = \frac{\partial f}{\partial y} = 0$ とおくと $\begin{cases} 3e^y - 3x^2 = 0 \quad \cdots \text{(i)} \\ 3e^y(x - e^{2y}) = 0 \cdots \text{(ii)} \end{cases}$. (ii) より $x = e^{2y}$ で, (i) に代入すれば $3e^y(1 - e^{3y}) = 0$ が得られるので, $y = 0$ である. よって $x = 1$ だから f の停留点は $(1,0)$ のみである. $\frac{\partial^2 f}{\partial x^2} = -6x, \frac{\partial^2 f}{\partial x \partial y} = 3e^y, \frac{\partial^2 f}{\partial y^2} = 3xe^y - 9e^{3y}$ だから $\frac{\partial^2 f}{\partial x^2}(1,0)\frac{\partial^2 f}{\partial y^2}(1,0) - \left(\frac{\partial^2 f}{\partial x \partial y}(1,0)\right)^2 = 27 > 0, \frac{\partial^2 f}{\partial x^2}(1,0) = -6 < 0$ だから, $(1,0)$ で f は極大値 $f(1,0) = 1$ をとる. (4) $\frac{\partial f}{\partial x} = 36x^2 + y^2 + 2y, \frac{\partial f}{\partial y} = 2xy + 2x$ より $\frac{\partial f}{\partial x} = \frac{\partial f}{\partial y} = 0$ とおくと $\begin{cases} 36x^2 + y^2 + 2y = 0 \cdots \text{(i)} \\ 2x(y + 1) = 0 \quad\quad\quad \cdots \text{(ii)} \end{cases}$.

(ii) から $x = 0$ または $y = -1$. $x = 0$ の場合, (i) より $y = 0$ または $y = -2$ であり, $y = -1$ の場合, (i) より $x = \pm\frac{1}{6}$ である. よって, f の停留点は $(0,0), (0,-2), \left(\pm\frac{1}{6}, -1\right)$ である. $\frac{\partial^2 f}{\partial x^2} = 72x$, $\frac{\partial^2 f}{\partial x \partial y} = 2y+2$, $\frac{\partial^2 f}{\partial y^2} = 2x$ だから, $(x,y) = (0,0), (0,-2)$ のとき $\frac{\partial^2 f}{\partial x^2}(x,y)\frac{\partial^2 f}{\partial y^2}(x,y) - \left(\frac{\partial^2 f}{\partial x \partial y}(x,y)\right)^2 = -4 < 0$ となり, これらの点では f は極値をとらない. また, $\frac{\partial^2 f}{\partial x^2}\left(\pm\frac{1}{6}, -1\right)\frac{\partial^2 f}{\partial y^2}\left(\pm\frac{1}{6}, -1\right) - \left(\frac{\partial^2 f}{\partial x \partial y}\left(\pm\frac{1}{6}, -1\right)\right)^2 = 4 > 0$, $\frac{\partial^2 f}{\partial x^2}\left(\pm\frac{1}{6}, -1\right) = \pm 12$ (複号同順) だから, $\left(-\frac{1}{6}, -1\right)$ で f は極大値 $f\left(-\frac{1}{6}, -1\right) = \frac{1}{9}$ をとり, $\left(\frac{1}{6}, -1\right)$ で f は極小値 $f\left(\frac{1}{6}, -1\right) = -\frac{1}{9}$ をとる.

問題 52.1 (1) y を x の関数とみなして $x^3 y^3 - x + y = 0$ の両辺を x で微分すれば, $3x^2 y^3 + 3x^3 y^2 \frac{dy}{dx} - 1 + \frac{dy}{dx} = 0$ … (i) となり, $\frac{dy}{dx} = -\frac{3x^2 y^3 - 1}{3x^3 y^2 + 1}$ … (ii) が得られる. (i) の両辺をさらに x で微分すれば, $6xy^3 + 18x^2 y^2 \frac{dy}{dx} + 6x^3 y \left(\frac{dy}{dx}\right)^2 + (3x^3 y^2 + 1)\frac{d^2 y}{dx^2} = 0$ が得られる. この等式の右辺の $\frac{dy}{dx}$ に (ii) を代入して $\frac{d^2 y}{dx^2}$ について解けば, $\frac{d^2 y}{dx^2} = \frac{6xy(9x^6 y^6 - 3x^4 y^3 + 3x^3 y^4 - x^2 - 3xy - y^2)}{(3x^3 y^2 + 1)^3}$ が得られる. (2) y を x の関数とみなして $3xe^y - x^3 - e^{3y} = c$ の両辺を x で微分すれば, $3e^y + 3xe^y \frac{dy}{dx} - 3x^2 - 3e^{3y}\frac{dy}{dx} = 0$ … (i) となり, $\frac{dy}{dx} = \frac{x^2 - e^y}{xe^y - e^{3y}}$ … (ii) が得られる. (i) の両辺を 3 で割ってさらに x で微分すれば, $2e^y \frac{dy}{dx} - 2x + (xe^y - 3e^{3y})\left(\frac{dy}{dx}\right)^2 + (xe^y - e^{3y})\frac{d^2 y}{dx^2} = 0$ が得られる. この等式の右辺の $\frac{dy}{dx}$ に (ii) を代入して $\frac{d^2 y}{dx^2}$ について解けば, $\frac{d^2 y}{dx^2} = \frac{-x^5 + 3e^{2y} x^4 + 2e^y x^3 - 8e^{3y} x^2 + (2e^{5y} + e^{2y})x + e^{4y}}{e^{2y}(x - e^{2y})^3}$ が得られる.

問題 52.2 (1) z を x の関数とみなして与えられた関係式の両辺を x で微分すれば, $(3z^2 - 3x)\frac{\partial z}{\partial x} - 3z = 0$ … (i) となり, $\frac{\partial z}{\partial x} = \frac{z}{z^2 - x}$ が得られる. 同様に, z を y の関数とみなして与えられた関係式の両辺を y で微分すれば, $(3z^2 - 3x)\frac{\partial z}{\partial y} - 3 = 0$ … (ii) となり, $\frac{\partial z}{\partial y} = \frac{1}{z^2 - x}$ が得られる. (i) の両辺を 3 で割って x で微分すれば $2z\left(\frac{\partial z}{\partial x}\right)^2 - 2\frac{\partial z}{\partial x} + (z^2 - x)\frac{\partial^2 z}{\partial x^2} = 0$ が得られ, 左辺の $\frac{\partial z}{\partial x}$ に $\frac{z}{z^2 - x}$ を代入して $\frac{\partial^2 z}{\partial x^2}$ について解けば, $\frac{\partial^2 z}{\partial x^2} = -\frac{2xz}{(z^2 - x)^3}$ が得られる. (ii) の両辺を 3 で割って y で微分すれば $2z\left(\frac{\partial z}{\partial y}\right)^2 + (z^2 - x)\frac{\partial^2 z}{\partial y^2} = 0$ が得られ, 左辺の $\frac{\partial z}{\partial y}$ に $\frac{1}{z^2 - x}$ を代入して $\frac{\partial^2 z}{\partial y^2}$ について解けば, $\frac{\partial^2 z}{\partial y^2} = -\frac{2z}{(z^2 - x)^3}$ が得られる. (i) の両辺を 3 で割って y で微分すれば $2z\frac{\partial z}{\partial x}\frac{\partial z}{\partial y} + (z^2 - x)\frac{\partial^2 z}{\partial x \partial y} - \frac{\partial z}{\partial y} = 0$ が得られ, 左辺の $\frac{\partial z}{\partial x}, \frac{\partial z}{\partial y}$ にそれぞれ $\frac{z}{z^2 - x}, \frac{1}{z^2 - x}$ を代入して $\frac{\partial^2 z}{\partial x \partial y}$ について解けば, $\frac{\partial^2 z}{\partial x \partial y} = -\frac{z^2 + x}{(z^2 - x)^3}$ が得られる. (2) z を x の関数とみなして与えられた関係式の両辺を x で微分すれば, $\frac{x^2 - yz}{x^2 z} - \frac{xy - z^2}{yz^2}\frac{\partial z}{\partial x} = 0$ … (i) となり, $\frac{\partial z}{\partial x} = \frac{yz(x^2 - yz)}{x^2(xy - z^2)}$ が得られる. 同様に, z を y の関数とみなして与えられた関係式の両辺を y で微分すれば, $\frac{y^2 - xz}{xy^2} - \frac{xy - z^2}{yz^2}\frac{\partial z}{\partial y} = 0$ … (ii) となり, $\frac{\partial z}{\partial y} = \frac{z^2(y^2 - xz)}{xy(xy - z^2)}$ が得られる. (i) の両辺を x で微分すれば $\frac{2y}{x^3} - \frac{2}{z^2}\frac{\partial z}{\partial x} + \frac{2x}{z^3}\left(\frac{\partial z}{\partial x}\right)^2 - \frac{xy - z^2}{yz^2}\frac{\partial^2 z}{\partial x^2} = 0$ が得られ, 左辺の $\frac{\partial z}{\partial x}$ に $\frac{yz(x^2 - yz)}{x^2(xy - z^2)}$ を代入して $\frac{\partial^2 z}{\partial x^2}$ について解けば, $\frac{\partial^2 z}{\partial x^2} = \frac{2y^2 z^3(x^3 + y^3 + z^3 - 3xyz)}{x^3(xy - z^2)^3}$ が得られる. (ii) の両辺を y で微分すれば $\frac{2z}{y^3} - \frac{2}{z^2}\frac{\partial z}{\partial y} + \frac{2x}{z^3}\left(\frac{\partial z}{\partial y}\right)^2 - \frac{xy - z^2}{yz^2}\frac{\partial^2 z}{\partial y^2} = 0$ が得られ, 左辺の $\frac{\partial z}{\partial y}$ に $\frac{z^2(y^2 - xz)}{xy(xy - z^2)}$ を代入して $\frac{\partial^2 z}{\partial y^2}$ について解けば, $\frac{\partial^2 z}{\partial y^2} = \frac{2z^3(x^3 + y^3 + z^3 - 3xyz)}{x(xy - z^2)^3}$ が得られる. (i) の両辺を y で微分すれば $-\frac{1}{x^2} - \frac{1}{y^2}\frac{\partial z}{\partial x} - \frac{1}{z^2}\frac{\partial z}{\partial y} + \frac{2x}{z^3}\frac{\partial z}{\partial x}\frac{\partial z}{\partial y} - \frac{xy - z^2}{yz^2}\frac{\partial^2 z}{\partial x \partial y} = 0$ が得られ, 左辺の $\frac{\partial z}{\partial x}, \frac{\partial z}{\partial y}$ にそれぞれ $\frac{yz(x^2 - yz)}{x^2(xy - z^2)}, \frac{z^2(y^2 - xz)}{xy(xy - z^2)}$ を代入して $\frac{\partial^2 z}{\partial x \partial y}$ について解けば, $\frac{\partial^2 z}{\partial x \partial y} = -\frac{2yz^3(x^3 + y^3 + z^3 - 3xyz)}{x^2(xy - z^2)^3}$ が得られる.

問題 53 (1) $F(x,y) = -\frac{x^2}{9} + \frac{y^2}{4} - 1$ とおけば $F_x(x,y) = \frac{2x}{9}$ である. したがって $F(x,y) = F_x(x,y) = 0$

とおくと $x=0$ であり, $y>0$ から $(x,y)=(0,2)$ である. ここで, $F_y(x,y)=\frac{y}{2}, F_{xx}(x,y)=\frac{2}{9}$ だから, $f''(0)=-\frac{F_{xx}(0,2)}{F_y(0,2)}=-\frac{2}{9}<0$. ゆえに f は 0 で極大値 2 をとる. (2) $F(x,y)=y^2-x^3+3x-3$ とおけば $F_x(x,y)=-3x^2+3$ である. したがって $F(x,y)=F_x(x,y)=0$ とおくと $\begin{cases} y^2-x^3+3x-3=0\cdots\text{(i)} \\ x^2-1=0 \quad\cdots\text{(ii)} \end{cases}$.
(ii) より $x=\pm1$ である. $x=1$ の場合は (i) と $y>0$ から $(x,y)=(1,1)$ である. $x=-1$ の場合は (i) と $y>0$ から $(x,y)=(1,\sqrt{5})$ である. ここで, $F_y(x,y)=2y, F_{xx}(x,y)=-6x$ だから, $f''(1)=-\frac{F_{xx}(1,1)}{F_y(1,1)}=3>0$, $f''(-1)=-\frac{F_{xx}(-1,\sqrt{5})}{F_y(-1,\sqrt{5})}=-\frac{3}{\sqrt{5}}<0$. ゆえに f は 1 で極小値 1, -1 で極大値 $\sqrt{5}$ をとる.

(3) $F(x,y)=y^2-x^3+12x$ とおけば $F_x(x,y)=-3x^2+12$ である. したがって $F(x,y)=F_x(x,y)=0$ とおくと $\begin{cases} y^2-x^3+12x=0\cdots\text{(i)} \\ x^2-4=0 \quad\cdots\text{(ii)} \end{cases}$. (ii) より $x=\pm2$ である. $x=2$ の場合は (i) から $y^2+16=0$ だから, (i) をみたす実数 y は存在しない. $x=-2$ の場合は (i) と $y>0$ から $(x,y)=(-2,4)$ である. ここで, $F_y(x,y)=2y, F_{xx}(x,y)=-6x$ だから, $f''(-2)=-\frac{F_{xx}(-2,4)}{F_y(-2,4)}=-1<0$. ゆえに f は -2 で極大値 4 をとる.

(4) $F(x,y)=x^2+y^3-2x-12y+1$ とおけば $F_x(x,y)=2x-2$ である. したがって $F(x,y)=F_x(x,y)=0$ とおくと $x=1$ であり, $y^3-12y=0$ かつ $y<0$ より $(x,y)=(1,-2\sqrt{3})$ である. ここで, $F_y(x,y)=3y^2-12$, $F_{xx}(x,y)=2$ だから, $f''(1)=-\frac{F_{xx}(1,-2\sqrt{3})}{F_y(1,-2\sqrt{3})}=-\frac{1}{12}<0$. ゆえに f は 1 で極大値 $-2\sqrt{3}$ をとる.

(5) $F(x,y)=x^2y+4xy^2+4y^3+x^2+4xy+3y^2+2y$ とおけば $F_x(x,y)=2xy+4y^2+2x+4y$ である. したがって $F(x,y)=F_x(x,y)=0$ とおくと, $\begin{cases} x^2y+4xy^2+4y^3+x^2+4xy+3y^2+2y=0\cdots\text{(i)} \\ xy+2y^2+x+2y=0 \quad\cdots\text{(ii)} \end{cases}$. (ii) から $(x+2y)(y+1)=0$ だから $x=-2y$ または $y=-1$ である. $x=-2y$ の場合, (i) から $-y^2+2y=0$ だから $y=0$ または $y=2$ より $(x,y)=(0,0),(-4,2)$ である. $y=-1$ の場合, (i) に $y=-1$ を代入すれば $-3=0$ となって矛盾が生じるので, $y=-1$ である解は存在しない. $F_y(x,y)=x^2+8xy+12y^2+4x+6y+2$ より $F_y(0,0)=2\neq0, F_y(-4,2)=-2\neq0$ だから, 与えられた関係式から定まる関数 f_0, f_1 で, $f_0(0)=0, f_1(-4)=2$ をみたすものがある. $F_{xx}(x,y)=2y+2$ より $f_0''(0)=-\frac{F_{xx}(0,0)}{F_y(0,0)}=-1<0$ となるので, f_0 は 0 で極大値 0 をとる. $f_1''(-4)=-\frac{F_{xx}(-4,2)}{F_y(-4,2)}=3>0$ となるので, f_1 は -4 で極小値 2 をとる.

問題 54.1 関数 g を $g(x,y)=x^4+y^4-1$ で定めれば g は連続関数である. (x,y) が $g(x,y)=0$ をみたすとき, $x^4, y^4 \leq x^4+y^4=1$ だから $|x|, |y| \leq 1$ が成り立つ. よって, $g(x,y)=0$ で定義される曲線は $\boldsymbol{R}^2$ の有界閉集合である. ゆえに最大値・最小値の定理から, f は条件 $x^4+y^4=1$ のもとで最大値と最小値をとる. $\frac{\partial g}{\partial x}=4x^3, \frac{\partial g}{\partial y}=4y^3$ だから, 条件 $x^4+y^4=1$ のもとでは $\frac{\partial g}{\partial x}(x,y)$ か $\frac{\partial g}{\partial y}(x,y)$ のいずれかは 0 ではない. したがって, 曲線 $g(x,y)=0$ 上には特異点がない. $\frac{\partial f}{\partial x}=2x, \frac{\partial f}{\partial y}=2y$ だから, 連立方程式 $\begin{cases} x^4+y^4-1=0\cdots\text{(i)} \\ 2x+4\lambda x^3=0 \quad\cdots\text{(ii)} \\ 2y+4\lambda y^3=0 \quad\cdots\text{(iii)} \end{cases}$ の解を求める. (ii) より $x=0$ または $2\lambda x^2=-1$, (iii) より $y=0$ または $2\lambda y^2=-1$ である. $x=0$ の場合, (i) より $y=\pm1$ であり, 同様に $y=0$ の場合は (i) より $x=\pm1$ である. $xy\neq0$ の場合, $2\lambda x^2=-1$ と $2\lambda y^2=-1$ から λ を消去すると $y^2=x^2$ が得られるので, $y=\pm x$ である. よって (i) から $2x^4=0$ だから $x=\pm\frac{1}{\sqrt{2}}$ が求まり, 条件 $x^4+y^4=1$ のもとで f が極値をとる可能性がある点は $(\pm1,0),(0,\pm1),\left(\pm\frac{1}{\sqrt{2}},\pm\frac{1}{\sqrt{2}}\right),\left(\pm\frac{1}{\sqrt{2}},\mp\frac{1}{\sqrt{2}}\right)$ である. 最大値と最小値をとる点で f は極値をとるので, 条件 $g(x,y)=0$ のもとで f が最大値または最小値をとるのは上記の 8 つの点のいずれかである. 一方, $f(\pm1,0)=f(0,\pm1)=1, f\left(\pm\frac{1}{\sqrt{2}},\pm\frac{1}{\sqrt{2}}\right)=f\left(\pm\frac{1}{\sqrt{2}},\mp\frac{1}{\sqrt{2}}\right)=\sqrt{2}$ だから, 1 が f の最小値であり, $\sqrt{2}$ が f の最大値である. ゆえに f は $\left(\pm\frac{1}{\sqrt{2}},\pm\frac{1}{\sqrt{2}}\right),\left(\pm\frac{1}{\sqrt{2}},\mp\frac{1}{\sqrt{2}}\right)$ において最大値 $\sqrt{2}$ をとり, $(\pm1,0),(0,\pm1)$ において最小値 1 をとる.

問題 54.2 関数 g を $g(x,y)=x^3+y^3-6xy+4$ で定めれば g は連続関数だから, $g(x,y)=0$ で定義される曲線は閉集合である. また, $g(-\sqrt[3]{4},0)=0$ だから $(-\sqrt[3]{4},0)$ はこの曲線上の点で, $f(-\sqrt[3]{4},0)=2\sqrt[3]{2}$ である. そこで $D=\{(x,y)\mid f(x,y)\leq 2\sqrt[3]{2}\}$ とおき, D と $g(x,y)=0$ で定義される曲線との共通部分を K とおけば, D は有界閉集合だから, K も有界閉集合である. したがって, 最大値・最小値の定理から K における f の最小値が存在し, その値を m とおく. $(-\sqrt[3]{4},0)\in K$ かつ $f(-\sqrt[3]{4},0)=2\sqrt[3]{2}$ より $m\leq 2\sqrt[3]{2}$ であり, $g(x,y)=0$ かつ $(x,y)\notin K$ ならば

$(x, y) \notin D$ だから $f(x, y) > 2\sqrt[3]{2}$ となるので，m が条件 $g(x, y) = 0$ のもとでの f の最小値である．$\frac{\partial g}{\partial x} = 3x^2 - 6y$, $\frac{\partial g}{\partial y} = 3y^2 - 6x$ だから，$\frac{\partial g}{\partial x} = \frac{\partial g}{\partial y} = 0$ となるのは $(x, y) = (0, 0), (2, 2)$ の場合に限るが，これらは $g(x, y) = 0$ をみたさないので，条件 $g(x, y) = 0$ のもとでは $\frac{\partial g}{\partial x}(x, y)$ か $\frac{\partial g}{\partial y}(x, y)$ のいずれかは 0 ではない．したがって，曲線 $g(x, y) = 0$ 上には特異点がない．$\frac{\partial f}{\partial x} = 2x, \frac{\partial f}{\partial y} = 2y$ だから，連立方程式 $\begin{cases} x^3 + y^3 - 6xy + 4 = 0 \cdots \text{(i)} \\ 2x + 3\lambda(x^2 - 2y) = 0 \cdots \text{(ii)} \\ 2y + 3\lambda(y^2 - 2x) = 0 \cdots \text{(iii)} \end{cases}$ の解を求める．(ii) と (iii) から λ を消去すれば $(x-y)(xy+2x+2y) = 0$ が得られるので，$y = x$ または $xy = -2(x+y)$ である．$y = x$ の場合，(i) から $2(x-1)(x^2 - 2x - 2) = 0$ だから $x = y = 1, 1 \pm \sqrt{3}$ である．$xy = -2(x+y)$ の場合，(i) の左辺は $(x+y+2)^3 - 4$ に等しいので，$x + y = \sqrt[3]{4} - 2$ である．ゆえに，x, y は $t^2 - (\sqrt[3]{4} - 2)t - 2\sqrt[3]{4} + 4 = 0$ の解であるが，この方程式は実数解をもたない．以上から，条件 $g(x, y) = 0$ のもとで f が極値，したがって最小値をとる候補の点は，$(1, 1), (1 \pm \sqrt{3}, 1 \pm \sqrt{3})$ の 3 つである．ここで，$f(1, 1) = 2 < 2\sqrt[3]{2}, f(1 - \sqrt{3}, 1 - \sqrt{3}) = 8 - 4\sqrt{3} < 2$, $f(1 + \sqrt{3}, 1 + \sqrt{3}) = 8 + 4\sqrt{3} > 2\sqrt[3]{2}$ だから，上の議論から f は条件 $g(x, y) = 0$ のもとで $(1 - \sqrt{3}, 1 - \sqrt{3})$ において最小値 $8 - 4\sqrt{3}$ をとる．

問題 55.1 いずれも y のほうから先に積分するほうが簡単である．

(1) $\iint_{[0,1] \times [0,1]} xe^{xy} \, dx \, dy = \int_0^1 \left\{ \int_0^1 xe^{xy} \, dy \right\} dx = \int_0^1 \left[e^{xy} \right]_{y=0}^{y=1} dx = \int_0^1 (e^x - 1) \, dx = \left[e^y - y \right]_0^1 = e - 2$

(2) $\iint_{[0,1] \times [0, \frac{\pi}{4}]} \frac{x}{\cos^2(xy)} \, dx \, dy = \int_0^1 \left\{ \int_0^{\frac{\pi}{4}} \frac{x}{\cos^2(xy)} \, dy \right\} dx = \int_0^1 \left[\tan(xy) \right]_{y=0}^{y=\frac{\pi}{4}} dx = \int_0^1 \tan \frac{\pi x}{4} \, dx$
$= \left[-\frac{4}{\pi} \log \left(\cos \frac{\pi x}{4} \right) \right]_0^1 = \frac{2 \log 2}{\pi}$

問題 55.2 (1) $\iiint_I \frac{1}{(x+y+z+1)^2} \, dx \, dy \, dz = \int_0^1 \left\{ \int_0^1 \left\{ \int_0^1 \frac{1}{(x+y+z+1)^2} \, dx \right\} dy \right\} dz =$
$\int_0^1 \left\{ \int_0^1 \left(\frac{1}{y+z+1} - \frac{1}{y+z+2} \right) dy \right\} dz = \int_0^1 2 \log(z+2) \, dz - \int_0^1 \log(z+1) \, dz - \int_0^1 \log(z+3) \, dz$
$= 2(3 \log 3 - 1 - 2 \log 2) - (2 \log 2 - 1) - (4 \log 4 - 1 - 3 \log 3) = 9 \log 3 - 14 \log 2$

(2) $\iiint_I 6x^8 y^3 \sin(x^3 y^2 z) \, dx \, dy \, dz = \int_0^1 \left\{ \int_0^1 \left\{ \int_0^1 6x^8 y^3 \sin(x^3 y^2 z) \, dz \right\} dy \right\} dx$
$= \int_0^1 \left\{ \int_0^1 6x^5 (y - y \cos(x^3 y^2)) \, dy \right\} dx = \int_0^1 (3x^5 - 3x^2 \sin(x^3)) \, dx = \cos 1 - \frac{1}{2}$

問題 56 (1) $x \leqq 2x - x^2$ である x の範囲は $0 \leqq x \leqq 1$ だから $D = \{ (x, y) \mid 0 \leqq x \leqq 1, x \leqq y \leqq 2x - x^2 \}$ である．ゆえに $\iint_D 12x^2 y \, dx \, dy = \int_0^1 \left\{ \int_x^{2x-x^2} 12x^2 y \, dy \right\} dx = \int_0^1 \left[6x^2 y^2 \right]_{y=x}^{y=2x-x^2} dx = \int_0^1 (18x^4 - 24x^5 + 6x^6) \, dx = \left[\frac{18x^5}{5} - 4x^5 + \frac{6x^7}{7} \right]_0^1 = \frac{16}{35}$. (2) $D = \{ (x, y) \mid 0 \leqq y \leqq 1, 0 \leqq x \leqq \sqrt{y} \}$ より，$\iint_D \frac{4x}{1+y^4} \, dx \, dy = \int_0^1 \left\{ \int_0^{\sqrt{y}} \frac{4x}{1+y^4} \, dx \right\} dy = \int_0^1 \left[\frac{2x^2}{1+y^4} \right]_{x=0}^{x=\sqrt{y}} dy = \int_0^1 \frac{2y}{1+y^4} \, dy = \left[\tan^{-1}(y^2) \right]_0^1 = \frac{\pi}{4}$.

問題 57 (1) $D = \{ (x, y) \mid 0 \leqq x \leqq 1, 1 - x \leqq y \leqq 1 \}$ とおけば $D = \{ (x, y) \mid 0 \leqq y \leqq 1, 1 - y \leqq x \leqq 1 \}$ だから，$\int_0^1 \left\{ \int_{1-x}^1 e^{y^2} \, dy \right\} dx = \iint_D e^{y^2} \, dx \, dy = \int_0^1 \left\{ \int_{1-y}^1 e^{y^2} \, dx \right\} dy = \int_0^1 y e^{y^2} \, dy = \left[\frac{1}{2} e^{y^2} \right]_0^1 = \frac{e-1}{2}$.

(2) $D = \left\{ (x, y) \,\middle|\, 0 \leqq x \leqq \frac{1}{\sqrt[4]{2}}, x^2 \leqq y \leqq \frac{1}{\sqrt{2}} \right\}$ とおけば $D = \left\{ (x, y) \,\middle|\, 0 \leqq y \leqq \frac{1}{\sqrt{2}}, 0 \leqq x \leqq \sqrt{y} \right\}$ だから，$\int_0^{\frac{1}{\sqrt[4]{2}}} \left\{ \int_{x^2}^{\frac{1}{\sqrt{2}}} x \tan\left(\frac{\pi}{2} y^2 \right) dy \right\} dx = \iint_D x \tan\left(\frac{\pi}{2} y^2 \right) dx \, dy = \int_0^{\frac{1}{\sqrt{2}}} \left\{ \int_0^{\sqrt{y}} x \tan\left(\frac{\pi}{2} y^2 \right) dx \right\} dy =$
$\int_0^{\frac{1}{\sqrt{2}}} \left[\frac{1}{2} x^2 \tan\left(\frac{\pi}{2} y^2 \right) \right]_{x=0}^{x=\sqrt{y}} dy = \int_0^{\frac{1}{\sqrt{2}}} \frac{y}{2} \tan\left(\frac{\pi}{2} y^2 \right) dy = \int_0^{\frac{1}{2}} \frac{1}{4} \tan\left(\frac{\pi}{2} t \right) dt = \left[-\frac{1}{2\pi} \log \cos\left(\frac{\pi}{2} t \right) \right]_0^{\frac{1}{2}} = \frac{\log 2}{4\pi}$.

問題 58 (1) $s = x - 2y, t = x + 2y$ とおいて，x, y について解けば $x = \frac{s}{2} + \frac{t}{2}, y = -\frac{s}{4} + \frac{t}{4}$ となるので，ヤコビアンは $\frac{1}{2} \frac{1}{4} - \frac{1}{2} \left(-\frac{1}{4} \right) = \frac{1}{4}$ である．xy 平面の領域 D に対応する st 平面の領域は閉区間 $I = [0, \pi] \times [0, 1]$ だから，$\iint_D (x - 2y)^2 \sin(x^2 - 4y^2) \, dx \, dy = \iint_I \frac{s^2}{4} \sin(st) \, ds \, dt = \int_0^\pi \left\{ \int_0^1 \frac{s^2}{4} \sin(st) \, dt \right\} ds = \int_0^\pi \left[-\frac{s}{4} \cos(st) \right]_{t=0}^{t=1} ds = \int_0^\pi \frac{s}{4} (1 - \cos s) \, ds = \left[\frac{s}{4} (s - \sin s) \right]_0^\pi - \int_0^\pi \frac{s - \sin s}{4} \, ds = \frac{\pi^2}{4} - \left[\frac{s^2 + 2 \cos s}{8} \right]_0^\pi = \frac{\pi^2}{8} + \frac{1}{2}$.

(2) $s = x - y, t = x + y$ とおいて，x, y について解けば $x = \frac{s}{2} + \frac{t}{2}, y = -\frac{s}{2} + \frac{t}{2}$ となるので，ヤコビアンは $\frac{1}{2} \frac{1}{2} - \frac{1}{2} \left(-\frac{1}{2} \right) = \frac{1}{2}$ である．$(x, y) \in D$ であることは「$0 \leqq -\frac{s}{2} + \frac{t}{2} \leqq 1$ かつ $0 \leqq \frac{s}{2} + \frac{t}{2} \leqq 1 + \frac{s}{2} - \frac{t}{2}$」と同値であるが，これは $-t \leqq s \leqq t \leqq 1$ かつ $t - 2 \leqq s$ と同値である．さらにこの条件をみたす (s, t) を平面上に図示すれば，この条

件は $0 \leqq t \leqq 1$ かつ $-t \leqq s \leqq t$ と同値であることがわかる．そこで，$E = \{(s,t) \mid 0 \leqq t \leqq 1, -t \leqq s \leqq t\}$ とおけば上記の変数変換によって E は D に対応するので，$\iint_D \frac{(x-y)^2}{(x+y)^2+1} dx\, dy = \iint_E \frac{s^2}{2(t^2+1)} ds\, dt = \int_0^1 \left\{ \int_{-t}^t \frac{s^2}{2(t^2+1)} ds \right\} dt = \int_0^1 \frac{t^3}{3(t^2+1)} dt = \frac{1}{3} \int_0^1 \left(t - \frac{t}{t^2+1} \right) dt = \frac{1}{3} \left[\frac{t^2}{2} - \frac{1}{2} \log(t^2+1) \right]_0^1 = \frac{1-\log 2}{6}$． (3) $x = r\cos\theta, y = r\sin\theta$ $(r \geqq 0, -\pi \leqq \theta \leqq \pi)$ とおいて極座標変換を行う．領域 D を図示すれば $(x,y) \in D$ は $0 \leqq r \leqq 1$ かつ $-\frac{\pi}{3} \leqq \theta \leqq \frac{\pi}{6}$ と同値であることがわかるので，この変換で $I = [0,1] \times \left[-\frac{\pi}{3}, \frac{\pi}{6} \right]$ は D に対応する．$\iint_D \cos\left(\frac{\pi}{2}(x^2+y^2) \right) dx\, dy = \iint_E r\cos\left(\frac{\pi}{2} r^2 \right) dr\, d\theta = \int_0^1 \left\{ \int_{-\frac{\pi}{3}}^{\frac{\pi}{6}} r\cos\left(\frac{\pi}{2} r^2 \right) d\theta \right\} dr = \int_0^1 \frac{\pi r}{2} \cos\left(\frac{\pi}{2} r^2 \right) dr = \left[\frac{1}{2} \sin\left(\frac{\pi}{2} r^2 \right) \right]_0^1 = \frac{1}{2}$．
(4) $x = r\cos\theta, y = r\sin\theta$ $(r \geqq 0, -\pi \leqq \theta \leqq \pi)$ とおいて極座標変換を行う．$x^2+y^2 \leqq 2(x+y)$ と $x \leqq y$ に $x = r\cos\theta, y = r\sin\theta$ を代入すれば，$(x,y) \in D$ であるためには $r \leqq 2(\cos\theta+\sin\theta)$ かつ $\cos\theta \leqq \sin\theta$ であることが必要十分であることがわかる．$r \geqq 0$ だから，1つ目の不等式から $2\sqrt{2} \sin\left(\theta + \frac{\pi}{4} \right) \geqq 0$ であり，この不等式と2つ目の不等式から $\frac{\pi}{4} \leqq \theta \leqq \frac{3\pi}{4}$ が得られる．よって，$E = \left\{ (r,\theta) \mid \frac{\pi}{4} \leqq \theta \leqq \frac{3\pi}{4}, 0 \leqq r \leqq 2(\cos\theta+\sin\theta) \right\}$ とおけば極座標変換によって D は E に対応するので，$\iint_D \sqrt{x^2+y^2}\, dx\, dy = \iint_E r^2\, dr\, d\theta = \int_{\frac{\pi}{4}}^{\frac{3\pi}{4}} \left(\int_0^{2(\cos\theta+\sin\theta)} r^2\, dr \right) d\theta = \int_{\frac{\pi}{4}}^{\frac{3\pi}{4}} \left[\frac{r^3}{3} \right]_{r=0}^{r=2\sqrt{2}\sin(\theta+\frac{\pi}{4})} d\theta = \int_{\frac{\pi}{4}}^{\frac{3\pi}{4}} \frac{16\sqrt{2}}{3} \sin^3\left(\theta+\frac{\pi}{4} \right) d\theta = \frac{16\sqrt{2}}{3} \int_0^{\frac{\pi}{2}} \sin^3\varphi\, d\varphi = \frac{16\sqrt{2}}{3} \frac{2!!}{3!!} = \frac{32\sqrt{2}}{9}$ $\left(\varphi = \frac{3\pi}{4} - \theta \right.$ と変数変換した$)$．

問題 59 (1) $D = \{(x,y) \mid x^2+y^2 \leqq 1\}$ とおけば $\Omega = \{(x,y,z) \mid (x,y) \in D, 0 \leqq z \leqq 1-x^2-y^2\}$ であり，$r \geqq 0, 0 \leqq \theta \leqq 2\pi$ に対し $(r\cos\theta, r\sin\theta) \in D$ であるためには $0 \leqq r \leqq 1$ であることが必要十分だから，$\iiint_\Omega z\, dx\, dy\, dz = \iint_D \left(\int_0^{1-x^2-y^2} z\, dz \right) dx\, dy = \iint_D \frac{(1-x^2-y^2)^2}{2} dx\, dy = \iint_{[0,1]\times[0,2\pi]} \frac{r(1-r^2)^2}{2} d\theta\, dr = \left[-\frac{\pi(1-r^2)^3}{6} \right]_0^1 = \frac{\pi}{6}$．
(2) $D_x = \{(y,z) \mid (x,y,z) \in \Omega\}$ とおけば $D_x = \{(y,z) \mid y^2+z^2 \leqq x\}$，$\Omega = \{(x,y,z) \mid 0 \leqq x \leqq 1, (y,z) \in D_x\}$ である．$y = r\cos\theta, z = r\sin\theta$ $(r \geqq 0, 0 \leqq \theta \leqq 2\pi)$ とおけば，$(y,z) \in D_x$ であるためには $0 \leqq r \leqq \sqrt{x}$ かつ $0 \leqq \theta \leqq 2\pi$ であることが必要十分である．よって，$\iiint_\Omega x\sqrt{y^2+z^2}\, dx\, dy\, dz = \int_0^1 \left\{ \iint_{D_x} x\sqrt{y^2+z^2}\, dy\, dz \right\} dx = \int_0^1 \left\{ \iint_{[0,\sqrt{x}]\times[0,2\pi]} xr^2\, dr\, d\theta \right\} dx = \int_0^1 \frac{2\pi}{3} x^{\frac{5}{2}} dx = \frac{4\pi}{21}$． (3) $D_x = \{(y,z) \mid (x,y,z) \in \Omega\}$ とおけば，$D_x = \{(y,z) \mid y^2+z^2 \leqq (1-x^2)^2\}$，$\Omega = \{(x,y,z) \mid 0 \leqq x \leqq 1, (y,z) \in D_x\}$ である．$y = r\cos\theta, z = r\sin\theta$ $(r \geqq 0, 0 \leqq \theta \leqq 2\pi)$ とおけば，$(y,z) \in D_x$ であるためには，$0 \leqq r \leqq 1-x^2$ かつ $0 \leqq \theta \leqq 2\pi$ であることが必要十分である．よって，$\iiint_\Omega x(1+y^2+z^2)\, dx\, dy\, dz = \int_0^1 \left\{ \iint_{D_x} x(1+y^2+z^2)\, dy\, dz \right\} dx = \int_0^1 \left\{ \iint_{[0,1-x^2]\times[0,2\pi]} rx(1+r^2)\, dr\, d\theta \right\} dx = \int_0^1 \left[\pi r^2 x + \frac{\pi r^4 x}{2} \right]_{r=0}^{r=1-x^2} dx = \pi \int_0^1 \left(x(1-x^2)^2 + \frac{x(1-x^2)^4}{2} \right) dx = \pi \int_0^1 \left(\frac{(1-t)^2}{2} + \frac{(1-t)^4}{4} \right) dt = \pi \left[-\frac{(1-t)^3}{6} - \frac{(1-t)^5}{20} \right]_0^1 = \frac{13\pi}{60}$． (4) $r \geqq 0, 0 \leqq \theta \leqq \pi, 0 \leqq \varphi \leqq 2\pi$ に対し，$(r\sin\theta\cos\varphi, r\sin\theta\sin\varphi, r\cos\theta) \in \Omega$ であるためには $r \leqq 1$ であることが必要十分だから，$J = [0,1]\times[0,\pi]\times[0,2\pi]$ とおけば，極座標変換により J は Ω に対応する領域である．ゆえに，$\iiint_\Omega \frac{1}{\sqrt{x^2+y^2+(z-2)^2}} dx\, dy\, dz = \iiint_J \frac{r^2 \sin\theta}{\sqrt{r^2-4r\cos\theta+4}} dr\, d\theta\, d\varphi = \int_0^1 \left\{ \int_0^\pi \left\{ \int_0^{2\pi} \frac{r^2 \sin\theta}{\sqrt{r^2-4r\cos\theta+4}} d\varphi \right\} d\theta \right\} dr = \int_0^1 \left\{ \int_0^\pi \frac{2\pi r^2 \sin\theta}{\sqrt{r^2-4r\cos\theta+4}} d\theta \right\} dr = \int_0^1 \left[\pi r \sqrt{r^2-4r\cos\theta+4} \right]_{\theta=0}^{\theta=\pi} dr = \int_0^1 \pi r(|r+2|-|r-2|)\, dr = \int_0^1 2\pi r^2\, dr = \frac{2\pi}{3}$．

問題 60.1 (1) $D_n = \left\{ (x,y) \mid \frac{1}{n} \leqq x \leqq 1, 0 \leqq y \leqq x - \frac{1}{n} \right\}$ とおけば，$\{D_n\}_{n=1}^\infty$ は D の近似増加列であり，$\iint_{D_n} \frac{1}{(x-y)^\alpha} dx\, dy = \int_{\frac{1}{n}}^1 \left\{ \int_0^{x-\frac{1}{n}} \frac{1}{(x-y)^\alpha} dy \right\} dx = \int_{\frac{1}{n}}^1 \left[-\frac{(x-y)^{1-\alpha}}{1-\alpha} \right]_{y=0}^{y=x-\frac{1}{n}} dx = \int_{\frac{1}{n}}^1 \frac{1}{1-\alpha} \left(x^{1-\alpha} - \frac{1}{n^{1-\alpha}} \right) dx = \frac{1}{1-\alpha} \left[\frac{x^{2-\alpha}}{2-\alpha} - \frac{x}{n^{1-\alpha}} \right]_{\frac{1}{n}}^1 = \frac{1}{(1-\alpha)(2-\alpha)} + \frac{1}{n^{2-\alpha}(2-\alpha)} - \frac{1}{n^{1-\alpha}(1-\alpha)}$ だから，$\iint_D \frac{1}{(x-y)^\alpha} dx\, dy = \lim_{n\to\infty} \left(\frac{1}{(1-\alpha)(2-\alpha)} + \frac{1}{n^{2-\alpha}(2-\alpha)} - \frac{1}{n^{1-\alpha}(1-\alpha)} \right) = \frac{1}{(1-\alpha)(2-\alpha)}$．
(2) $D_n = \left\{ (x,y) \mid \frac{1}{n^2} \leqq x^2+y^2 \leqq 1, 0 \leqq y \leqq x\tan\left(\frac{\pi}{2} - \frac{1}{n} \right) \right\}$ とおけば，$\{D_n\}_{n=1}^\infty$ は D の近似増加列である．$r \geqq 0, 0 \leqq \theta \leqq \pi$ に対し，$(r\cos\theta, r\sin\theta) \in D_n$ であるためには $\frac{1}{n} \leqq r \leqq 1, 0 \leqq \theta \leqq \frac{\pi}{2} - \frac{1}{n}$ であることが必要十分である．よって，$E_n = \left[\frac{1}{n}, 1 \right] \times \left[0, \frac{\pi}{2} - \frac{1}{n} \right]$ とおけば，極座標変換によって E_n は D_n に対応するので，

$\iint_{D_n} \tan^{-1}\frac{y}{x}\,dx\,dy = \iint_{E_n} r\tan^{-1}(\tan\theta)\,dr\,d\theta = \int_{\frac{1}{n}}^{1}\left\{\int_{0}^{\frac{\pi}{2}-\frac{1}{n}} r\theta\,d\theta\right\}dr = \int_{\frac{1}{n}}^{1}\left[\frac{r\theta^2}{2}\right]_{\theta=0}^{\theta=\frac{\pi}{2}-\frac{1}{n}}dr = \int_{\frac{1}{n}}^{1}\frac{r}{2}\left(\frac{\pi}{2}-\frac{1}{n}\right)^2 dr$

$= \left[\frac{r^2}{4}\left(\frac{\pi}{2}-\frac{1}{n}\right)^2\right]_{\frac{1}{n}}^{1} = \frac{1}{4}\left(1-\frac{1}{n^2}\right)\left(\frac{\pi}{2}-\frac{1}{n}\right)^2$ である. よって, $\iint_D \tan^{-1}\frac{y}{x}\,dx\,dy = \lim_{n\to\infty}\iint_{D_n}\tan^{-1}\frac{y}{x}\,dx\,dy$

$= \lim_{n\to\infty}\frac{1}{4}\left(1-\frac{1}{n^2}\right)\left(\frac{\pi}{2}-\frac{1}{n}\right)^2 = \frac{\pi^2}{16}.$

問題 60.2 (1) $D_n = \left\{(x,y,z)\,\middle|\,\frac{1}{n^2}\leq x^2+y^2+z^2\leq 1,\,x\geq 0,\,y\geq 0,\,z\geq 0\right\}$ とおけば, $\{D_n\}_{n=1}^{\infty}$ は D の近似増加列である. $r\geq 0,\,0\leq\theta\leq\pi,\,0\leq\varphi\leq 2\pi$ に対し, $(r\sin\theta\cos\varphi, r\sin\theta\sin\varphi, r\cos\theta)\in D_n$ であるためには $\frac{1}{n}\leq r\leq 1$, $0\leq\theta\leq\frac{\pi}{2},\,0\leq\varphi\leq\frac{\pi}{2}$ であることが必要十分だから, $E_n = \left[\frac{1}{n},1\right]\times\left[0,\frac{\pi}{2}\right]\times\left[0,\frac{\pi}{2}\right]$ とおけば, 極座標変換により E_n は D_n に対応する領域である. ゆえに, $\iiint_{D_n}\frac{xyz}{(x^2+y^2+z^2)^2}\,dx\,dy\,dz = \iiint_{E_n} r\cos\theta\sin^3\theta\cos\varphi\sin\varphi\,dr\,d\theta\,d\varphi =$

$\int_{\frac{1}{n}}^{1}\left\{\int_{0}^{\frac{\pi}{2}}\left\{\int_{0}^{\frac{\pi}{2}} r\cos\theta\sin^3\theta\cos\varphi\sin\varphi\,d\varphi\right\}d\theta\right\}dr = \int_{\frac{1}{n}}^{1}\left\{\int_{0}^{\frac{\pi}{2}}\frac{r}{2}\cos\theta\sin^3\theta\,d\theta\right\}dr = \int_{\frac{1}{n}}^{1}\frac{r}{8}\,dr = \frac{1}{16}\left(1-\frac{1}{n^2}\right)$ となるので, $\iiint_{D}\frac{xyz}{(x^2+y^2+z^2)^2}\,dx\,dy\,dz = \lim_{n\to\infty}\frac{1}{16}\left(1-\frac{1}{n^2}\right) = \frac{1}{16}.$ (2) $D_n = \{(x,y,z)\,|\,x^2+y^2+z^2\leq n^2\}$ とおけば, $\{D_n\}_{n=1}^{\infty}$ は D の近似増加列である. $r\geq 0,\,0\leq\theta\leq\pi,\,0\leq\varphi\leq 2\pi$ に対し, $(r\sin\theta\cos\varphi, r\sin\theta\sin\varphi, r\cos\theta)\in D_n$ であるためには $r\geq 0$ であることが必要十分だから, $E_n = [0,n]\times[0,\pi]\times[0,2\pi]$ とおけば, 極座標変換により E_n は D_n に対応する領域である. ゆえに, $\iiint_{D_n}\frac{\log(x^2+y^2+z^2)}{(x^2+y^2+z^2)^2}\,dx\,dy\,dz = \iiint_{E_n}\frac{2\log r\sin\theta}{r^2}\,dr\,d\theta\,d\varphi =$

$\int_{1}^{n}\left\{\int_{0}^{\pi}\left\{\int_{0}^{2\pi}\frac{2\log r\sin\theta}{r^2}\,d\varphi\right\}d\theta\right\}dr = \int_{1}^{n}\left\{\int_{0}^{\pi}\frac{4\pi\log r\sin\theta}{r^2}\,d\theta\right\}dr = \int_{1}^{n}\frac{8\pi\log r}{r^2}\,dr = \left[-\frac{8\pi\log r}{r}\right]_{1}^{n} + \int_{1}^{n}\frac{8\pi}{r^2}\,dr =$

$8\pi\left(1-\frac{\log n}{n}-\frac{1}{n}\right)$ だから, $\iiint_{D}\frac{\log(x^2+y^2+z^2)}{(x^2+y^2+z^2)^2}\,dx\,dy\,dz = \lim_{n\to\infty}8\pi\left(1-\frac{\log n}{n}-\frac{1}{n}\right) = 8\pi.$

(3) $D_n = \{(x,y,z)\,|\,x^2+y^2+z^2\leq n^2,\,x\geq 0,\,y\geq 0,\,z\geq 0\}$ とおけば, $\{D_n\}_{n=1}^{\infty}$ は D の近似増加列である. $r\geq 0$, $0\leq\theta\leq\pi,\,0\leq\varphi\leq 2\pi$ に対し, $(r\sin\theta\cos\varphi, r\sin\theta\sin\varphi, r\cos\theta)\in D_n$ であるためには $r\leq n,\,0\leq\theta\leq\frac{\pi}{2},\,0\leq\varphi\leq\frac{\pi}{2}$ であることが必要十分だから, $E_n = [0,n]\times\left[0,\frac{\pi}{2}\right]\times\left[0,\frac{\pi}{2}\right]$ とおけば, 極座標変換により E_n は D_n に対応する領域である. ゆえに, $\iiint_{D_n}\frac{x^2+y^2+z^2}{(1+x^2+y^2+z^2)^3}\,dx\,dy\,dz = \iiint_{E_n}\frac{r^4\sin\theta}{(1+r^2)^3}\,dr\,d\theta\,d\varphi = \int_{0}^{n}\left\{\int_{0}^{\frac{\pi}{2}}\left\{\int_{0}^{\frac{\pi}{2}}\frac{r^4\sin\theta}{(1+r^2)^3}\,d\varphi\right\}d\theta\right\}dr =$

$\int_{0}^{n}\left\{\int_{0}^{\frac{\pi}{2}}\frac{\pi r^4\sin\theta}{2(1+r^2)^3}\,d\theta\right\}dr = \int_{0}^{n}\frac{\pi r^4}{2(1+r^2)^3}\,dr \cdots(*)$ であり, $r=\tan t$ とおけば $(*) = \frac{\pi}{2}\int_{0}^{\tan^{-1}n}\sin^4 t\,dt$ となるので, $\iiint_{D}\frac{x^2+y^2+z^2}{(1+x^2+y^2+z^2)^3}\,dx\,dy\,dz = \lim_{n\to\infty}\frac{\pi}{2}\int_{0}^{\tan^{-1}n}\sin^4 t\,dt = \frac{\pi}{2}\int_{0}^{\frac{\pi}{2}}\sin^4 t\,dt = \frac{3\pi^2}{32}.$

問題 61 (1) 与えられた曲線で囲まれた領域を D とする. $x=3r\cos\theta,\,y=2r\sin\theta$ を与えられた曲線の方程式に代入すれば $r^2 = 81\cos^4\theta + 16\sin^4\theta$ が得られるので, $(3r\cos\theta, 2r\sin\theta)$ $(r\geq 0,\,0\leq\theta\leq 2\pi)$ が D に属するためには, $r^2\leq 81\cos^4\theta + 16\sin^4\theta$ であることが必要十分である. したがって, $E = \left\{(r,\theta)\,\middle|\,-\pi\leq\theta\leq\pi,\,0\leq r\leq\sqrt{81\cos^4\theta + 16\sin^4\theta}\right\}$ とおけば, E は $\varphi(r,\theta) = (3\cos\theta, 2\sin\theta)$ で定義される写像 $\varphi: E\to D$ による変数変換で D に対応する. φ のヤコビアンは $6r$ だから, D の面積は $\iint_D 1\,dx\,dy =$

$\iint_E 6r\,dr\,d\theta = \int_{-\pi}^{\pi}\left(\int_{0}^{\sqrt{81\cos^4\theta+16\sin^4\theta}}6r\,dr\right)d\theta = \int_{-\pi}^{\pi}3(81\cos^4\theta+16\sin^4\theta)\,d\theta = \int_{0}^{\pi}6(81\cos^4\theta+16\sin^4\theta)\,d\theta =$

$\int_{0}^{\frac{\pi}{2}}12(81\cos^4 t + 16\sin^4 t)\,dt = 12\cdot 97\frac{3!!}{4!!}\frac{\pi}{2} = \frac{873\pi}{4}.$ (2) 与えられた曲線で囲まれた領域を D とする. $x = s-st$, $y = st$ を与えられた曲線の方程式に代入すれば $s^4 = (s-st)s^2 t^2$ が得られるので, $(s-st, st)$ が与えられた曲線上の点であるためには, $s=0$ または $s=t^2(1-t)$ であることが必要十分である. 後者の方程式は, 区間 $(-\infty,0]$ と $\left[\frac{3}{2},\infty\right)$ で単調に減少し, 区間 $\left[0,\frac{3}{2}\right]$ で単調に増加する 3 次関数を表す. ts 平面上で直線 $s=0$ と $s=t^2(1-t)$ のグラフで囲まれた領域を E とおけば, $E = \{(s,t)\,|\,0\leq t\leq 1,\,0\leq s\leq t^2(1-t)\}$ であり, E は $\varphi(s,t) = (s-st, st)$ で定義される写像 $\varphi: E\to D$ による変数変換で D に対応する. φ のヤコビアンは s だから, D の面積は $\iint_D 1\,dx\,dy = \iint_E |s|\,ds\,dt =$

$\int_{0}^{1}\left\{\int_{0}^{t^2(1-t)}|s|\,ds\right\}dt = \int_{0}^{1}\frac{t^4(1-t)^2}{2}\,dt = \frac{1}{210}.$

問題 62 (1) $(x,y,z)\in\Omega$ をみたす z が存在するためには $y\leq 2-x^2$ かつ $x^2\leq y^3$ であることが必要十分である. したがって $D = \{(x,y)\,|\,y\leq 2-x^2,\,x^2\leq y^3\}$ とおけば, Ω は z 軸方向の縦線集合 $\Omega = \{(x,y,z)\,|\,(x,y)\in D,\,x^2\leq z\leq y^3\}$ の形に表される. 一方, $(x,y)\in D$ をみたす y が存在するためには $x^{\frac{2}{3}}\leq 2-x^2$ であることが必要十分である. $t=x^{\frac{2}{3}}$ とおけば $t\geq 0$ であり, 上の不等式は $t^3+t-2\leq 0$ と同値で左辺は $(t-1)(t^2+t+2)$ と因数分解されるので $t\leq 1$ となり, $|x|\leq 1$ が得られる. ゆえに, D は縦線集

合 $\{(x,y) \mid |x| \leq 1, x^{\frac{2}{3}} \leq y \leq 2-x^2\}$ である．したがって，Ω の体積は $\iiint_\Omega 1 \, dx \, dy \, dz = \iint_D (y^3 - x^2) \, dx \, dy = \int_{-1}^1 \left\{ \int_{x^{\frac{2}{3}}}^{2-x^2} (y^3 - x^2) \, dy \right\} dx = \int_{-1}^1 \left(\frac{1}{4}x^8 - 2x^6 + 7x^4 - 10x^2 + 4 + \frac{3}{4}x^{\frac{8}{3}} \right) dx = \frac{13952}{3645}$.

(2) $D = \{(x,y) \mid y \geq 0, |ax| \leq x^2 + y^2 \leq a^2\}$ とおけば $\Omega = \{(x,y,z) \mid (x,y) \in D, |z| \leq \sqrt{a^2 - x^2 - y^2}\}$ であり，$E = \{(r,\theta) \mid 0 \leq \theta \leq \pi, a|\cos\theta| \leq r \leq a\}$ とおけば，極座標変換によって E は D に対応するので，Ω の体積は $\iiint_\Omega 1 \, dx \, dy \, dz = \iint_D 2\sqrt{a^2 - x^2 - y^2} \, dx \, dy = \iint_E 2r\sqrt{a^2 - r^2} \, dr \, d\theta = \int_0^\pi \left\{ \int_{a|\cos\theta|}^a 2r\sqrt{a^2 - r^2} \, dr \right\} d\theta = \int_0^\pi \left[-\frac{2}{3}(a^2 - r^2)^{\frac{3}{2}} \right]_{r=a|\cos\theta|}^{r=a} d\theta = \int_0^\pi \frac{2a^3}{3} |\sin^3\theta| \, d\theta = \frac{4a^3}{3} \int_0^{\frac{\pi}{2}} \sin^3\theta \, d\theta = \frac{8a^3}{9}$. (3) $r \geq 0, 0 \leq \theta \leq \pi, 0 \leq \varphi \leq 2\pi$ に対し，$(r\sin\theta\cos\varphi, r\sin\theta\sin\varphi, r\cos\theta) \in \Omega$ であるためには $r \leq a\cos\theta\sin^2\theta$ であることが必要十分だから，$D = \{(r,\theta,\varphi) \mid 0 \leq \varphi \leq 2\pi, 0 \leq \theta \leq \frac{\pi}{2}, 0 \leq r \leq a\cos\theta\sin^2\theta\}$ とおけば，極座標変換により D は Ω に対応する領域である．ゆえに Ω の体積は $\iiint_\Omega 1 \, dx \, dy \, dz = \iiint_D r^2 \sin\theta \, dr \, d\theta \, d\varphi = \int_0^{\frac{\pi}{2}} \left\{ \int_0^{a\cos\theta\sin^2\theta} \left\{ \int_0^{2\pi} r^2 \sin\theta \, d\varphi \right\} dr \right\} d\theta = \int_0^{\frac{\pi}{2}} \left\{ \int_0^{a\cos\theta\sin^2\theta} 2\pi r^2 \sin\theta \, dr \right\} d\theta = \int_0^{\frac{\pi}{2}} \frac{2a^3\pi}{3} \cos^3\theta \sin^7\theta \, d\theta = \frac{2a^3\pi}{3} \frac{2!!6!!}{10!!} = \frac{a^3\pi}{60}$.

問題 63.1 $\frac{dx}{d\theta} = 3\cos\theta(2\cos^2\theta - 1)$ だから，x は $0 \leq \theta \leq \frac{\pi}{4}$ で 0 から $\sqrt{2}$ まで単調に増加し，$\frac{\pi}{4} \leq \theta \leq \frac{\pi}{2}$ で $\sqrt{2}$ から 1 まで単調に減少する．また，y は $0 \leq \theta \leq \frac{\pi}{2}$ で 2 から 0 まで単調に減少する．θ が区間 $\left[0, \frac{\pi}{4}\right]$ を動いて得られる曲線を C_1，区間 $\left[\frac{\pi}{4}, \frac{\pi}{2}\right]$ を動いて得られる曲線を C_2 とすれば，C_1 は第 1 象限の $1 \leq x \leq \sqrt{2}$ かつ $0 \leq y \leq \frac{1}{\sqrt{2}}$ の範囲に含まれ，C_2 は第 1 象限の $y \geq \frac{1}{\sqrt{2}}$ の範囲にある．よって，与えられた曲線を x 軸のまわりに回転させて得られる回転体は，C_2 を x 軸のまわりに回転させて得られる回転体から C_1 を x 軸のまわりに回転させて得られる回転体を除いた部分である．C_2 を x 軸のまわりに回転させて得られる回転体の体積は $\int_0^{\sqrt{2}} \pi y^2 \, dx = \int_0^{\frac{\pi}{4}} \pi y^2 \frac{dx}{d\theta} \, d\theta$ であり，C_1 を x 軸のまわりに回転させて得られる回転体の体積は $\int_1^{\sqrt{2}} \pi y^2 \, dx = \int_{\frac{\pi}{2}}^{\frac{\pi}{4}} \pi y^2 \frac{dx}{d\theta} \, d\theta$ だから，求める体積は $\int_0^{\frac{\pi}{4}} \pi y^2 \frac{dx}{d\theta} \, d\theta - \int_{\frac{\pi}{2}}^{\frac{\pi}{4}} \pi y^2 \frac{dx}{d\theta} \, d\theta = \int_0^{\frac{\pi}{2}} 12\pi \cos^7\theta(2\cos^2\theta - 1) \, d\theta = 24\pi \int_0^{\frac{\pi}{2}} \cos^9\theta \, d\theta - 12\pi \int_0^{\frac{\pi}{2}} \cos^7\theta \, d\theta = \frac{24\pi 8!!}{9!!} - \frac{12\pi 6!!}{7!!} = \frac{64\pi}{15}$.

問題 63.2 関数 $f: (0, a] \to \mathbf{R}$ を $f(y) = a\log\left(\frac{a + \sqrt{a^2 - y^2}}{y}\right) - \sqrt{a^2 - y^2}$ で定めれば，$y \in (0, a)$ に対し，$f'(y) = -\frac{\sqrt{a^2 - y^2}}{y} < 0$ だから f は単調減少関数であり，$\lim_{y \to +0} f(y) = \infty, f(a) = 0$ である．よって，f は $(0, a]$ から $[0, \infty)$ への全単射である．f の逆関数 $f^{-1}: [0, \infty) \to (0, a]$ を考え，$x = f(y)$ とおいて置換積分を行えば，$V(t) = \int_0^t \pi f^{-1}(x)^2 \, dx = \int_a^{f^{-1}(t)} \pi f^{-1}(f(y))^2 \frac{dx}{dy} \, dy = \int_{f^{-1}(t)}^a \pi y \sqrt{a^2 - y^2} \, dy = \left[-\frac{\pi}{3}(a^2 - y^2)^{\frac{3}{2}} \right]_{f^{-1}(t)}^a = \frac{\pi}{3}(a^2 - f^{-1}(t)^2)^{\frac{3}{2}}$ である．f^{-1} は f の逆関数で $\lim_{y \to +0} f(y) = \infty$ だから $\lim_{x \to \infty} f^{-1}(x) = 0$ である．ゆえに $\lim_{t \to \infty} V(t) = \lim_{t \to \infty} \frac{\pi}{3}(a^2 - f^{-1}(t)^2)^{\frac{3}{2}} = \frac{\pi a^3}{3}$.

問題 64.1 (1) 原点を中心とする半径 a の球体から，$\left(x - \frac{a}{2}\right)^2 + y^2 = \frac{a^2}{2}$ と $\left(x + \frac{a}{2}\right)^2 + y^2 = \frac{a^2}{2}$ で表される 2 つの円柱をくり抜き，さらに平面 $y = 0$ で半分に切った $y \geq 0$ の部分が Ω だから，$S = \{(x,y,z) \mid y \geq 0, x^2 + y^2 \geq |ax|, x^2 + y^2 + z^2 = a^2\}, T = \{(x,y,z) \mid y \geq 0, x^2 + y^2 = |ax|, x^2 + y^2 + z^2 \leq a^2\}$ とおけば，Ω の表面は S と T の合併集合である．S をさらに $z \geq 0$ の部分 S_+ と $z \leq 0$ の部分 S_- に分けると，S_- は S_+ を xy 平面に関して対称移動したものだから，これらの面積は等しい．$E = \{(x,y) \mid y \geq 0, |ax| \leq x^2 + y^2 \leq a^2\}$ とおいて E 上の関数 f を $f(x,y) = \sqrt{a^2 - x^2 - y^2}$ で定めれば，S_+ は f のグラフである．$G = \{(r,\theta) \mid 0 \leq \theta \leq \pi, a|\cos\theta| \leq r \leq a\}$ とおけば，極座標変換によって G は E に対応するので，S_+ の面積は $\iint_E \sqrt{\left(\frac{\partial f}{\partial x}(x,y)\right)^2 + \left(\frac{\partial f}{\partial y}(x,y)\right)^2 + 1} \, dx \, dy = \iint_E \frac{a}{\sqrt{a^2 - x^2 - y^2}} \, dx \, dy = \iint_G \frac{ar}{\sqrt{a^2 - r^2}} \, dr \, d\theta = \int_0^\pi \left(\int_{a|\cos\theta|}^a \frac{ar}{\sqrt{a^2 - r^2}} \, dr \right) d\theta = \int_0^\pi \left[-a\sqrt{a^2 - r^2} \right]_{r=a|\cos\theta|}^{r=a} d\theta = \int_0^\pi a^2 \sin\theta \, d\theta = 2a^2$ である．T の $x \geq 0$ の部分を T_+，$x \leq 0$ の部分を T_- とおくと，T_- は T_+ を yz 平面に関して対称移動したものだから，これらの面積は等しい．$(x,y,z) \in T_+$ であることは $0 \leq x \leq a$ かつ $y = \sqrt{ax - x^2}$ かつ $|z| \leq \sqrt{a^2 - ax}$ あることと同値だから，$H = \{(x,z) \mid 0 \leq x \leq a, |z| \leq \sqrt{a^2 - ax}\}$ とおいて，H 上の関数 g を $g(x,z) = \sqrt{ax - x^2}$ で定めれば，T_+ は g のグラフである．よって T_+ の面積は次のようになる．

$$\iint_H \sqrt{\left(\frac{\partial g}{\partial x}(x,z)\right)^2 + \left(\frac{\partial g}{\partial z}(x,z)\right)^2 + 1}\, dx\, dz = \int_0^a \left(\int_{-\sqrt{a^2-ax}}^{\sqrt{a^2-ax}} \frac{a}{2\sqrt{ax-x^2}}\, dz\right) dx = \int_0^a \frac{a\sqrt{a}}{\sqrt{x}}\, dx = 2a^2$$

ゆえに，S と T の面積はともに $4a^2$ で，S と T の共通部分は面積が 0 だから，Ω の表面積は $8a^2$ である．

(2) $\left[-\frac{\pi}{2}, \frac{\pi}{2}\right]$ 上の関数 φ, ψ を $\varphi(t) = \sin t(1 + 2\cos^2 t)$, $\psi(t) = 2\cos^3 t$ で定めれば，$\varphi'(t) = 3\cos t(2\cos^2 t - 1)$, $\psi'(t) = -6\cos^2 t \sin t$ だから，与えられた曲面の面積は $2\pi \int_{-\frac{\pi}{2}}^{\frac{\pi}{2}} |\psi(t)| \sqrt{\varphi'(t)^2 + \psi'(t)^2}\, dt = 2\pi \int_{-\frac{\pi}{2}}^{\frac{\pi}{2}} 6\cos^4 t\, dt = 24\pi \int_0^{\frac{\pi}{2}} \cos^4 t\, dt = 24\pi \cdot \frac{3!!}{4!!} \frac{\pi}{2} = \frac{9\pi^2}{2}$.

(3) $f(s,t) = 3s - s^3 + 3st^2$, $g(s,t) = -3t + t^3 - 3s^2 t$, $h(s,t) = 3s^2 - 3t^2$ で関数 f, g, h を定めれば，$\frac{\partial f}{\partial s} = 3(1 - s^2 + t^2)$, $\frac{\partial g}{\partial s} = -6st$, $\frac{\partial h}{\partial s} = 6s$, $\frac{\partial f}{\partial t} = 6st$, $\frac{\partial g}{\partial t} = -3(1 - t^2 + s^2)$, $\frac{\partial h}{\partial t} = -6t$ だから，$\sqrt{\left(\frac{\partial g}{\partial s}\frac{\partial h}{\partial t} - \frac{\partial h}{\partial s}\frac{\partial g}{\partial t}\right)^2 + \left(\frac{\partial h}{\partial s}\frac{\partial f}{\partial t} - \frac{\partial f}{\partial s}\frac{\partial h}{\partial t}\right)^2 + \left(\frac{\partial f}{\partial s}\frac{\partial g}{\partial t} - \frac{\partial g}{\partial s}\frac{\partial f}{\partial t}\right)^2} = 9(s^2 + t^2 + 1)^2$ である．$D = \{(s,t)\,|\,s^2 + t^2 \leqq 3\}$ とおけば極座標変換によって D は $[0, \sqrt{3}] \times [0, 2\pi]$ に対応するので，与えられた曲面の面積は $\iint_D 9(s^2 + t^2 + 1)^2\, ds\, dt = \int_0^{\sqrt{3}} \left\{\int_0^{2\pi} 9r(r^2 + 1)^2\, d\theta\right\} dr = \int_0^{\sqrt{3}} 18\pi r(r^2 + 1)^2\, dr = \int_0^3 9\pi(u + 1)^2\, du = 189\pi$.

問題 64.2 $f(s) = a \log\left(\frac{a + \sqrt{a^2 - s^2}}{s}\right) - \sqrt{a^2 - s^2}$, $g(s) = s$ によって $(0, a]$ 上の関数 f, g を定めれば，$f'(s) = -\frac{\sqrt{a^2 - s^2}}{s} < 0$ だから f は単調減少関数であり，$\lim_{y \to +0} f(y) = \infty$, $f(a) = 0$ である．よって f は $(0, a]$ から $[0, \infty)$ への全単射である．f の逆関数 f^{-1} を考えると，問題 63.2 の曲線の $0 \leqq x \leqq t$ の範囲の部分は，$\begin{cases} x = f(s) \\ y = g(s) \end{cases}$ によってパラメータ表示される曲線で，s が $f^{-1}(t)$ から a まで動いた部分に一致する．この部分を x 軸のまわりに 1 回転させて得られる曲面の面積は $A(t) = 2\pi \int_{f^{-1}(t)}^a |g(s)| \sqrt{g'(s)^2 + f'(s)^2}\, ds = 2\pi \int_{f^{-1}(t)}^a a\, ds = 2\pi a(a - f^{-1}(t))$ である．f^{-1} は f の逆関数で $\lim_{y \to +0} f(y) = \infty$ だから $\lim_{x \to \infty} f^{-1}(x) = 0$ である．ゆえに，$\lim_{t \to \infty} A(t) = \lim_{t \to \infty} 2\pi a(a - f^{-1}(t)) = 2\pi a^2$ である．

索　引

英数字

1 階線形微分方程式　65
1 次変換　93
2 回微分可能　75
2 階偏導関数　75
2 重積分　90
　　広義の――　100
3 重積分　92
α 位の無限小　19
C^1 級関数　75
C^n 級関数　25, 75
C^∞ 級関数　75
ε-δ 論法　19, 71, 90
ε-N 論法　5
n 位の無限小　19
n 位の無限大　19
n 階微分方程式　65
n 次近似多項式　82
n 変数関数　70

あ　行

一対一写像　12
一般解　65
一般調和級数　58
一般二項係数　2
陰関数定理　83
上への写像　12
円柱座標変換　93
オイラーの公式　17

か　行

開集合　70
階乗　2
回転体の表面積　101
ガウス記号　2
合併　2

加法定理　13
関数　12
　　――の極限　18
　　――の有界性　13
奇関数　12
逆関数　12
逆三角関数　13
逆写像　12
逆双曲線関数　13
級数　5
　　――の和　5
求長可能　64
境界　70
　　――点　70
共通部分　2
極限　71
極限値　4
極座標変換　93
極小値　82
曲線の長さ　64
極大値　82
曲面の面積　101
近似増加列　100
偶関数　12
空集合　2
グラフ　12, 70
高階導関数　25
高階偏導関数　75
広義重積分　100
広義積分
　　――は収束　54
　　――は発散　54
合成写像　12
交代級数　59
項別積分　59
項別微分　59

コーシーの判定法　58
コーシーの平均値の定理　32

さ　行

最小値　2
最大値　2
最大値・最小値の定理　32, 71
差集合　2
三角不等式　2
指数関数　13
指数法則　13
自然対数　13
　　――の底　5
実数値関数　12
写像　12
集合　2
収束　100
収束半径　59
従属変数　12
条件収束　55, 59
条件付き極値問題　83
初期条件　65
数列　4
　　――の極限　4
正項級数　58
正値関数　55, 100
積集合　2
積分可能　42, 90, 91
積分順序の変更　91
積分の平均値の定理　42
積分領域　91, 92
絶対収束　55, 59
絶対値　2
接平面　74
全射　12
全単射　12

全微分可能性　74
像　12
双曲線関数　13

た 行

対数関数　13
対数法則　13
体積　92, 101
体積確定　92
多変数関数　70
ダランベールの判定法　58
単射　12
単調関数　13
単調数列　5
値域　12
中間値の定理　32, 99
底　13
定義域　12
定積分　42
定符号関数　100
テイラー展開　32
テイラーの定理　32, 82
停留点　82
導関数　24
同次形　65
特異解　65
特殊解　65
独立変数　12
凸関数　33

な 行

内部　70
二項係数　2
二重階乗　2

は 行

はさみうちの原理　4, 18
発散　100
ハットンの公式　17
微積分学の基本定理　42
左極限　18
左微分可能　24
左微分係数　24
左連続　19
微分係数　24
微分方程式　65
非有界　70
負値関数　100
不定積分　42
部分集合　2
分割　90
平均値の定理　99
閉区間　90
閉集合　70
閉包　70
ヘッシアン　82
変数分離形　65
偏導関数　74
偏微分可能　74
偏微分係数　74

ま 行

マクローリン展開　32
マクローリンの定理　32
右極限　18
右微分可能　24
右微分係数　24
右連続　19

無限小　19
無限大　19
無理関数　13
面積　64, 91, 101
　曲面の――　101
　断面の――　101
面積確定　91

や 行

ヤコビアン　75
有界　70
有界数列　5
有理関数　13
ユークリッド空間　70
要素　2

ら 行

ライプニッツの公式　25
ライプニッツの定理　59
ラグランジュの平均値の定理　32
ラグランジュの未定乗数法　83
ランダウの記号　18, 33
リーマン和　42, 90
累次積分　90
連続　19, 71
連続関数　19, 71
連続性の公理　5
ロピタルの定理　33
ロルの定理　32

わ

和集合　2

著者紹介

山口　睦
（やまぐち　あつし）

現　在　大阪公立大学理学研究科教授，
　　　　ジョンズ・ホプキンス大学 Ph.D.

吉冨　賢太郎
（よしとみ　けんたろう）

現　在　大阪公立大学国際基幹教育機構
　　　　准教授，京都大学　博士（理学）

Ⓒ　山口　睦・吉冨賢太郎　2017

2017 年 4 月 7 日　初　版　発　行
2025 年 1 月 28 日　初版第 9 刷発行

理工系新課程　微分積分演習
― 解法のポイントと例題解説 ―

著　者　山口　睦
　　　　吉冨賢太郎
発行者　山本　格

発行所　株式会社　培風館
東京都千代田区九段南 4-3-12・郵便番号 102-8260
電話(03)3262-5256(代表)・振替 00140-7-44725

D.T.P. アベリー・平文社印刷・牧　製本

PRINTED IN JAPAN

ISBN 978-4-563-00395-1　C3041